新媒体 · 新传播 · 新运营 系列丛书

慕课版

和秋叶一起学

# 短视频

# 策划、制作与运营


丛书主编／秋叶

蔡勤 刘福珍 李明／主编

齐丹 唐智鑫／副主编

人民邮电出版社

北京

**图书在版编目（CIP）数据**

短视频：策划、制作与运营：慕课版／蔡勤，刘福珍，李明主编. -- 北京：人民邮电出版社，2021.7（2023.9重印）
（新媒体·新传播·新运营系列丛书）
ISBN 978-7-115-56283-8

Ⅰ. ①短… Ⅱ. ①蔡… ②刘… ③李… Ⅲ. ①视频制作②网络营销 Ⅳ. ①TN948.4②F713.365.2

中国版本图书馆CIP数据核字(2021)第056826号

# 内 容 提 要

本书从短视频的概述、类型、主流的短视频平台，到短视频工作团队的搭建、精准定位、主题选择、内容输出、脚本策划、拍摄技巧、剪辑技巧、发布技巧、运营攻略、商业变现等，全方位、多角度地介绍了短视频策划、制作与运营的实战技能。

本书结构清晰、通俗易懂、图文并茂、案例经典，可作为高等院校新媒体类专业课程的教学用书；适合短视频领域的从业人员、利用短视频进行营销的企业和商家、利用短视频实现快速引流的新媒体从业者，以及专注于短视频的创业者阅读；也适合对短视频创作、运营感兴趣的广大读者学习。

◆ 主　　编　蔡　勤　刘福珍　李　明
　副 主 编　齐　丹　唐智鑫
　责任编辑　连震月
　责任印制　王　郁　焦志炜
◆ 人民邮电出版社出版发行　北京市丰台区成寿寺路 11 号
　邮编　100164　电子邮件　315@ptpress.com.cn
　网址　https://www.ptpress.com.cn
　北京市艺辉印刷有限公司印刷
◆ 开本：720×960　1/16
　印张：14　　2021 年 7 月第 1 版
　字数：323 千字　　2023 年 9 月北京第 7 次印刷

定价：46.00 元

读者服务热线：(010)81055256　印装质量热线：(010)81055316
反盗版热线：(010)81055315
广告经营许可证：京东市监广登字 20170147 号

# 前言

**编写背景**

2020 年，第五代移动通信技术（5th generation mobile networks，5G）等新兴技术加速落地，推动短视频行业进入下一个快速发展阶段，催生众多行业发生重大变革，短视频与其他行业的融合随之加深，行业规模存在继续扩大的空间。党的二十大报告指出，加快发展数字经济，促进数字经济与实体经济深度融合，打造具有国际竞争力的数字产业集群。短视频这一形式将是发展数学经济的有力支撑。

艾媒咨询的调查数据显示，自 2017 年短视频用户规模突破 2.42 亿后，我国短视频行业商业化进程加速。2018 年，我国短视频用户规模达到 5.01 亿，2019 年达到 6.27 亿，2020 年，我国短视频用户规模已超过 7 亿。未来，我国短视频行业用户规模仍将保持稳定的增长态势。

短视频凭借其短小、有趣、社交属性强，以及能够充分满足用户碎片化娱乐需求等优势，抢占了用户的大量碎片时间，有更强的时间黏性、更年轻的用户群、更好的变现方式。在短视频行业，"南抖音、北快手"的竞争格局已被打破，哔哩哔哩、微信视频号等短视频平台正在瓜分短视频市场份额。

目前，大部分短视频平台基本完成用户积淀，未来用户数量难以出现爆发式增长，平台的商业价值将从流量用户的增长向单个用户的深度价值挖掘调整，然而用户价值的持续输出、传导、实现都离不开完善、稳定的商业模式。

对于创业者、市场营销人员、新媒体营销人员、品牌商和企业来说，短视频是重要的营销推广渠道之一。再加上短视频的制作门槛很低，只要有一部手机就可以完成短视频的拍摄和剪辑，所以越来越多的个人、机构开始加入短视频的创作行列。然而，在短视频如此泛滥的今天，所有的短视频内容对于用户来说都是"稍滑即逝"的，如何制作出吸引用户眼球的"爆款"短视频，才是至关重要的。

为了更好地帮助企业和院校培养短视频营销人才，我们特别策划了这本书。本书以短视频为主要研究对象，涵盖了短视频策划、制作与运营的各个环节。

## 本书特色

1．体系完善。本书针对目前短视频行业的现状，总结了一套较为完整的短视频策划、制作与运营体系，该体系主要包括创意策划、拍摄技巧、剪辑技巧、发布技巧、运营攻略、商业变现等，可以帮助读者全面提升与短视频有关的各项能力。

2．专业性强。本书不仅介绍了常用的手机剪辑软件，还利用第 5 章的内容对 Premiere Pro（专业视频编辑工具）进行了讲解，搭配有大量的操作流程图，语言通俗易懂，能够帮助零基础的短视频剪辑人员快速学会使用专业的视频编辑工具制作短视频，从而有效提升短视频作品的呈现质量。

3．互动教学。本书精心设计了大量的“思考练习”，旨在引导读者发挥主观能动性，培养读者独立思考的能力，使读者能够将书本中的知识运用在实际工作中。

## 教学建议

本书可作为高等院校短视频运营相关课程的教材，建议学时为 32～48 学时。在课堂教学之外，教师可多安排实战训练，以提高学生的实践能力。

## 编者情况

本书由蔡勤、刘福珍、李明担任主编，由齐丹、唐智鑫担任副主编。在此也特别感谢陈佩为本书录制的慕课视频。在本书的编写过程中，编者得到了诸多朋友的帮助，在此向他们致谢。若本书有不足之处，欢迎广大读者批评指正。

编者

2023 年 4 月

# 目　录

# 第 1 章

# 理论基础：全面认识短视频行业与各主流平台

【学习目标】

- ☐ 了解短视频的基本概念、特点。
- ☐ 熟悉短视频行业的发展简史和趋势。
- ☐ 了解短视频的类型。
- ☐ 了解目前短视频市场的主流平台及其各自的优势和特征。

## 1.1 短视频概述

2020 年 5 月 3 日，哔哩哔哩（bilibili，简称 B 站）推出“bilibili 献给年轻一代的演讲”的短片——《后浪》。这则短视频一上线就“刷爆”朋友圈，引起了社会各界的广泛关注。截至 2020 年 8 月，《后浪》在哔哩哔哩获得 3000 万次播放量、169 万次点赞量、110 万次转发量，这无疑是一场“现象级”的成功营销活动。

移动互联网商业智能服务商 QuestMobile[1]发布的《中国移动互联网 2020 半年大报告》显示，短视频用户规模增势迅猛，短视频行业月度活跃用户数量高达 8.52 亿。

短视频行业仅用短短几年时间，就实现了从萌芽到爆发、再到成熟的转变，几乎触及了社会生活的各个方面。“短视频化”也成为互联网内容产品传递信息、营销推广的重要方式。以目前短视频的发展态势来看，可以毫不夸张地说：无短视频，不生活。

---

1 QuestMobile：中国专业的移动互联网商业智能服务商，提供互联网数据报告、移动大数据分析、数据运营报告等的互联网大数据平台。

### 1.1.1 短视频的基本概念

对于短视频的定义，众说纷纭。2018 年，各大主流短视频平台曾经有过“短视频定义之争”。

陌陌发起以电影《浮生一日》为主题的生活片段征集活动，向用户征集 15 秒的短视频，并在北上广深黄金地段的户外广告大屏和地铁 LED 屏上滚动播放。陌陌由此认为：短视频的时长应该在 15 秒以内。

快手则对短视频有不同的定义，在直播行业巨头参与的“云+视界”大会上，快手 CEO[2]直接把短视频定义为“时长在 57 秒之内，以竖屏的播放形式为主的视频”。

随后，今日头条给出了短视频的另一个定义：4 分钟，是短视频最主流的时长，也是最合适的播放时长。

秒拍 App[3]也不甘示弱，发布海报暗示：短视频不需要被定义，秒拍就是短视频。

而抖音、新浪微博最初设定的短视频时长均为 15 秒。

由此可见，不同平台对于短视频时长的定义各不相同。后来，各大主流短视频平台对于短视频的时长定义又有了调整和更新。表 1-1 所示为目前主流短视频平台对短视频时长及呈现方式的定义。

表 1-1 目前主流短视频平台对短视频时长及呈现方式的定义

| 平台 | 定义（时长） | 呈现方式 |
|---|---|---|
| 抖音 | 15 分钟以内 | 横、竖屏都可以 |
| 快手 | 10 分钟以内 | 竖屏为主 |
| 哔哩哔哩 | 5 分钟以内 | 横、竖屏都可以 |
| 西瓜视频 | 无限制（5 分钟为宜） | 横屏为主，竖屏无平台广告收益 |
| 微信视频号 | 60 秒以内 | 横、竖屏都可以 |
| 微博短视频 | 5 分钟以内 | 竖屏为主 |

虽然多家短视频平台争相为短视频下定义，但是在很长一段时间里，短视频仍没有一个标准化的定义。

直至 2019 年，艾瑞咨询对“短视频”有了一个比较清晰的定义：短视频是指一种视频时长以秒计数，一般在 10 分钟以内，主要依托于移动智能终端实现快速拍摄和美化编辑功能，可在社交媒体平台上实时分享和无缝对接的一种新型视频形式。

**思考练习**

在你的印象中，什么样的视频属于短视频？

2 CEO：全称为 Chief Executive Officer，是企业集团中的最高行政负责人，主司行政事务。

3 App：应用程序，Application 的缩写。

### 1.1.2 短视频的四大特点

短视频是继文字、图片、传统视频之后一种新兴的内容传播媒体。它融合了文字、语音和视频，可以更加直观、立体地满足用户的表达、沟通需求，满足用户之间展示与分享的诉求。相较于传统视频、微电影，短视频主要有以下 4 个特点。

#### 1. 时长较短，传播速度更快

随着移动互联网时代的到来和大众生活节奏的加快，人们获取信息的方式越来越“碎片化”，快速、迅捷的内容传播方式逐渐成为主流。

短视频的时长控制在几秒到几分钟不等，只突出亮点内容，去掉冗长的部分，通常前 3 秒内容就能抓住人的眼球，将“短小精悍”这一特点发挥到了极致。

以抖音为例，其上的大多数短视频的时长都在 1 分钟以内。尽管在 2019 年 6 月，抖音开放了上传 15 分钟视频的权限，但用户普遍更加偏爱短小精悍的内容，许多热门视频的时长仍然不会超过 1 分钟。

另外，与传统图文相比，短视频因为内容形式多样化，能够给用户带来更有趣、更丰富的视觉感受。这大大提升了用户主动转发、分享内容的欲望。同时，短视频“轻量”的特点，使短视频的传播速度更快、普及范围更广。

#### 2. 创作流程简单，参与门槛更低

通常情况下，短视频创作者利用一部手机就能进行拍摄、剪辑和发布，这种“即拍即传”的传播方式，降低了创作门槛。虽然短视频行业中有不少专业团队，但与传统影视剧相比，短视频的创作方式已经简化了许多，这使普通大众也能够参与进来。

例如，西瓜视频上的短视频创作者“巧妇 9 妹”是一位 40 岁左右的广西农妇，她创作的短视频围绕农村生活展开，向用户展示她简单有趣的日常乡村生活。她的短视频内容朴实、接地气，制作手法简单，吸引了不少用户观看。截至 2020 年 11 月，她在西瓜视频共发布了 2000 多条视频，收获了约 426 万名粉丝，如图 1-1 所示。

图 1-1　西瓜视频短视频创作者“巧妇 9 妹”

短视频的很多创作者是普通大众，这使得短视频的内容包罗万象。在各大短视频平台，用户可以看到普通网友的日常生活，也可以看到娱乐明星的各类新闻，还可以看到近期大众关注度较高的社会热点。这也让不同成长环境、教育背景、性格爱好的用户都能找到自己感兴趣的内容。

总之，短视频内容的跨度较大，这些内容降低了短视频用户参与、创作和观看的门槛，使用户的覆盖范围更广。

### 3. 突出个性化表达，快速打造 KOL

现代互联网文化的一大特征是"表达个性"，越来越多的人愿意在互联网平台上分享日常生活和专业技能，并乐在其中，短视频的出现正好为这群人提供了展示自我的机会。

许多短视频创作者在自己擅长的领域成为关键意见领袖（Key Opinion Leader，KOL），拥有一批忠实粉丝，并成功实现"带货"。例如，大众熟知的短视频创作者"papi酱""李子柒""多余和毛毛姐"等。

短视频行业能够快速打造 KOL 的特征，既能让短视频成为触发粉丝经济的利器、拥有营销功能，也能让短视频成为各大商家都会使用的新媒体营销手段。反过来，这也为短视频行业打下了再度蓬勃发展的基础。

### 4. 社交属性强，信息传递广

短视频并非时长缩短的视频，而是一种新的延续社交、传递信息的形式。它有 3 个明显的社交式传播的特征。

第一，无论是用户自主拍摄的短视频，还是用户在平台上观看到的其他用户的短视频，用户都可将其转发至社交平台与亲朋好友共同分享。

第二，短视频软件内部设有点赞、评论、分享等功能，用户可在短视频平台上与其他用户进行沟通、交流，成为朋友。

第三，通过用户的转发、推荐，一则短视频甚至可以形成"病毒式"传播，受到不同地域、年龄、性别等用户的喜爱。

**思考练习**

说一说你看过的经典短视频，这些短视频最吸引你的是什么？

## 1.1.3 短视频行业的发展历程

短视频行业的发展历程可分为萌芽期、探索期、爆发期、优化期、成熟期 5 个阶段。短视频行业的发展历程如图 1-2 所示。

### 1. 萌芽期：2004—2011 年

短视频的源头有两个：一个是视频网站；另一个是时长较短的影视节目，如短片、微电影。

2004 年，我国首家专业的视频网站——乐视网成立，拉开了我国视频网站的序幕；2005 年，土豆网上线；2006 年，优酷网创立；2011 年前后，爱奇艺、腾讯视频也陆续上线。尽管这些平台属于综合类视频网站，但它们为短视频的发展提供了良好的示范。

2004—2011年 萌芽期

2004—2006年，乐视网、土豆网、优酷网先后上线
2011年前后，爱奇艺、腾讯视频陆续上线
2010—2011年，微电影《老男孩》《父亲》上线，获得热烈反响，短视频行业进入萌芽期

2012—2015年年初 探索期

2012年，第四代移动通信技术（后文简称4G）和智能手机普及，各平台向短视频转型
2013年，GIF快手正式更名为快手，成为短视频社区
2013年8月，新浪微博的“秒拍”功能上线，公益项目“冰桶挑战”火遍全网
2015年第一季度，整个移动视频应用用户规模为8.79亿，短视频用户数同比增长401.3%
越来越多的互联网产品加入短视频市场，短视频行业进入探索期

2015—2016年 爆发期

2015年，以虎牙直播（原YY游戏直播）为代表的直播平台陆续上线，“短视频+直播”逐渐成形
2016年，“papi酱”大火，其创作的一条广告拍出2200万元的天价，团队获得1.2亿元融资
2016年4月，淘宝推出微淘视频，8月上线微淘直播，短视频正式进入电商营销领域。短视频与直播相辅相成，各大平台的亿级资金补贴，使短视频行业加速进入爆发期

2017—2018年 优化期

2017年，快手吸引了众多草根用户，迅速占领市场
2018年，抖音的“海草舞”“学猫叫”短视频火遍大街小巷，制造了无数网络热点
2018年7月，国家相关部门出台政策，对短视频行业进行约束，使短视频以良好态势发展主流短视频平台和模式基本形成，但内容泛滥问题明显，相关政策的实施使短视频行业进入优化期

2019年至今 成熟期

2019—2020年，哔哩哔哩凭借跨年晚会和“破圈三部曲”成功破圈，跻身短视频行业领先地位
2020年7月，西瓜视频拿下《中国好声音2020》全网独播权布局文娱产业，完善内容生态链
2020年7月，微信视频号正式上线，背靠微信12亿用户规模，深入短视频营销市场。短视频行业日渐成熟，监管机制逐步完善，现已进入成熟期

图 1-2 短视频行业的发展历程

在此期间，《老男孩》《父亲》等系列微电影上线，引起了热烈反响。这类自制的

小成本微电影推动了短视频创作的大众化，培养了普通人自主制作视频的意识，为短视频行业的发展打下了基础。

**2. 探索期：2012—2015年年初**

2013年，创立两年的GIF快手在积累了近100万用户后，正式转型为短视频社区，并更名为快手。

2013年8月，新浪微博新增“秒拍”功能，并于2013年12月底正式宣布将“秒拍”作为重点推广项目，邀请众多明星参与公益活动“冰桶挑战”。该活动共计约有2000位明星艺人参加，“冰桶挑战”火遍全网，秒拍的日活跃用户数（Daily Active User，DAU）达到了200万。

2014年5月，图片编辑软件美图秀秀上线了美拍App，正式进军短视频领域，获得大量女性用户的青睐。许多短视频App也迅速上线，如小影App等。

由此可见，从2012年到2015年年初，尽管整个短视频行业仍处于探索期，但多个行业巨头迅速布局抢占先机，上百个短视频App如雨后春笋般争相上线，这也预示着短视频行业即将进入爆发期。

**3. 爆发期：2015—2016年**

2015年，YY游戏直播正式更名为虎牙直播；2015年2月，龙珠直播上线，映客直播、花椒直播紧随其后；2015年10月，熊猫直播上线。直播领域不断开花，也为“短视频+直播”这一创新模式的逐渐成形奠定了基础，拓宽了短视频的营销方式和变现途径。

2016年，“papi酱”将3分钟短视频的价值推到了互联网的另一个极端。她的短视频账号曾被估值1亿元，创作的一条广告被拍出2200万元的天价，被誉为“2016年短视频领域的第一‘网红’”。自此，短视频行业进入爆发期，短视频行业产业链初步形成。

2016年4月，淘宝推出微淘视频，8月上线微淘直播。这意味着短视频正式加入电商布局战略。有“淘宝第一主播”之称的“薇娅”，正是淘宝直播招募的第一批直播销售员[4]之一。2016年9月，抖音App作为“音乐短视频社区”正式上线。

除此之外，各大平台为了丰富自身短视频的内容，提升短视频质量，不惜花费重金招贤纳士。例如，微博与秒拍共同向短视频创作者补贴1亿美元；今日头条也迅速投入了10亿元补贴头条号创作者，促使内容创作从图文转入视频；腾讯同样以10亿元开启了“芒种计划”，帮助企鹅平台快速建立短视频内容创作生态；阿里巴巴则上线大鱼号，官方宣布“20亿元补贴计划”，促使短视频行业迅速进入优化期。

**4. 优化期：2017—2018年**

2017年，今日头条主打的3款短视频产品（抖音、西瓜视频、火山小视频）同时出击，呈现出“满城尽是短视频”的火热态势。

2018年，微淘视频频道中单独添加了“‘剁手’视频”板块，卖家的“头图视频”

---

4 直播销售员：2020年7月6日，人力资源和社会保障部、国家市场监督管理总局、国家统计局发布了“直播销售员”工种，原俗称“卖货主播”。

可以得到大量曝光；2018 年 6 月，知乎以内测的形式上线短视频专区；2018 年 6 月，钉钉在深圳超级发布会上首次实施了短视频校招模式（通过短视频进行校园招聘）。

许多以社交、电商、新闻资讯为主的短视频平台，成为最早发挥"短视频+"巨大价值的渠道。它们在结合自身领域特性和短视频优势的基础上，获得了大量的流量曝光和用户关注，均取得了具有代表性的重要成果。2018 年主要互联网平台"短视频+"的具体表现如表 1-2 所示。

**表 1-2 2018 年主要互联网平台"短视频+"的具体表现**

| 平台 | 模式 | 具体表现 | 时间 |
|---|---|---|---|
| 淘宝 | 短视频+电商 | 手机淘宝页面增加"视频"图表，点击可跳转至以短视频为展现形式的商品挑选界面 | 2018 年 7 月 |
| 钉钉 | 短视频+招聘 | 用短视频形式呈现求职简历、企业介绍和招聘信息等 | 2018 年 6 月 |
| 知乎 | 短视频+知识问答社区 | 在首页增加"视频"专区，展示精选短视频内容 | 2018 年 6 月 |
| 唱吧 | 短视频+在线 K 歌 | 上线短视频功能，增加独立内容板块和录制功能 | 2018 年 6 月 |
| 大众点评 | 短视频+美食推荐 | 在首页增加"+"功能和"视频"专区 | 2018 年 4 月 |
| 网易云音乐 | 短视频+在线音乐 | 推出短视频现金激励计划 | 2018 年 3 月 |
| 途家 | 短视频+在线租赁 | 上线短视频看房功能 | 2018 年 2 月 |

短视频行业的迅速成长，使参与者数量激增、视频内容泛滥。2018 年 7 月，国家互联网信息办公室同有关部门，针对一系列网络短视频内容低俗、价值导向偏离、跟风恶搞、盗版侵权、"标题党"突出等问题，对短视频行业进行集中整治。短视频行业逐渐朝着安全、规范的趋势发展。

2019 年 1 月初，中国网络视听节目服务协会发布《网络短视频平台管理规范》和《网络短视频内容审核标准细则》。两份文件从机构把关和内容审核两个层面，为规范短视频传播秩序提供了切实依据，使短视频行业朝着良好的发展态势前进。

### 5. 成熟期：2019 年至今

艾瑞 mUserTracker[5]数据显示，2018 年 6 月，短视频月独立设备数[6]环比增长仅为 3.7%。从 2019 年开始，短视频行业月独立设备数的环比增长率逐渐放缓。

这些数据充分说明，短视频行业已经从蓝海[7]变为红海[8]。但这并不代表短视频即将被时代淘汰，而是说明，随着短视频行业的成熟、规范化、白热化，无论是各大资本、商家还是普通用户，都不能盲目跟风入局。正确的做法是寻找新的机会、开拓新的领域、创造新的玩法，以下是几个短视频平台的做法。

2019 年 12 月 31 日，哔哩哔哩举办了"二零一九最美的夜"跨年晚会。该晚会新潮

5 艾瑞 mUserTracker：艾瑞咨询集团基于移动智能终端用户行为的连续性监测和研究产品。
6 该月使用过该 App 的设备总数，单个设备重复使用的不重复统计。
7 蓝海：指未知的市场空间。
8 红海：指已知的市场空间。

有趣、充满创意的节目内容和表演形式，让哔哩哔哩在各大卫视的跨年晚会中脱颖而出。

随后，哔哩哔哩乘胜追击，在 2020 年上半年推出“破圈三部曲”——《后浪》《入海》《喜相逢》，更新网站广告语为“你感兴趣的视频都在 B 站”，不仅成功“破圈”，还迅速在短视频市场占据了重要地位。

西瓜视频也不甘落后，在 2020 年 7 月，宣布拿下浙江卫视《中国好声音 2020》全网独播权。可见西瓜视频的布局已经触达文娱市场，这也彰显了西瓜视频想要快速完善短视频内容生态链的规划。

2020 年 1 月，微信平台开启视频号内测。微信视频号以“社交推荐”作为主要分配机制，依靠微信的 12 亿用户规模，将短视频的社交属性最大化。微信视频号立足于拥有巨大流量的微信生态圈，即将朝着更加深入的营销市场迈进，这也证明整个短视频行业正处于成熟期阶段，形成了“全面开花”的良好局面。

**思考练习**

你最常用的短视频平台是哪一个？它为什么吸引你？

## 1.2 短视频的类型

短视频的类型较多，可以按不同的分类标准对其进行分类。常见的短视频分类方式有按表现形式分类、按视频内容分类、按生产方式分类，如图 1-3 所示。

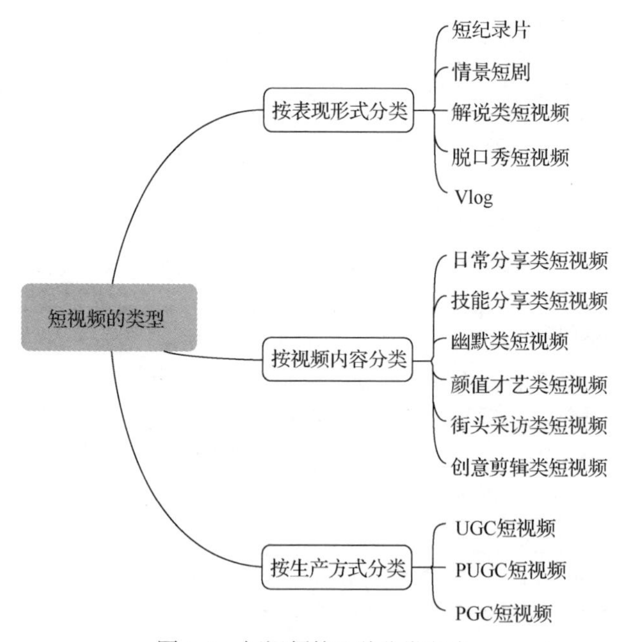


图 1-3　短视频的 3 种分类方式

## 1.2.1 按表现形式分类

按照表现形式分类，主要可以将短视频分为以下 5 类。

### 1. 短纪录片

纪录片是以真实生活为创作素材，以真人真事为表现对象，以展现真实为本质，并用真实内容引发人们思考的电影或电视艺术形式。短纪录片和纪录片相比，内容、形式相似，但短纪录片的时长更短，一般在 15 分钟以内。短纪录片中的代表作品如表 1-3 所示。

表 1-3 短纪录片中的代表作品

| 代表作品 | 内容简介 | 时长 |
| --- | --- | --- |
| 《吴问东西》 | 城市观察系列短纪录片，由国内知名短视频团队联合 LVMH 集团（Moët Hennessy-Louis Vuitton，法国酩悦・轩尼诗-路易・威登集团）吴越先生共同打造，在短短几分钟时间里记录了上海的“前世今生”，带用户领略了上海的城市魅力 | 1～3 分钟 |
| 《日食记》 | 美食类短纪录片，通过记录导演姜老刀的日常生活，分享制作各种美味的料理和点心的方法 | 3～6 分钟 |

### 2. 情景短剧

情景短剧是依托相对固定的场景，利用生活中常见的情节及道具，根据自身风格及品牌诉求进行剧情编创及场景化演绎的短视频类型。情景短剧故事性较强、类型丰富、风格多样，常见的情景短剧主要有幽默类、情感类和职场类。

（1）幽默类情景短剧

幽默类情景短剧的娱乐化属性明显，常通过“抖包袱”“放大尴尬”等剧作手法设置剧情，用幽默的风格呈现作品，内容传播形式覆盖面广且用户接受度高，如《陈翔六点半》《报告老板！》等。

（2）情感类情景短剧

情感类情景短剧常通过各种戏剧化的创作手法设置剧情，强调以情动人，多从亲情、爱情、友情等情感视角创作视频，作品更易传递情感，可快速引起用户的情感共鸣，如“阿豪来了”系列短视频。

（3）职场类情景短剧

职场类情景短剧基于细分的职场场景，如基于办公室等演绎职场故事，再现职场情景。职场类情景短剧兼具时尚感强、易引发共鸣、话题感十足等优势，如“秋叶PPT/Excel/Word”系列短视频。

### 3. 解说类短视频

解说类短视频是指短视频创作者对已有素材（图片或视频）进行二次加工、创作，配以文字解说或语音解说，加上背景音乐合成的短视频。根据解说形式的不同，解说类短视频又可分为文字解说和语音解说两类，如表 1-4 所示。

表 1-4　两类常见的解说类短视频

| 类型 | 解说形式 | 代表作品 |
| --- | --- | --- |
| 文字解说 | 文字 | 抖音热门主题类短视频“一个男孩/女孩的十年” |
| 语音解说 | 语音+文字 | “老胡说电影”系列短视频 |

### 4. 脱口秀短视频

脱口秀也称谈话节目，传统的脱口秀节目通常会邀请很多嘉宾就某一个话题进行讨论。但脱口秀短视频简化了这一流程，通常仅由出镜者一人发表自己的观点。脱口秀短视频的内容涉及方方面面，按照具体内容的不同，主要可将脱口秀短视频分为以下 3 类，如表 1-5 所示。

表 1-5　3 类常见的脱口秀短视频

| 类型 | 特点 | 代表作品 |
| --- | --- | --- |
| 幽默类 | 内容幽默诙谐，充满娱乐精神，传递正能量 | 《暴走大事件》 |
| 分享类 | 以分享知识、传递信息为主，具有一定价值 | “樊登读书”系列短视频 |
| 现场类 | 以现场脱口秀节目为素材，将部分精彩内容剪辑出来并呈现给用户，常有临场挥发内容 | “小哈（脱口秀主持人）”系列短视频 |

### 5. Vlog

Vlog 又被称为视频博客或视频日记，其全称是 Video Weblog 或 Video Blog，是一种以影像取代传统图文模式的个人日志，主要功能是记录日常生活。Vlog 最大的特点是由 Vlog 博主亲自出镜，拍摄内容真实，镜头里通常都没有炫目的画面，只有真实的博主和真实的环境。

2018 年，我国掀起了 Vlog 风潮，许多艺人、“网红”等公众人物利用 Vlog 记录自己的日常生活，其他用户在观看这些 Vlog 时，有一种身临其境的感觉，也对 Vlog 这种记录方式有所了解。

Vlog 可记录的内容涵盖日常生活的方方面面，归纳起来，目前比较风靡的 Vlog 类型主要有以下 6 类，如表 1-6 所示。

表 1-6　常见的 6 类 Vlog

| Vlog 类型 | Vlog 内容 | Vlog 博主代表 |
| --- | --- | --- |
| 励志学习类 | 记录学习进程，展示学习状态和学习工具等 | “酸奶 iris” |
| 情感婚恋类 | 表白、情侣间的日常互动、领结婚证、举办婚礼等 | “老婆爱吃巧乐兹” |
| 乐享美食类 | 制作美食、展示厨艺、品尝美食、展示美食等 | “米粒_mini” |
| 旅行出游类 | 沿途风景、旅途趣事、旅途体验等 | “房琪 kiki” |
| 普通日常类 | 吃饭、休息、工作等日常生活等 | “北漂小安哥” |
| 开箱“种草”类 | 展示商品开箱测评过程，分享各类好物等 | “花生夫妇” |

请分享一则你喜欢的短视频，说一说从表现形式上看，它属于什么类型。

### 1.2.2 按视频内容分类

短视频行业巨大的用户规模使短视频的内容呈现出前所未有的繁荣态势，越来越多风格不一、独具特色的短视频大量涌现。按照视频内容的不同，短视频可以分为以下6种常见类型。

#### 1. 日常分享类短视频

日常分享类短视频与人们的日常生活息息相关，因其内容贴近生活，能够引发用户共鸣而深受用户喜爱。日常分享类短视频的内容覆盖范围较广，涉及了诸多方面。日常分享类短视频的主要类别如表1-7所示。

表 1-7 日常分享类短视频的主要类别

| 类别 | 代表作品 |
| --- | --- |
| 生活 | "纳豆奶奶"系列短视频 |
| 美食 | "拜托了小翔哥"系列短视频 |
| 萌宠 | "会说话的刘二豆"系列短视频 |
| 旅行 | "旅行华人达仔"系列短视频 |

#### 2. 技能分享类短视频

技能分享类短视频的内容主要涉及生活小技巧、专业知识、学习经验等诸多方面，因具有很高的实用性而广受用户好评，通常保存和转发量都较高。技能分享类短视频的主要类别如表1-8所示。

表 1-8 技能分享类短视频的主要类别

| 类别 | 代表作品 |
| --- | --- |
| 健康 | "医路向前巍子"系列短视频 |
| 职场 | "职场议事"系列短视频 |
| 车评 | "南哥说车"系列短视频 |
| 穿搭 | "九九在这"系列短视频 |
| 育儿 | "博士妈妈谈育儿"系列短视频 |
| 美妆护肤 | "方恰拉"系列短视频 |

#### 3. 幽默类短视频

幽默类短视频老少皆宜，因其幽默诙谐的特征获得了广大用户的喜爱。幽默类短视频一般以表现日常生活为主，内容以实际生活中的某些突出现象为基础，表演者用

略微夸张的动作表情和幽默风趣的语言，在引得用户大笑的同时又能戳中人心、引起共鸣，因而能获得很多用户的喜爱，如“papi 酱”系列短视频。

### 4. 颜值才艺类短视频

展示颜值、才艺类型的短视频同样很受用户欢迎，许多拥有一定才艺的视频主角在短期内一般能收获很多粉丝。颜值才艺类短视频的主要类别如表 1-9 所示。

**表 1-9　颜值才艺类短视频的主要类别**

| 类别 | 代表作品 |
| --- | --- |
| 换装 | “刀小刀 Sama”系列短视频 |
| 演绎 | “小爪几”系列短视频 |
| 才艺 | “冯提莫”系列短视频 |

### 5. 街头采访类短视频

街头采访类短视频具有不确定性，制作流程简单，常常与热门话题相关，深受都市年轻人群的关注。街头采访类短视频的主要类别如表 1-10 所示。

**表 1-10　街头采访类短视频的主要类别**

| 类别 | 代表作品 |
| --- | --- |
| 问答 | “叮当街坊”系列短视频 |
| 挑战 | “街头辣椒王”系列短视频 |

### 6. 创意剪辑类短视频

创意剪辑类短视频的创作者通常有比较专业的剪辑技巧，通过精良的剪辑手法或搞笑幽默的表现形式，展现创作者的创意，具有一定的观赏性。例如，一些创意剪辑类视频会添加复古或科技性的元素，利用剪辑技巧来完成创意效果；还有许多短视频创作者会对影视剧、动漫、游戏等进行再加工，二次创作出具有新内容的短视频。创意剪辑类短视频的主要类别如表 1-11 所示。

**表 1-11　创意剪辑类短视频的主要类别**

| 类别 | 代表作品 |
| --- | --- |
| 创意剪辑 | “十皮嬉士”系列短视频 |
| 二次创作 | “海绵哥哥”系列短视频 |

以上 6 种常见的短视频内容类型特征明显、各有千秋，十分适合短视频创作者借鉴学习。

想一想，你经常看或喜欢看的短视频属于什么内容类型。

### 1.2.3 按生产方式分类

按照生产方式分类，短视频可以分为 UGC、PUGC、PGC 短视频 3 种类型。

#### 1. UGC 短视频

用户生成内容（User Generated Content，UGC）短视频，是指普通用户，即非专业的个人内容生产者原创的短视频。这类短视频的特点是制作门槛较低、创作手法简单，内容质量良莠不齐。如今，人们在抖音、快手等短视频平台看到的许多短视频都是 UGC 短视频。

#### 2. PUGC 短视频

专业用户生成内容（Professional User Generated Content，PUGC）短视频，是指专业用户创作并发布的视频。这类短视频的特点是，由专业内容生产团队创作，团队内成员包括策划、摄像、剪辑、演员等，分工明确。因此，PUGC 短视频通常内容质量较高，能吸引更多粉丝，商业价值较高，可以依靠流量变现，不仅具有社交属性，还带有媒体属性，比较容易引发话题讨论，如"papi 酱""李子柒"发布的系列短视频。

#### 3. PGC 短视频

专业机构生成内容（Professional Generated Content，PGC）短视频，是指专业机构生产并发布的视频。"专业机构"通常是指在线视频网站，如优酷视频、腾讯视频、哔哩哔哩等。

这类短视频的特点是，虽然运用了传统视频的制作方式，但是按照互联网文化的特性进行传播。并且，PGC 短视频的制作成本较高，对视频的内容策划、编排、拍摄和制作的要求也较高。因此，这类短视频通常内容精良，商业价值大，具有很强的媒体属性，其内容容易成为热点话题。

其中，优酷视频是最早建立并完善 PGC 生态系统的平台之一，陆续推出了《罗辑思维》《暴走漫画》《万万没想到》《飞碟说》等多个短视频节目。哔哩哔哩也紧随其后，上线了多款 PGC 短视频，如《故事王》《宠物医院》等，这些短视频都广受好评。

**思考练习**

想一想，你看过的哪些短视频是由专业团队创作的，哪些短视频是由普通用户创作的，并说一说两者有什么差别。

## 1.3 主流短视频平台简介

近年来，短视频行业迅速崛起，用户数量激增，资本争相进入，各大短视频平台水涨船高，以势如破竹的气势打入了人们的日常生活。

截至 2020 年 9 月，在手机应用商店中下载量位列前 5 名的短视频 App 分别是抖音、快手、哔哩哔哩、西瓜视频、小红书。于 2020 年上线的微信视频号及微博全新打造的短视频 App 星球视频作为后起之秀，也迅速进入了人们的视野。

## 1.3.1 抖音：记录美好生活

平台名称：抖音。

用户画像：受众范围较广，用户男女比例均衡，以年轻人群为主。

平台特征：内容丰富，平台技术较为先进，KOL 变现能力强。

2016 年 9 月，以“记录美好生活”为宗旨的抖音短视频平台正式上线，其定位是一款音乐创意短视频社交软件，专注于创意、潮流、好玩的短视频内容创作及分享。从用户画像和平台优势分析，抖音具有以下特点。

### 1. 用户画像：用户规模大，地域分布广

抖音以音乐作为切入点并搭配创意内容，将年轻人作为初始目标人群，由点及面地迅速扩散。其短视频内容生动有趣，简单的操作方法也帮助抖音实现了裂变式传播。

QuestMobile 发布的《2020 中国移动互联网春季大报告》显示，2020 年 3 月，抖音的月活跃用户数（Monthly Active User，MAU）为 5.18 亿，同比增长 14.6%，月人均使用时长约为 28.5 小时。

抖音用户的地域分布也十分广泛，根据 2020 年第二季度抖音视频平均播放量地域榜单来看，北京位居榜首，东三省（辽宁省、吉林省、黑龙江省）均挤进前 5 名，江、浙、沪地域也榜上有名，呈现出由东南沿海向中部地域纵深推进的态势。

并且，抖音用户群已经从我国拓展至世界各地，全球多个国家和地区都有抖音用户的踪迹。抖音用户也十分热衷于分享风景名胜，使多个景点成为“网红打卡地”，如成都大熊猫繁育研究基地、西安大唐不夜城、重庆万盛梦幻奥陶纪主题公园等。图 1-4 所示为抖音用户的用户画像。

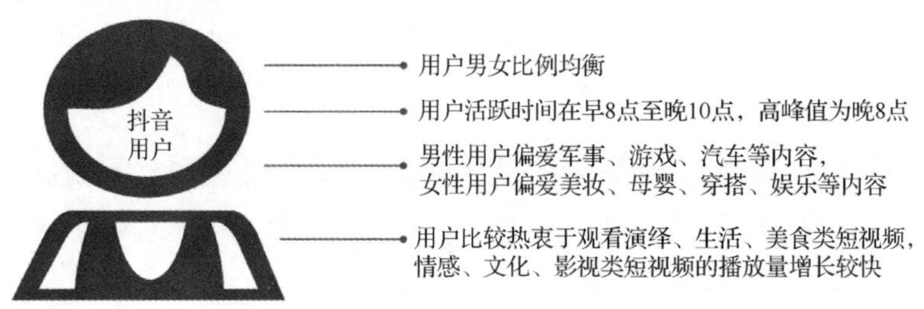


图 1-4 抖音用户的用户画像

### 2. 抖音的平台优势：技术先进，变现潜力大

抖音于 2016 年 9 月上线，短短一年时间之后，“海草舞”“学猫叫”等短视频风靡全网，抖音也随之成为最火爆的短视频平台之一。抖音能够迅速占据短视频市场，离不开它强大的技术支持和极大的变现潜力。

（1）技术先进

抖音之所以能在国内异常火爆，甚至远渡重洋吸纳大批粉丝，要归功于它精准的

流量推荐机制和新鲜有趣的玩法。

① 精准的个性化推荐机制，用“中心化”思想打造 KOL。

抖音通过大数据算法实施精准的个性化推荐机制，实现了“用户爱看什么，就推荐用户看什么”。

抖音早期的流量分配机制是“去中心化”的，能给初始用户均等的流量扶持。随着抖音使用人数的增加，抖音开始转向“中心化”，注重培养 KOL，将更多的流量分配给拥有较多粉丝的创作者，鼓励用户不断创造优质内容，并成为受人追捧的 KOL。

② 新鲜有趣的玩法，让内容更强大。

抖音通过先进的技术增添了许多新玩法，使内容品质和视觉效果都有非凡的表现。其中抖音自带的玩法，为用户提供了趣味拍摄功能。例如，用户常用的“控花”道具，画面中的花朵会根据人的手势变幻不同的图案。

利用这类科技功能（AI 人脸识别/2D/3D/AR 等）打造的视觉效果与利用普通拍摄手法打造的视觉效果相比，更加新颖有趣，且这类功能简单易用，实现了拍摄手法的多样性。

（2）变现潜力大

抖音拥有优质的用户资源，用户以年轻群体为主，他们的猎奇心理重，对新鲜事物的接受能力强，不仅是生活必需品的消费主力军，还是新兴产品消费的推动者。同时，以“60 后”和“70 后”为代表的有一定财富积累的用户也是一股不可忽视的消费力量。

总而言之，抖音的用户规模庞大，内容丰富且质量较高，符合互联网文化潮流，是短视频创作者的首选平台之一。

**思考练习**

你认识的不同年龄层的抖音用户，分别喜欢观看什么类型的短视频？

## 1.3.2 快手：拥抱每一种生活

平台名称：快手。

用户画像：以三线以下城市的年轻人为主要受众群体。

平台特征：以“去中心化思想”为核心价值观，实行“流量普惠”政策，内容接地气。

2012 年 11 月，快手从“GIF 快手”工具应用转型为短视频社区，2013 年 7 月正式更名为“快手”，其宗旨是“记录世界记录你”，为用户提供记录和分享生活的平台。从用户画像和平台优势分析，快手具有以下特点。

### 1. 用户画像：以年轻人群和三线以下城市用户为主

快手大数据研究院发布的《2020 快手内容生态半年报》显示，2019 年 7 月至 2020 年 6 月，3 亿用户在快手发布作品，其中 30 岁以下的用户占比超 70%。从快手用户的城市分布上看，一线城市用户占比 15%，二线城市用户占比 30%，三线城市用户占比 24%，四线及以下城市用户占比为 31%。图 1-5 所示为快手用户的用户画像。

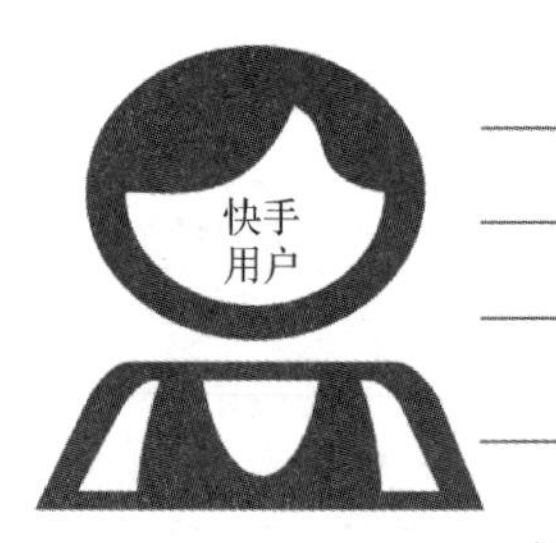


图 1-5　快手用户的用户画像

**2. 快手的平台优势："流量普惠"策略，保护普通用户的利益，用户黏度高**

抖音和快手被视为短视频行业的两座大山，形成了"南抖音、北快手"的局面。快手与抖音相比，其产品的核心价值观有所不同，快手 CEO 宿华曾表示："我们非常在乎所有人的感受，特别是那些被忽视的大多数人。"

快手以"去中心化"思想为主要运营策略，实行"流量普惠"策略，将更多流量分配给普通用户，激励他们创作内容，并保护他们的权益。基于这样的运营策略，快手也成功获得了 3 个独特的竞争优势。

（1）拥有大量的普通用户群

快手一直秉持着"让普通人被看见"的价值观，将内容核心聚焦在普通人身上。快手与抖音最大的不同之处就在于快手的流量分配原则受到"去中心化"思想的影响，坚持内容质量与社交关系各占一半的推荐算法，将流量分配给普通用户，从而避免超高流量导向单一账号，确保了普通用户的权益，以此鼓励更多用户加入内容创作。

快手大数据院研究发布的《2019 快手内容生态报告》显示，快手日活跃用户数在 2019 年上半年突破 2 亿，月活跃用户数超过 4 亿，原创视频库存数量高达 130 亿。

QuestMobile 发布的《中国移动互联网 2020 半年大报告》显示，2020 年 6 月，快手极速版和快手主站的月活跃用户数净增规模总和已突破 2 亿，快手也是当月中国移动互联网 App 月活跃净增用户规模排名中唯一进入前 5 的短视频平台。

（2）普通人可凭实用内容成为"网红"

在快手，许多用户热衷于观看具有实用性的内容及挖掘生活中点滴乐趣的内容，如苹果的 10 种吃法、如何制作葫芦丝等，这些短视频中所传达的方法和技巧是实用的，符合普通用户的口味，因而能得到很多用户的关注。这些贴近生活的内容相当于给普通人造就了一个成为"网红"的机会。反过来，当普通人因为一些接地气、生活化的内容而成为"网红"之后，更多的普通人自然也愿意在快手发布创作内容，在快手常驻。

（3）封闭的电商体系，保护用户利益

快手的电商平台变现方式仍然属于电商变现。短视频的电商变现主要通过内容吸引粉丝，向其他电商平台导流，在用户成功消费之后，可以通过分成获得一定佣金。如果运营者有自己的网店，也可以直接卖货变现。

为了提升用户的消费体验，快手先后提出"源头好货""品质好物"概念，遵循"好货要真而不贵"的第一法则，不断完善供应链体系，为用户提供性价比高的源头好货。

快手信奉这样的观点：快手不是为明星而存在的，也不是为“大咖”而存在的，而是为最普通的用户而存在的。因为注重普通用户，快手将资源分配到每个用户身上，每个用户都可以作为创作者在社区生态中找到存在感，也可以作为观看者观看不同用户群体的生活百态。这些特点造就了快手独特的用户吸引力和竞争优势。

**思考练习**

你在快手平台观看过哪些令你印象深刻的短视频或创作者？说说它或他们最吸引你的地方。

### 1.3.3 哔哩哔哩：你感兴趣的视频都在 B 站

平台名称：哔哩哔哩。

用户画像：以热衷于观看二次元、娱乐、学习、生活等内容的年轻人群为主。

平台特征：内容形式多样，学习属性强，社区氛围好，平台对创作者的扶持力度大。

哔哩哔哩，是一个以 ACG[9]文化起家的互联网社区。自 2009 年成立以来，经过 10 余年的发展，哔哩哔哩目前拥有动画、番剧、游戏、生活、娱乐、时尚等多个内容分区，并开设直播、周边、游戏中心等业务板块，属于综合类视频网站。

从用户画像和平台优势分析，哔哩哔哩具有以下特点。

#### 1. 用户画像：以年轻用户群为主，用户兴趣广泛，创作能力强

哔哩哔哩以 ACG 文化起家，随后不断扩充视频种类，使受众覆盖面变广，用户数量也迅速增长。其主要用户群体年轻化特征明显，以“90 后”和“00 后”为主，男性用户多于女性用户。他们大多是学生和刚踏入社会的上班族，文化程度普遍较高，对新鲜事物有好奇心，消费能力也较强，并且具有较强的创新意识和创造能力。

哔哩哔哩的用户群体身份多样、兴趣广泛，且有强烈的自助式学习属性。例如，大学生用户会利用课余时间在哔哩哔哩观看与专业相关的课程内容，以此提升课业成绩，充实业余生活；职场新人因为在哔哩哔哩看到很多幽默视频，便自己学习剪辑技术，而后成为 UP 主（uploader，指在视频网站、论坛、ftp 站点上传视频、音频文件的人）。核心用户群体的这些特点和强大的视频创作能力，让哔哩哔哩能够以低成本获取高质量的 UGC 内容。

#### 2. 哔哩哔哩的平台优势：观看体验佳，学习氛围浓，收入有保障

哔哩哔哩经过 10 余年的发展，成功从小众文化社区跻身主流互联网平台，这与哔哩哔哩独特的文化和运营策略密不可分。

（1）独特的弹幕文化：提升观看体验，制造“梗”文化

弹幕可以将那些处于不同时空观看同一视频的用户连接在一起。弹幕与内容的一致性，可以达到“穿越时空”的效果，让任何观看同一视频的用户都能突破时间和空间的限制，实现“共时性”讨论，从而满足了用户在观看视频过程中的社交和互动的需求。

---

9 ACG：动画（Anime）、漫画（Comics）与游戏（Games）的英文首字母。

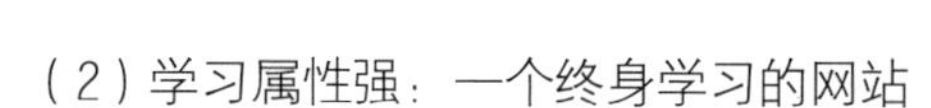

（2）学习属性强：一个终身学习的网站

哔哩哔哩在 2016 年引进了一部文物修复类纪录片《我在故宫修文物》，随后在站内掀起了一股学习热潮。2017 年，哔哩哔哩上的许多 UP 主开始了以“Study with me”为主题的陪伴式学习直播，引导用户一同学习，营造了良好、积极的学习氛围。

哔哩哔哩的学习资源非常丰富，从学科课程到专业技术均有所覆盖，如经济学、物理学、设计、会计学，AE、动画、AI、建模等，用户均可自由学习。而且，很多课程来源于北京大学、清华大学、复旦大学、同济大学等我国知名大学及耶鲁大学、麻省理工学院、斯坦福大学、牛津大学等国外著名高等院校，课程质量也有保障。

因此，从 2016 年开始，经过短短 3 年时间的发展，哔哩哔哩在 2019 年即成长为我国用户规模最大、内容最丰富的主流学习平台之一。

（3）广告极少：优质的观看体验

与其他视频平台不同，哔哩哔哩几乎不会在任何视频中插播广告，这种简单直接的观看模式使用户享受了优质的观看体验。哔哩哔哩凭借“广告极少”，在用户体验方面有着明显优势，这也是它能够不断吸纳新用户的原因。

（4）收入方式多样：官方扶持+粉丝打赏+广告收入

哔哩哔哩为了鼓励创作者不断产出优质内容，推出了“创作激励计划”和“充电计划”。在平台的激励下，创作者会积极提升视频质量和增加视频数量，从而保证获取比较稳定的收入。而反过来，哔哩哔哩自然就拥有了种类繁多的优质内容，并且形成了良性循环。

①“创作激励计划”：1 万次播放量≈30 元。

2018 年 2 月，哔哩哔哩推出了“创作激励计划”：当创作者达到申请条件，成功加入“创作激励计划”之后，其视频播放量就可以直接换算成收益，通常 1 万次播放量大概可以获得 30 元的收益。这一激励机制促进了哔哩哔哩视频内容的创新和发展，实现了平台与创作者双赢的和谐氛围。

②“充电计划”：粉丝打赏。

2016 年，哔哩哔哩推出了“充电计划”，用户在看完视频后，可以消费“b 币”为喜爱的创作者“充电”，也就是人们俗称的“打赏”。这对于创作者来说是很直接的收益。

③“恰饭视频”：流量变现。

“恰饭”的意思是“吃饭”，来源于四川方言。在哔哩哔哩，“恰饭视频”特指具有广告性质的视频。创作者可以在自己的视频中植入广告进行流量变现，每当视频进入广告时间前，用户大多会发送弹幕“恰饭时间到”“恰饭啦”。

这类变现方式也是短视频行业最常见的变现途径，创作者通常会以软广告的形式将产品植入视频中。另外，由于哔哩哔哩和谐的社区氛围，用户对于这类“恰饭视频”的包容心较大，对创作者也持理解和支持的态度。如果“恰饭视频”内容优质，甚至会得到用户的赞赏。

总而言之，哔哩哔哩是一个聚集年轻用户的优质短视频平台，涉及范围广，包容性强，无论是长视频还是短视频，在哔哩哔哩都有非常良好的生存环境。另外，创作者在收益上也有稳定的保障，非常适合短视频创作者创业或经营副业。

说一说你最喜欢的哔哩哔哩UP主是谁？为什么？

## 1.3.4　西瓜视频：给你新鲜好看

平台名称：西瓜视频。

用户画像：以三、四线城市及乡镇农村用户为主，大多数用户为中层消费者，娱乐时间充裕。

平台特征：以推荐算法分配流量，视频内容多样，是综合类视频平台。

西瓜视频原本是头条新闻App里的一个视频板块，后来独立运营。西瓜视频的特点是通过人工智能算法，为用户推荐感兴趣的内容。

西瓜视频是一个多元化的综合视频平台，以短视频、长视频和直播为内容矩阵，打造全品类视频生态。近年来，西瓜视频已开始尝试参与网络综艺和影视剧的制作，未来将逐渐向付费模式转变。从用户画像和平台优势分析，西瓜视频具有以下特点。

### 1．用户画像：用户市场下沉，不同视频分区用户特征明显

据巨量算数[10]发布的《2019年6月西瓜视频用户画像》，西瓜视频男性用户占据总用户的半数以上；在年龄结构层里，25～40岁的青年、中年用户达到了总用户的半数以上。市场下沉明显，三线及以下城镇用户占比超过50%，且目标群体指数（Target Group Index，TGI）不断增加，五线及以下城镇乡村用户数达到最大值。

（1）用户市场下沉，消费能力增长

西瓜视频用户群广泛分布在沿海和内陆城市，环比[11]增长较快的省份有川、鲁、豫、鄂、苏、皖等，其中重要用户集中在三四线城市及乡镇农村。

据易观千帆[12]发布的《2019年中国视频云行业专题分析》，西瓜视频用户的消费能力正在提高，且消费水平有从低水平向高水平逐渐转变的趋势，其中二三线城市的用户消费水平增长最快。

（2）不同视频分区用户特征明显

西瓜视频细分了多个领域，巨量算数2019年发布的《西瓜视频用户洞察报告》显示，西瓜视频中的“西瓜音乐”频道拥有70万视频创作者，视频数量近2000万，日均播放量1.3亿次以上，日均播放时长破400万小时，其视频创作者数量仍在不断上涨。

与此同时，“西瓜美妆”频道也集合了大量18～40岁的女性用户，其中以“80后”用户为主，她们最关注护肤类视频，尤其热衷于观看防晒、卸妆和抗皱等内容。“西瓜美食”频道也有着数量庞大的视频创作者，视频数量破1400万，日均播放量在

10 巨量算数：中国互联网数据咨询网。

11 环比：与上期的数据做比较。

12 易观千帆：中国互联网大数据分析公司。

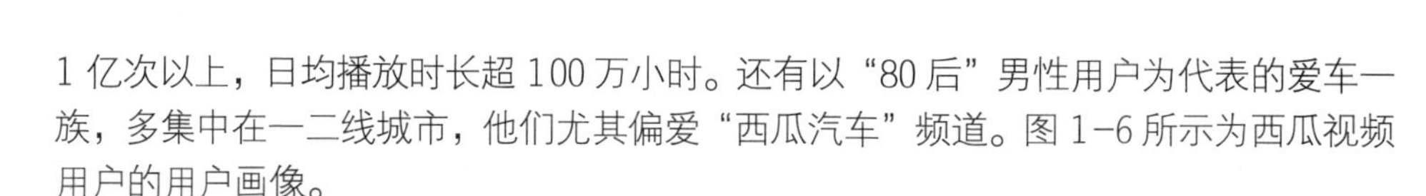

1 亿次以上，日均播放时长超 100 万小时。还有以“80 后”男性用户为代表的爱车一族，多集中在一二线城市，他们尤其偏爱“西瓜汽车”频道。图 1-6 所示为西瓜视频用户的用户画像。

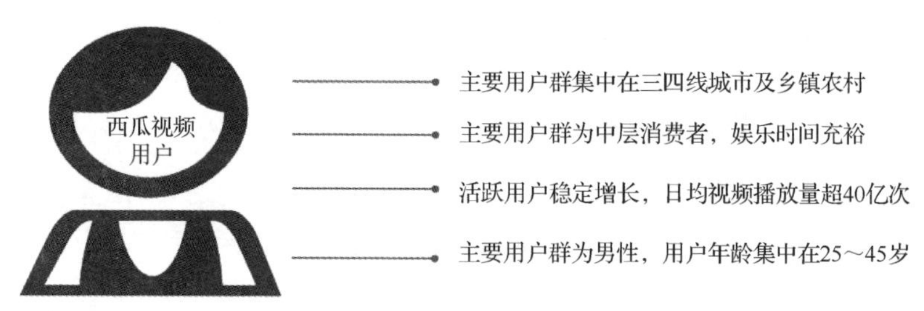


图 1-6　西瓜视频用户的用户画像

### 2. 西瓜视频的平台优势：个性化推荐，内容生态完善，变现方式多

西瓜视频上线以来，不仅在今日头条 App 内设有单独观看入口，在抖音上的广告宣传也比较频繁。西瓜视频一直致力于打造综合类视频生态圈，不断加入新型视频模式，陆续推出了“西瓜大学”[13]和“头号英雄”[14]等热门活动，增强了用户黏性，市场份额逐年提升。相对于其他的短视频平台，西瓜视频拥有以下几个独特的优势。

（1）基于算法的个性化推荐

西瓜视频与抖音“师出同门”，都是北京字节跳动科技有限公司旗下的产品，有着强大的人工智能技术积累，将算法导向的流量分配模式贯彻到底。西瓜视频拥有 30 个细分频道，通过细化垂直领域将不同内容和风格的短视频分门别类，再利用大数据算法，为每位用户提供符合其口味的视频内容。

（2）完善的内容生态环境

西瓜视频与抖音、快手不同，它致力于打造集短视频、长视频和直播为一体的综合视频平台。短视频短小精悍、高效快捷，用户能随时随地利用碎片化时间观看；而长视频内容丰富、成体系化，容易打造优质内容；直播互动性强、变现直接，增强了用户黏性。可以说，西瓜视频综合了以上视频形式的优点，以“短”带“长”，以“长”助“短”，借 3 种视频形式的优点实现三者共存。

（3）创作者变现方式多：广告收益+电商变现+官方商务平台

在西瓜视频，创作者的变现方式除了短视频平台常见的打赏变现、活动变现、直播变现外，还有广告收益、电商变现、入驻精选联盟等更为商业化的变现模式。

① 广告收益。

西瓜视频与其他平台相比，最大的优势是上传视频即有可能迅速获得收益。西瓜视频的创作者在发布短视频前，只需要选择投放广告，就能参与该条短视频的广告分成，以此获得收益。并且，这种变现方式没有条件限制，对账号的粉丝数量和播放量也没有要求。简单来说，创作者在西瓜视频发布的第一条短视频就有可能获得广告收益。

---

13 西瓜大学：今日头条专门针对新手创作者开设的培训课程。

14 头号英雄：由西瓜视频推出，今日头条、抖音联合出品的全民互动知识直播答题活动。

② 电商变现。

西瓜视频提供了商品橱窗功能，粉丝数过万的优质原创内容创作者可以申请开通此功能，在第三方店铺选择合适的商品进行售卖，获得分成收入。西瓜视频还上线了“西瓜小店”，具有营业执照及售卖资格的商家可以申请开通，直接通过西瓜小店销售自己的产品。这个功能将视频宣传与销售结合在一起，是实体店卖家重要的销售渠道之一。

③ 入驻精选联盟。

西瓜视频的“精选联盟”是官方推出的商务平台，为短视频创作者和商家提供了一个可靠、有保障的官方合作平台。短视频创作者可以加入精选联盟，选择适合自己的商家进行合作，商家也可以通过这个平台寻找合适的短视频创作者。

**思考练习**

你用西瓜视频观看过短视频吗？根据你的体验，说一说西瓜视频与抖音、快手、哔哩哔哩相比有什么不同？

### 1.3.5 小红书：标记我的生活

平台名称：小红书。

用户画像：以年轻女性用户为主，消费意愿和消费能力较强。

平台特征：变现方式更直接，是消费类“口碑库”。

小红书是以社区形式起家的电商平台，用户可以分享自己的消费体验，引发社区互动，从而带动消费。

小红书里的“笔记”是其核心竞争力。初期，用户通过图文编辑、笔记贴纸、笔记话题标签等方式分享心得。后来，小红书也紧跟短视频潮流趋势，增加了视频分享功能，并添加了个性化设计功能，如在视频上添加贴纸和文字等。

小红书有着比其他短视频平台更为直接的变现体系，是实现短视频“带货”的重要途径。从用户画像和平台优势分析，小红书具有以下特点。

#### 1. 用户画像：以年轻女性为主，消费能力强

小红书是我国高品质的境外购物社区。小红书以分享生活作为切入点，引导用户自发推介产品，交流消费体验，从而吸纳了一批具有中高等消费能力的优质用户。

2020年，艾瑞数据发布的报告表明，小红书用户以女性为主，她们多是一、二线城市的都市白领，爱好旅游、美食、拍照、跨境购物等，喜欢彰显个性，希望获得关注，其中“90后”占总用户数量的70%以上。这类人群对新鲜事物的接受能力强，消费意愿和消费能力较强，是小红书的主要用户群体。图1-7所示为小红书用户的用户画像。

#### 2. 小红书的平台优势：“种草效应”+电商平台直接变现

小红书的优势在于“文化输出”，产品的推荐“笔记”新潮、好看，容易激发用户的购买欲。简单来说，在小红书，“笔记”不是在“带”货，而是在“带”一种生活方式。

图 1-7　小红书用户的用户画像

（1）“种草效应”引发消费潮流

在小红书，许多女性用户通过分享穿搭、化妆技巧、品质好物等内容，来传达一种追求品质的生活理念，其他的女性用户则通过学习她们分享的经验，追随其购买同样的产品，包括旅游产品、文娱产品等，以满足自己追求品质生活的愿望。

（2）电商平台出身，带货能力强

小红书通过各种宣传方式带动消费。而小红书本身就是“荐物”平台，所有用户来到小红书的目的就是寻找好物，因此省略了激发消费欲望这一环节，在转化能力上具有先天优势。

小红书以图文、短视频作为“笔记”形式，主打各种潮流好物、“网红”产品，符合年轻人乐于追求新鲜事物和高品质生活的消费观念。用户按照“看、买、用、分享”4 个步骤，首先寻找优质产品，然后体验使用优质产品的乐趣，最后自发交流互动带动消费，形成了良好的消费循环。

**思考练习**

你在小红书看过用户分享的“笔记”吗？请说一说让你印象最深刻的一篇“笔记”。

## 1.3.6　微信视频号：记录真实生活

平台名称：微信视频号。

平台特征：背靠微信巨大的用户流量，资源配置丰富，结合“社交推荐”和“兴趣推荐”。

微信视频号从 2020 年 1 月开始内测，而后不断地进行更新和完善。

微信视频号支持创作者发布时长 3 秒至 60 秒的视频，或是 9 张及 9 张以内的图片，并支持添加地理位置和公众号文章链接。在发布视频时可以点击“标签”进入话题页面，添加#话题标签#，与微博话题类似。但要注意的是，微信视频号并不等同于朋友圈，它属于新兴的内容创作平台。相对于其他短视频平台而言，微信视频号具备以下 5 个特征。

### 1. 用户规模大，背靠微信 12 亿用户

中国信息通信研究院政治与经济研究所和腾讯微信团队共同发布的《2019—2020 微信就业影响力报告》显示，微信在全球范围内支持 20 多种语言，覆盖了 200 多个国家和地区。截至 2020 年第一季度，微信月活跃用户数高达 12 亿。

由此可见，微信视频号与其他内容平台相比有着得天独厚的流量优势。它作为一个新兴的短视频战场，将会为短视频生态圈内的所有人提供更加庞大的流量体系，使内容创作者、商家、资本都能得到流量普惠。

### 2. 受到微信高度重视，资源配置丰富

微信的生态圈，在微信视频号出现之前一直缺少短视频板块。在短视频行业发展如火如荼的今天，微信将会重点发展微信视频号，联合已有资源和渠道，将其打造为重量级的优质内容产品。

微信视频号的主要入口位置在微信“发现”菜单栏中的第二个，仅次于“朋友圈”的位置。从微信视频号的这个入口也可以看出，微信将把微信视频号当作下一个重点培养对象。

### 3. 可连接公众号，与公众号互相引流

微信视频号支持创作者添加公众号链接，公众号内也有微信视频号的入口。因此，微信视频号可以与公众号互相引流。

### 4. 自带社交属性，可在微信内直接观看、分享

微信视频号处于微信的大生态圈里，自带很强的社交属性。用户在观看完感兴趣的视频后，可以直接将其转发给微信好友或分享到朋友圈。

而用户在分享其他平台的短视频内容到微信上时，却受限于微信设置的壁垒。例如，用户希望将某一抖音短视频分享到微信上时，必须先生成链接或保存短视频内容后，才能将其转发到微信。这个略微烦琐的步骤，使可以在微信中直接分享的微信视频号拥有了更为明显的社交优势。

### 5. 微信视频号以社交推荐为主，开创新型推荐模式

相对于其他短视频平台，微信视频号有一个独特的优势，即社交推荐——微信视频号将“社交”作为推荐内容的首要考虑因素。

在微信生态里，社交推荐有三重含义：一是微信视频号作品有可能通过朋友圈和微信群转发和传播，借助社交网络让更多用户看到和关注；二是创作者发布的微信视频号作品，可能会出现在其微信好友的“个性化推荐”信息流里，即使他的好友并未关注他的微信视频号；三是对于一个用户来说，如果自己的某个微信好友给一个作品点赞，即使他没有关注该微信视频号，这个作品也会出现在他的微信视频号主页中，被优先推荐给他。

除了社交推荐，微信视频号也设有基于兴趣的算法推荐模式，以保证每个用户能看到自己感兴趣的内容。

总体来说，微信视频号目前还处于成长期，未来有很大的发展潜力和空间。未来，微信视频号还有可能与小程序和支付功能建立链接，帮助微信打造商业闭环，形成一个完整的生态体系。

**思考练习**

在微信视频号的“朋友♡”页面中看看朋友点赞或评论的微信视频号作品，说一说你对于这种推荐机制的看法。

## 1.3.7 微博短视频——全新打造星球视频

平台名称：微博短视频。

平台特征：重视互动功能，力求提升用户社交体验，产品设计方面有创新。

新浪微博加入短视频领域的时间并不晚，在不断累积经验的过程中，正在全力打造独立短视频 App——星球视频，希望在短视频风口中拿下一块“蛋糕”。

2020 年 4 月 1 日，新浪微博宣布将推出全新短视频 App“星球视频”，随后开启内测。2020 年 7 月，新浪微博正式上线“微博视频号计划”，宣布在未来一年内向创作者分成 5 亿元，并给予大量的流量扶持。由此可见，新浪微博在短视频领域不断加码，短视频将成为新浪微博运营的重中之重。

星球视频是一款横版 UGC 视频社区，其宣传语是：在星球，每位用户将拥有一艘飞船，可以飞向自己想要去的星球；每看一条来自星球的视频，就向该星球前进一光年。

由此可见，星球视频将着重增强社区的互动功能，提升用户的社交体验。这也意味着，新浪微博在错过多个短视频浪潮后，将不遗余力地孵化一个全新的独立短视频 App，与目前的主流短视频平台争夺市场份额。星球视频具有以下 3 个特征。

### 1. 与新浪微博流量互通，商业基础良好

新浪微博本身就具有视频模块，积累了一定量的用户，而星球视频的出现使视频功能独立化。并且，星球视频与新浪微博账号互通，在视频播放量和各项数据（点赞、评论、转发等）方面也同步，能够容纳更多用户的加入。星球视频中设计了通用货币“微币”，可以在星球视频内用于付费，这也是新浪微博为这款短视频 App 打开商业生态打下的基础。

### 2. 页面设计简洁清爽

星球视频的界面设计独具一格，给用户简洁、清爽的感觉，与功能分区复杂的新浪微博形成了鲜明对比。星球视频设有“首页”“发现”“消息”“我的”4 个选项，以及上传视频的功能，产品逻辑符合普通用户的使用习惯。

### 3. 呈现方式创新，可电视投放

星球视频与其他平台的竖屏播放模式不同，是以横版的方式呈现内容，一屏容纳两条视频，并设有浮窗功能，用户可以同时浏览主视频和其他视频。另外，星球视频在内测阶段支持 64KB 大小的视频，可以通过电视投放，并支持语言自动翻译功能。这样的设计拓宽了观看形式，提升了用户体验，体现了产品的人性化和多样性。

思考练习

根据以上内容，试着预测在星球视频上，哪类短视频能够获得高人气？

# 第 2 章

# 创意策划：搭建高效团队，创造精品内容

【学习目标】

- □ 理解短视频定位的概念。
- □ 学会分析热门短视频账号的定位方法。
- □ 熟知“爆款”短视频的打造方法，并学会举一反三。
- □ 理解短视频文学脚本的创作思路，学会撰写短视频分镜头脚本。

## 2.1 短视频工作团队的搭建

短视频行业的竞争越来越激烈，为了提高短视频的质量和创作效率，迅速抢占市场，单打独斗式的个人创作越来越少，而团队“作战”成为当前短视频创作的主流。

### 2.1.1 搭建团队，认识各人员职能

专业的短视频工作团队，主要由 6 种职能人员组成，每种人员的具体职能分工如表 2-1 所示。

表 2-1 短视频工作团队的人员职能分工

| 人员 | 职能分工 |
| --- | --- |
| 导演 | 短视频作品的总负责人 |
| 编剧/策划 | 剧本的负责人 |
| 演员 | 表演的负责人 |
| 拍摄人员 | 拍摄的负责人 |
| 剪辑人员 | 剪辑制作的负责人 |
| 运营人员 | 运营推广的负责人 |

### 1. 导演

导演是短视频作品的总负责人，负责组织团队人员，协调各方工作，把控短视频的质量。导演需要拥有敏捷的思维、较好的“网感”、开阔的思路、多元的创作风格、较强的责任心、良好的团队沟通和管理能力，并且熟悉短视频的制作流程，其具体岗位职责如下。

① 根据项目要求挖掘选题，完成选题素材、故事的收集与整理，完成项目前期策划。

② 负责组织和协调内外部团队工作，与多方保持密切沟通，保障项目顺利完成。

③ 参与短视频的剪辑工作及后期的调色包装输出工作。

④ 参与监督整个短视频的制作过程，并对短视频内容的整体质量负责。

⑤ 保持工作的创造性，根据作品运营数据与用户内容消费需求变化，持续进行短视频内容创新。

### 2. 编剧/策划

编剧/策划进行短视频剧本的创作，负责内容的选题与策划、“人设”的打造等，其具体岗位职责如下。

① 根据项目要求，做出符合市场需求的短视频策划方案及完整的创作构思方案。

② 具有较强的策划能力，能够独立撰写脚本大纲，对色彩、构图、镜头语言等比较敏感。



③ 参与拍摄与录制，推动拍摄任务的实施。

④ 参与后期剪辑，负责视频包装（片头、片尾的设计）等。

### 3. 演员

演员根据剧本进行表演，包括唱歌、跳舞等才艺表演，根据剧情、“人设”特点进行演绎等。演员需具备表现人物特点的能力，在某些情况下，团队中的其他成员也可以灵活充当演员的角色。不同类型的短视频对演员的要求不同，举例如下。

① 脱口秀短视频一般要求演员的表情比较夸张，演员可以用带有喜剧张力的方式生动地诠释台词。

② 故事叙述类短视频对演员的肢体语言表现力及演技要求较高。

③ 美食类短视频对演员传达食物吸引力的能力有着很高的要求，演员需要用自然的演技表现出食物的诱惑力，以达到突出短视频主题的目的。

④ 生活技巧类、科技数码类、影视混剪类等短视频对演员没有太多演技上的要求。

### 4. 拍摄人员

拍摄人员需要按剧本要求完成短视频的拍摄工作。拍摄人员的拍摄水平在一定程度上决定了短视频内容的好坏，因为短视频的表现力及意境需要通过镜头语言来表现。为了顺利拍摄出优质的原始素材，拍摄人员需要具备以下能力。

① 了解镜头和脚本语言。拍摄人员需要深刻理解脚本的内容，并利用镜头传达脚本想要展现给用户的内容，拍摄出符合编剧或策划构想的短视频内容。

② 熟练使用各项拍摄设备。拍摄人员需要十分熟练地掌握各项拍摄设备的使用方法和拍摄技巧，能够区分不同设备的功能，并懂得选择合适的拍摄设备进行拍摄。

③ 拍摄技术精湛。拍摄人员需要懂得运用镜头语言，包括构图方法、镜头角度、景别类型、镜头运动等多个方面。

④ 具备基本的视频剪辑认知能力。拍摄人员需要对剪辑工作有基本的了解和认知，懂得区分素材的主次，能够在拍摄时有针对性地选取拍摄内容，为后期剪辑人员减轻负担。

### 5. 剪辑人员

剪辑人员的主要职责是负责选择、整理、剪裁已经拍摄的全部镜头素材（画面素材和声音素材），使之成为一条完整的短视频。剪辑人员需要在深刻理解剧本和导演总体构思的基础上，以短视频脚本为依据，对镜头（画面与声音）进行精细而恰到好处的剪接、组合，使短视频内容结构严谨，情节展开流畅，节奏变化自然。剪辑人员应该具备以下能力。

① 熟练使用剪辑软件。剪辑人员需要熟练使用专业的、流行的剪辑软件，高效地完成剪辑工作。

② 精通剪辑技巧。剪辑人员需要有较高的艺术修养，能够分辨素材的好坏，对素材进行快速筛选；需要掌握相关的剪辑技巧，能够找准剪切点，让短视频给用户留下深刻的印象；需要懂得配乐，能够在短视频的特定阶段加入合适的音乐，以增强画面的感染力，让画面衔接得更自然。

③ 强大的抗压能力。专业的剪辑工作常常是枯燥且繁重的，短视频剪辑人员需要拥有强大的抗压能力，能够承受强度较大的剪辑工作，保证短视频高效产出。

### 6. 运营人员

运营人员在短视工作团队中起着至关重要的作用，其主要职责是负责短视频账号的日常运营和推广，包括账号信息的维护与更新、短视频的发布、用户互动、数据收集与跟踪、短视频的推广、账号的广告投放等。为了做好这些工作，短视频运营人员主要需要拥有以下 4 项能力。

① 数据分析能力。运营人员需要对各项数据有一定的敏感度和理解能力，能够收集短视频后台数据及其他数据，对短视的频播放量、热评、点赞量、评论、转发量等进行分析总结。

② 案例分析能力。运营人员需要观察和分析“爆款”短视频的特征，研究用户对于“爆款”短视频的真实反应，分析“爆款”短视频的标题或台词，对比同类“爆款”短视频并总结出可以为自己所用的运营经验。

③ 对用户需求的高敏感度。运营人员需要时刻保持对用户需求和竞品的高敏感度，在准确把握用户需求的基础上，为内容创作提供优化建议。

④ 商务沟通和谈判能力。运营人员要能够代表整个团队与合作方进行洽谈，准确了解合作方的需求，并告知其自身团队的优势，能够通过谈判与合作方达成长期、稳定的双赢局面。

**思考练习**

想一想，在短视频各个环节的工作中，你认为自己更适合负责什么环节的工作？为什么？

### 2.1.2 优化人员配置，提高产出效益

越是专业的短视频工作团队，人员配置越齐全、分工越明确。但许多短视频账号在运营初期，由于市场反馈和收益情况无法预见，并不能实现每个职能分工都由专人负责。在这种情况下，短视频工作团队需要优化人员配置，根据具体情况不断调整人员结构。

#### 1. 人员配置：高配、中配、低配

不同类型的短视频，在内容创作和运营方面的工作量和难度各有不同，所需要的人员配置也有差异。在组建短视频工作团队时，可以按照资源投入和目标要求，把人员配置分为高配、中配、低配 3 个级别，如表 2-2 所示。

表 2-2 短视频工作团队 3 个级别的人员配置

<table>
<tr><th>高配</th><th>中配</th><th>低配</th></tr>
<tr><td>导演</td><td rowspan="4">内容运营人员</td><td rowspan="10">自编、自导、自演、自拍、自剪、自运营的全能人员</td></tr>
<tr><td>编剧/策划</td></tr>
<tr><td>道具人员</td></tr>
<tr><td>运营人员</td></tr>
<tr><td>演员</td><td rowspan="3">演员</td></tr>
<tr><td>化妆师</td></tr>
<tr><td>配音师</td></tr>
<tr><td>美工</td><td rowspan="3">视频制作人员</td></tr>
<tr><td>剪辑人员</td></tr>
<tr><td>摄像拍摄</td></tr>
</table>

个人短视频账号如果在运营初期没有或暂时没有变现目标，可以尝试由个人完成所有的创作和运营工作。但对于专业团队和企业账号来说，初始的短视频工作团队应该配置 2～4 人，这些人分别负责内容创作和运营、拍摄剪辑短视频作品等；如果对于出镜人员有较高要求，则需要至少配置一名演员。

#### 2. 高效分工：任务分解结构法

要想实现短视频工作团队的高效分工，可以采取 WBS（Work Breakdown Structure，任务分解结构法），其思路为将目标分解成任务，将任务分解成多项具体工作，再将每一项工作分配为每位人员的日常活动，直到无法继续分解为止。因此，此方法的核心

逻辑是：目标—任务—工作—活动。

WBS 包含 3 个关键词：任务（Work）、分解（Breakdown）、结构（Structure）。具体内容如下。

（1）任务

任务是指可以产生有形结果的工作目标。例如，短视频用户运营可以直接带来用户增长、播放量增加、评论量增加等。

（2）分解

将目标按照"目标—任务—工作—活动"的逻辑层层分解，直到无法再次细分。如果将拍摄一条短视频作为一个目标，那么其重要过程可以分解为策划、拍摄、制作、运营等任务，而策划又可以分为内容定位、竞品分析、搭建选题库、选择主题等多项具体工作，其中搭建选题库又可以细分为建立选题库、研究竞争对手选题库、汇总用户反馈选题库等日常工作内容。

（3）结构

结构是指按照"相互独立、完全穷尽"的原则，使短视频工作团队保持一定的结构和逻辑，让每一个职能人员各司其职，保证每一项工作都涉及，做到不遗漏、不重复，每项具体工作之间相互独立，且只能有一个负责人，其他人只能是参与者。

**思考练习**

如果你现在要构建一个短视频工作团队，希望邀请哪些同学加入？如何给他们安排职位？为什么？

## 2.2 新人做短视频，先找准短视频定位

短视频定位是短视频创作的第一步，它决定了短视频账号的发展方向。

### 2.2.1 什么是短视频定位

要理解短视频定位的概念，首先要理解什么是定位。

"定位"一词真正引起人们的关注是在 20 世纪 70 年代。美国《广告时代》杂志邀请年轻的营销专家阿尔·里斯[15]和杰克·特劳特[16]撰写了标题为"定位时代"的一系列有关营销和广告新思维的文章。这一系列文章发表后，在全行业引起轰动，"定位"成

15 阿尔·里斯（Al Ries）被誉为"全球定位之父"，是享誉世界的营销大师，被《公共关系周刊》评为 20 世纪 100 个最有影响力的公关人物之一，曾为美国《商业周刊》的封面人物。

16 杰克·特劳特（Jack Trout），美国营销战略家，也是美国特劳特咨询公司的前总裁，被摩根士丹利推崇为高于迈克尔·波特（管理学家，被誉为"竞争战略之父"）的战略家。杰克·特劳特于 1981 年出版的《定位》一书中提出的"定位营销观念"被公认为是"有史以来对美国营销影响最大的观念"，改变了美国乃至世界的营销理念。

为任何产品都无法跳过的一个重要环节，短视频也不例外。

阿尔·里斯和杰克·特劳特认为，“定位”是在传播过度的社会里解决传播问题的首选思路。他们在 1981 年出版的学术专著《定位》中写道：“在我们这个传播过度的社会里，有效的传播实际上很少发生。确切地说，公司必须在潜在客户的心智中建立一个‘位置’，它不仅反映出公司自身的强势和弱势，也反映出竞争对手的强势和弱势。”

短视频定位是为了确定短视频在用户心目中与众不同的位置，给用户留下不可磨灭的独特印象，让用户能够对短视频进行区分，并对短视频有一个清晰的认知，提高短视频的市场竞争力。

归纳起来，短视频定位主要包含内容定位和用户定位两部分：内容定位即确定短视频要讲什么，用户定位即确定短视频内容给谁看。短视频定位案例如图 2-1 所示。

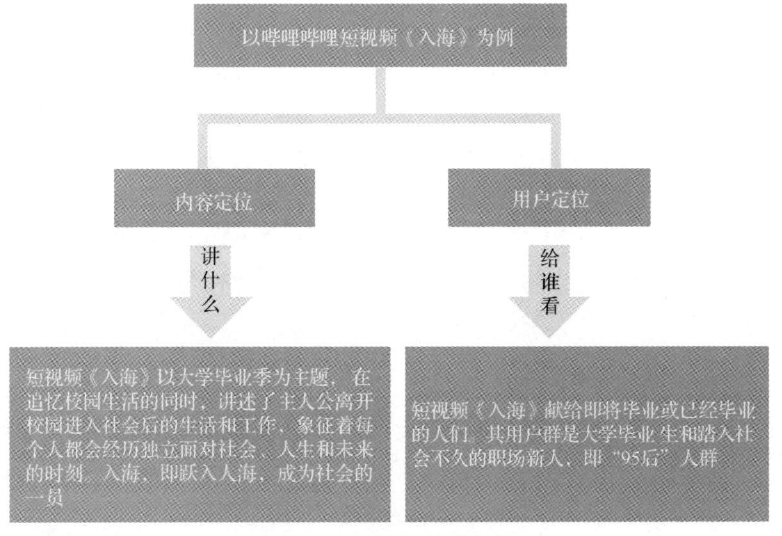


图 2-1　短视频定位案例

通过图 2-1 我们可以看出，短视频定位需要明确两个方向：一个是“讲什么”，另一个是“给谁看”。

**思考练习**

请选择一条你喜欢的短视频，说一说它讲了什么内容，适合哪些人群观看。

### 2.2.2　短视频内容定位：讲什么

运用以下 3 个方法可以精准实现短视频内容定位。

#### 1. USP 理论定位法：找到并突出短视频内容的独特优势

独特的销售主张（Unique Selling Proposition，USP）理论又被称为创意理论，是由罗瑟·瑞夫斯（Rosser Reeves）于20世纪40年代至50年代提出的，是广告发展历史上最早提出的一个具有广泛深远影响的广告创意理论。USP理论强调广告中必须包含一个向消费者提出的独特价值主张，这个价值主张应具备3个要点：一是利益承诺，即强调产品有哪些具体的特殊功效，能给消费者提供哪些实际利益；二是独特，即强调竞争对手无法提出或没有提出的价值点；三是强而有力，即表述方式能直击消费者内心，引起消费者关注。

这一理论从创立之初就被广泛运用，许多家喻户晓的产品品牌在营销推广的过程中都利用了USP理论，如表2-3所示。

表2-3　USP理论的运用案例

| 产品品牌 | 广告语 | 价值主张 |
| --- | --- | --- |
| 农夫山泉 | 农夫山泉有点甜 | 甜 |
| 红牛功能性饮料 | 困了累了，喝红牛 | 解乏 |
| OPPO手机 | 充电5分钟，通话两小时 | 充电快 |

USP理论的核心理念是找到并突出产品的独特价值主张，这种核心理念也可以运用于短视频定位，即找到并突出短视频内容的独特优势。其优势主要体现在3个方面：人设、风格、记忆点。

（1）人设

人设是指通过短视频内容打造的特定人物性格和人物形象，如温柔、善良、专业、偏执、严厉等。人设打造比较成功的短视频中的人物有许多。例如，哔哩哔哩UP主“罗翔说刑法”的出镜人中国政法大学教授罗翔老师，他在出镜时始终身着衬衣，现场布置蓝色背景和白色讲台，凸显了其博学多识的法学老师的形象。

（2）风格

风格是指短视频内容以什么风格呈现，如温暖治愈、活泼搞笑等。以抖音账号“菲姐文案”为例，该账号以分享美图和经典文案作为短视频的主要内容，短视频风格以温暖治愈为主，在众多短视频中显得清新、脱俗，拥有稳定的用户群体。

（3）记忆点

记忆点是指短视频内容中让人印象深刻的地方，记忆点无须太复杂，可以是细节方面的设计。例如，一顶假发、一个动作、一种口音等。抖音账号“小月月”的短视频出镜人在每期短视频结束时都会握拳喊出“加油”，这一手势和口号则是该账号的短视频专属记忆点。

### 2. 差异化定位法：找到自身的特别之处

差异化定位是指找到同类短视频的不足之处，并从其不足之处入手创作短视频内容，体现与同类短视频的不同之处，跳出同质化竞争。短视频内容的差异化定位可分为3个步骤，如图2-2所示。

图 2-2　短视频内容差异化定位的 3 个步骤

以美食类短视频为例，其短视频内容定位可以这样做。

第一步：观看大量同类短视频，并对这些短视频进行研究、分析。

第二步：通过研究，发现大多数美食类短视频都以探店品尝美食、分享制作技巧为主，缺少对美食文化的研究。

第三步：确定将“美食文化”作为短视频内容的核心主题，打造“分享美食+美食文化介绍”的短视频内容，传递美食文化，使短视频内容更具文化价值。

### 3. 反差定位法：颠覆事物在人们心中的固有印象

反差定位法的核心是颠覆某一事物在人们心中的固有印象，以此形成巨大反差，给人留下深刻印象。短视频常用的反差定位法主要有以下 3 种。

（1）年龄反差

利用年龄反差可以设定出与该年龄特征不符合的人物形象。例如，抖音账号“北海爷爷”的出镜人已经 70 岁高龄，但他精气神十足，并且擅长穿搭，浑身散发着一种优雅的气质，明显与用户对普通老人的平常印象不同。这种年龄与形象的反差会带给用户不一样的感受。

（2）性别反差

性别反差俗称“反串”，能在外形上给人带来视觉冲击和新鲜感。例如，短视频“达人”“多余和毛毛姐”一人分饰两角，在男、女形象中来回切换，其短视频浮夸中带有幽默，颇具娱乐性。

（3）技能反差

技能反差常用于表现与固有印象不同的人或动物的技能。例如，抖音“达人”“料理猫王”在短视频中向用户展示了宠物猫“制作”各种精美料理的过程，这与猫本身捉老鼠、跑跳等原始技能形成反差，充满趣味性。

采用以上 3 种定位方法能够帮助短视频账号在借助“爆款”短视频元素的基础之上强化自身优点，彰显自身的与众不同，进而赢得用户青睐，在竞争激烈的短视频市场中站稳脚跟。

**思考练习**

哪些短视频利用了“反差”的方式进行定位？你认为其中哪个作品最有创意？

## 2.2.3 短视频用户定位：给谁看

用户定位，即确定自己的用户是谁，做好用户定位能够使内容定位更加准确。不同类型的短视频针对的目标受众不同。例如，生活、美食、职场、才艺、美妆、穿搭、萌宠等各个垂直领域都有其特定的用户群体。想要打造“爆款”短视频，则需要在相应的垂直领域中描绘用户画像，了解用户偏好，挖掘用户需求。而想要实现精准的用户定位，通常需要通过以下 4 个步骤。

### 1. 数据分类

描绘短视频用户画像的第一步是对用户信息数据进行分类。用户信息数据一般分为静态信息数据和动态信息数据两大类，如图 2-3 所示。

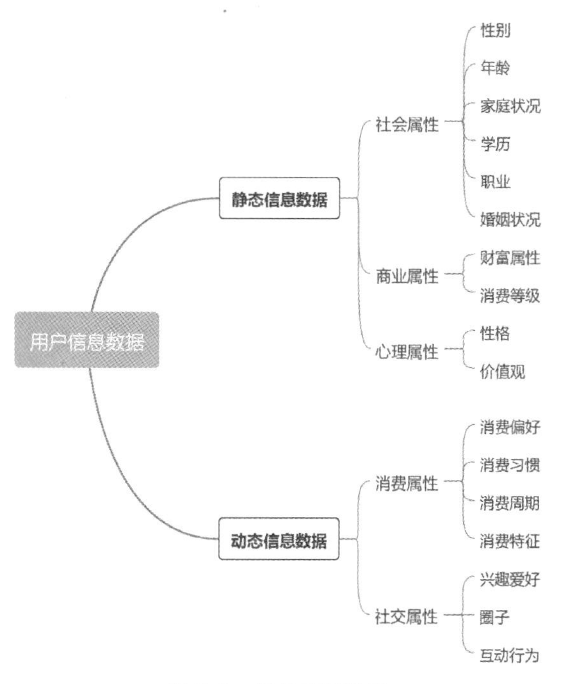


图 2-3 用户信息数据

（1）静态信息数据：这一数据是构成用户画像的基本框架，展现的是用户的固有属性；这些数据一般无法全数了解，只需要选取对描绘用户画像有重要帮助的数据。

（2）动态信息数据：这一数据通常是网络行为数据，可以直观地呈现出来，但数据量非常大，同样需要筛选重点数据作为参考。

### 2. 确定使用场景

描绘用户画像时，需要将用户信息数据融入一定的使用场景，这样才能更好地体会用户感受，还原真实的用户画像。采用“5W1H”法，可以确定用户的使用场景，如表 2-4 所示。

表 2-4 “5W1H”法的要素和含义

| 要素 | 含义 |
| --- | --- |
| Who | 短视频用户 |
| When | 观看短视频的时间 |
| Where | 观看短视频的地点 |
| What | 观看什么内容的短视频 |
| Why | 网络行为背后的动机，如关注、点赞、分享等 |
| How | 与用户的动态和静态信息数据结合，洞察用户具体的使用场景 |

### 3. 获取信息数据

想要获取用户信息数据，需要统计和分析大量的样本。由于短视频用户基本信息数据的重合度较高，为了节省时间和精力，短视频创作者可以通过相关服务网站获取用户的相关信息数据，如卡思数据。卡思数据是一个视频全网大数据开发平台，能为短视频内容创作和运营提供数据支持，如提供全方位的数据查询、用户画像、视频监测服务等。

以抖音美妆类短视频为例，通过卡思数据网获取用户信息数据的具体方法如下。

（1）查看同类型账号信息

打开卡思数据网站，在左侧页面中选择“达人查找”—“达人榜”，然后在页面上方选择“美妆”，选择后将出现抖音美妆类短视频“达人”榜单，如图 2-4 所示。

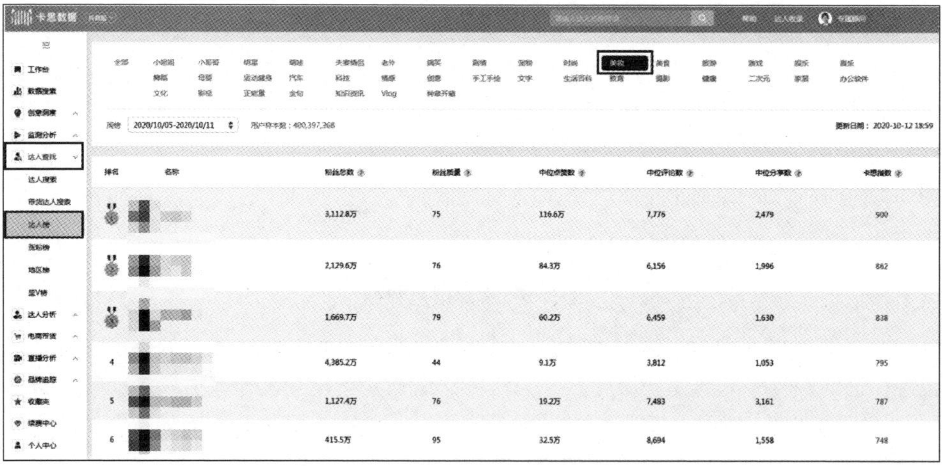

图 2-4　卡思数据抖音美妆类短视频“达人”榜单

（2）筛选类似账号

短视频创作者可以根据榜单中列出的“达人”名单，逐一在抖音中进行搜索，并浏览其具体的短视频内容，筛选出符合自身创作预期的短视频账号。简单来说，即找到一个或多个与自身创作风格或类型相似的短视频账号。

（3）进行相关数据分析

在卡思数据榜单中单击该账号，进入该账号的具体信息页面。在具体信息页面中，短视频创作者可以付费查阅该账号的详细用户画像信息，如性别、年龄、地域、活跃时间等。

**4. 形成用户画像**

整合搜集到的用户信息数据，可以大致形成抖音美妆类短视频账号的用户画像，具体示例如下。

① 性别：女性用户占比 90%以上，男性用户占比低。

② 年龄：12～17 岁用户占比约 11%，18～24 岁用户占比约 50%，25 岁及以上用户占比约 39%。

③ 地域：江苏、浙江、广东、山东的用户占比较高。

④ 活跃时间：13:00～24:00 为主。

⑤ 感兴趣的美妆话题：被推送到首页的各种美妆产品推荐内容。

⑥ 关注账号的条件：画面精美，产品适合自己的需求，账号持续输出优质内容。

⑦ 点赞及评论的条件：内容有价值、实用性强、能够引发共鸣等。

⑧ 取消关注的原因：内容质量下滑、产品劣质、广告过多等。

⑨ 用户的其他特征：喜欢美食、摄影、旅行等，偏爱有浪漫气息、格调较高的产品。

通过以上步骤，短视频创作者可以初步完成短视频用户定位。在后期的实际操作和运营当中，我们可以根据具体情况再做相应调整。

**思考练习**

请你描述一下自己作为短视频用户的用户信息，包括自己的性别、年龄，观看短视频的主要时间，偏好的短视频内容，以及为什么关注、点赞或分享等。

## 2.3 选择鲜明的短视频主题

创作“爆款”短视频的关键是巧妙选择主题（选题）。选题要以用户偏好为基础，在保证主题鲜明的前提下，为用户提供有价值、有趣味的信息，这样才能获得更多用户的喜爱。

### 2.3.1 确定短视频选题

短视频创作者在创作短视频时，可以从人、具、粮、法、境 5 个维度来确定选题，如表 2-5 所示。

表 2-5　确定选题的 5 个维度

| 维度 | 具体说明 |
| --- | --- |
| 人 | “人”即人物。例如，拍摄的主角是谁，他是何种身份，有什么特点，用户群体是什么 |
| 具 | “具”即工具和设备。例如，短视频的主角是一名学生，他平时会用到课本、文具、书包等 |
| 粮 | “粮”即精神食粮。例如，高中学生喜欢看哪类书，会学习哪些课程，日常观看哪些影视作品等。要分析目标群体，则要充分了解他们的需求，从而找到合适的选题 |
| 法 | “法”即方式和方法。例如，高中学生如何与家长、老师、同学相处等 |
| 境 | “境”即环境。不一样的剧情需要不一样的环境。例如，学生在学校和在家中所涉及的人物、事件有所不同，短视频创作者需要根据剧情选择能够满足拍摄要求的环境 |

围绕以上 5 个维度进行梳理，可以将选题细分为二级、三题甚至更多层级的选题，形成选题树，方便短视频创作者多方位确定选题。以热爱旅行的女性用户为例，短视频创作者可以通过选题树细化出多个主题，从而策划出各种各样的选题。其选题树如图 2-5 所示。

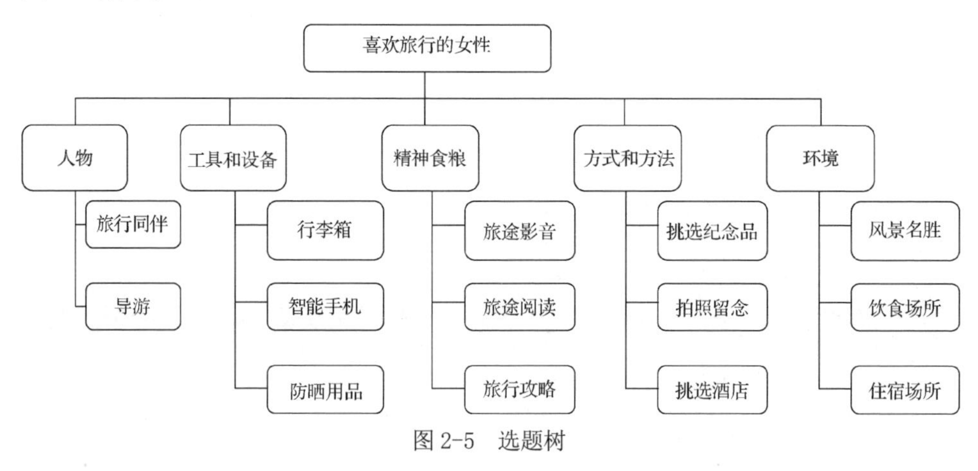


图 2-5　选题树

需要说明的是，制作并拓展选题树是一个长期的过程，随着时间的推移，可以延展的选题内容将会越来越多。

**思考练习**

请选择你喜欢的一则短视频，尝试从人、具、粮、法、境 5 个维度构想更多选题。

### 2.3.2　建立“爆款”短视频选题库

建立“爆款”短视频选题库，能够帮助短视频创作者持续不断地输出优质短视频作品。

### 1. 建立选题库框架

根据短视频定位可以规划好选题范围，并将定位所涵盖、拓展的内容进行分类，逐一列出分类后形成选题库框架。例如，短视频的用户定位为大学生，那么内容选题就可以围绕大学生的学习、生活、情感、梦想等方面展开；而学习选题可以进一步按照大学生的需求划分为学习内容、学习渠道、学习方法等类别；而学习内容则可以进一步细化为专业学习、兴趣学习、技能学习、人际交往学习、情绪管理学习、时间管理学习、投资理财学习等更细化的选题。

### 2. 搜集素材，丰富选题库

短视频创作者可以通过以下途径搜集素材内容，不断丰富选题库。

① 视频 App。各类短视频平台、综合视频平台的内容种类繁多，涉及人们生活的方方面面。短视频创作者可以从短视频平台和主流视频网站（优酷、爱奇艺、腾讯视频等）中寻找合适的素材，并以此为基础进行二次创作，赋予其自身特色，使作品契合自己的账号标签。

② 经典影视片段。许多影视剧经典桥段或台词往往能够引发用户共鸣，给人留下深刻印象。短视频创作者可以利用影视片段中的部分素材，融入自己的观点和想法，创作出富有创意的短视频作品。

③ 自己拍摄视频。短视频创作者需要细心观察生活，留意周围的人和事，随时记录好的创意点，不断尝试拍摄和累积自己的原始素材。

建立选题库这项工作并不是一朝一夕能够完成，需要日积月累，逐渐形成多类型、多领域、多风格的优质选题库。另外，建立选题库时，还要学会结合热点。

**思考练习**

选择一个你喜欢的电影，想一想其中有哪些内容可以成为素材。

## 2.4 短视频优质内容的输出

在任何一个短视频平台，获取用户和保持用户活跃度的核心策略都是持续输出优质内容。短视频创作者持续输出优质内容并不是一件容易的事，需要在内容策划、内容创作以及搭建内容框架 3 个环节明确一些工作方法。

### 2.4.1 策划优质内容的 3 个方法

持续稳定地创作优质的短视频，不是靠灵感而是靠方法。以下 3 种方法可以帮助短视频创作者策划出优质的短视频。

#### 1. 借鉴法：模仿是进步的第一要素

短视频创作新手由于创意有限，自己还不具备原创内容创作的能力，所以可以先用借鉴法来积累自己的创作经验。借鉴法是很多创作者都会用到的一种内容打造方法，尤其是对于短视频创作新手而言，这种操作简单的方法非常实用。

借鉴法需要讲究技巧，不能直接照搬照抄他人的内容，而是需要对内容进行深加工和个性化创新，让所借鉴的创意和形式真正为自己所用。

（1）创新呈现形式

创新呈现形式，是指改变所借鉴内容的呈现形式。例如，如果借鉴的内容是文字版，那么在进行视频展现的时候，可以把纯文字的内容转化为人物台词，通过人物表演的方式呈现。

（2）创新内容

创新内容就是对借鉴的内容进行加工改造。如果借鉴的是同一个道理，那么可以把这个道理讲成一个故事。有头有尾、有剧情起伏的故事，比单纯地讲道理更能引起用户的情感共鸣。而如果借鉴的是一个剧情故事，那么可以换一种结局。出乎意料的结局往往更能激发用户的好奇心，引发互动评论。

（3）创新框架搭建

创新框架搭建是指拆解原来的框架，将其重新组合并赋予单独的主题价值。具体而言，如果借鉴的是一个作品的框架，那么在实际的制作过程中，可以将这个大的框架分成几个小板块，并且对每个小板块进行详细的解释，为其添加独立、完整的观点；把每个小板块当作一个切入点，使其成为相对独立的短视频内容。

以制作短视频的方法为例，短视频创作者可以把这种方法再具体细分为视频拍摄方法、视频剪辑方法、文案添加方法、音频添加方法、封面制作方法等。相比于借鉴内容的笼统化，这样细分过后的内容往往更具有吸引力。

**2．扩展法：由点及面，由线成面**

策划优质内容的第二个方法是使用扩展法。拓展法是指运用发散思维，由一个中心点向外扩散、不断延展内容的方法。通常，拓展法又可以分 3 个层次。

（1）人物扩展

运用拓展法首先要进行人物扩展。例如，“儿童教育”时不时就会成为热点话题，想要拍摄与这个热点话题相关的短视频，可以将短视频的主人公确定为孩子和家长，拍摄与亲子相关的内容。那么，短视频创作者可以以 6～12 岁的孩子为核心，进行人物扩展，列举出以孩子为核心的 8 组扩展关系。6～12 岁孩子的人物扩展关系示例如图 2-6 所示。

（2）场景扩展

罗列出人物扩展关系以后，下一步要围绕人物扩展关系来进行场景扩展。以“孩子与父母”这组关系为例，其场景扩展如图 2-7 所示。

（3）事件拓展

有了人物和场景以后，还需要构思事件，进行事件扩展。选取“孩子与父母”这组人物关系，选择“做家务”这个场景，可以扩展出若干个事件，如孩子帮父母洗碗，父母教孩子做家务等。有了具体的事件以后，可以根据事件编写出对话和动作，作为情景短剧进行演绎。

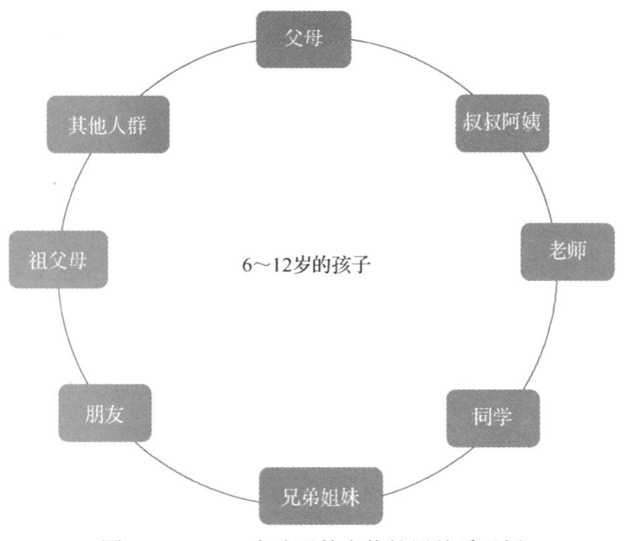


图 2-6　6～12 岁孩子的人物扩展关系示例

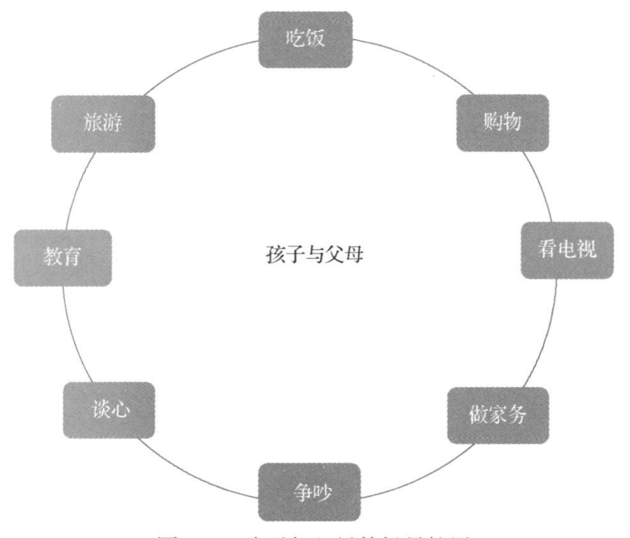


图 2-7　孩子与父母的场景扩展

按照这种方式，重新审视前面扩展的人物关系和场景，如果把每一组人物关系、每一个场景都进行扩展，就能得到很多素材。

通过拓展法，可以对热点话题不断延伸，进行“批量”生产；利用此方法还可以紧扣热点，源源不断地创作出许多具有话题性的内容。

### 3. 四维还原法：“爆款”短视频背后有迹可循

在短视频创作的过程中，许多短视频创作者可能会有这样的诉求：不愿意简单地模仿别人，而是想要通过模仿，形成自己的特色。

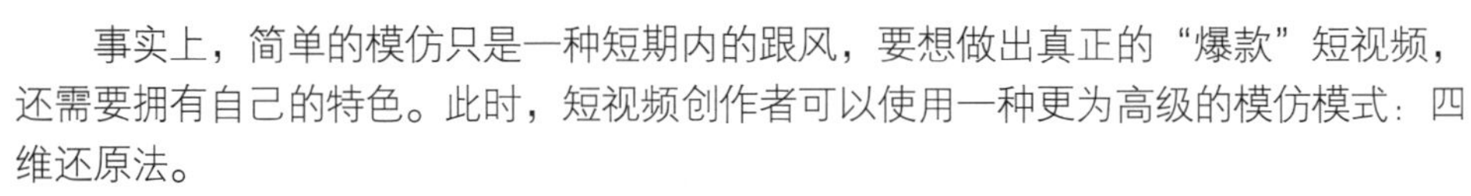

事实上，简单的模仿只是一种短期内的跟风，要想做出真正的“爆款”短视频，还需要拥有自己的特色。此时，短视频创作者可以使用一种更为高级的模仿模式：四维还原法。

四维还原法是指对别人的“爆款”短视频进行深度模仿，除了模仿它的形式，还要重点模仿它背后的“爆款”逻辑；然后从中去寻找创作类似短视频的灵感，打造出属于自己的、带有个人特色的短视频内容。四维还原法的具体操作可以分为 4 个步骤，如图 2-8 所示。

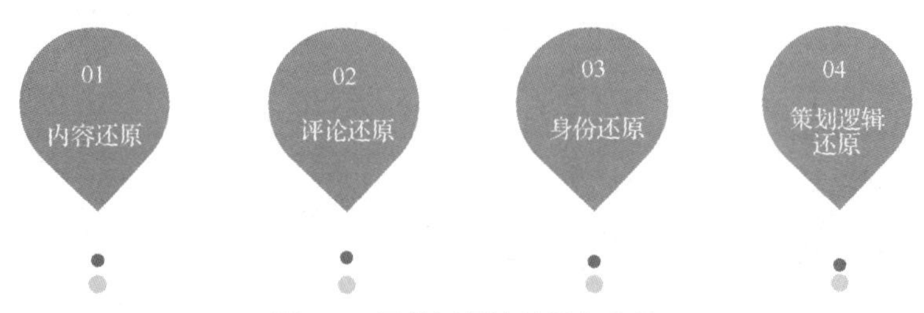


图 2-8　四维还原法的操作步骤

（1）内容还原

内容还原，是指还原“爆款”短视频中的标题、画面、背景和台词等内容。内容还原的过程中，需要用文字把整个短视频的内容描述一遍，找出这则“爆款”短视频的核心内容及突出优点，并加以借鉴和模仿。

（2）评论还原

四维还原法的第二步是评论还原。短视频创作者可以打开“爆款”短视频的评论区，从诸多评论中挑选一些具有代表性的评论进行研究。通常情况下，从这些热门评论中，短视频创作者能够发现用户究竟被作品的哪些特质所吸引，自己在创作内容时就可以借鉴这些特质。

（3）身份还原

身份还原，是指对那些认真观看了短视频内容，并通过点赞、评论、转发、关注等方式对短视频表现出极大兴趣的用户的身份进行调查，弄清楚他们究竟是谁，为什么会关心这个短视频。想要了解这些用户的信息，短视频创作者可以进入其个人中心查看后台的详细数据。

（4）策划逻辑还原

在通过四维还原法打造短视频内容的时候，短视频创作者最需要模仿的其实就是策划逻辑。要还原一个短视频的策划逻辑，短视频创作者就需要站在原短视频创作者的角度，去思考其创作理念是什么，原短视频创作者是如何构思和呈现的。

以上 4 个步骤是一个短视频的四维还原过程，而通过这个还原过程，短视频创作者可以学到别人的“爆款”内容的策划经验，从而在之后的工作中创作出更多有“爆款”逻辑的、具有自身特色的优质短视频内容。

**思考练习**

找两个或两个以上的同类短视频，看看它们有什么相似之处。

### 2.4.2 创作优质内容的 4 种套路

归纳起来，常见的热门短视频大多使用以下 4 种经典的创作套路。

#### 1. 情景再现

短视频的魅力在于将生活中的点滴乐趣用图文或视频的形式呈现出来，而情景再现是一个非常容易引起用户共鸣的方式。情景再现是指短视频创作者通过戏剧化的情节来演绎现实生活常见的某一事件，使短视频引发用户的认同，获得高点赞量。

例如，抖音“达人”“多余和毛毛姐”的短视频内容主题几乎都来源于生活中有代表性的事件。其中一期的短视频以“对于插队的朋友你会劝阻吗”为主题，情景再现了生活中那些令人讨厌的插队现象，引起了用户的共鸣，并在评论区引发了热烈的讨论。

情景再现生活中的典型事件，不仅能够轻易让用户深有同感，更重要的是，这类短视频的创意来源于生活，有源源不断的灵感“补给”，短视频创作者不必太担心灵感枯竭。因此，情景再现这一套路是短视频创作者进行内容创作的首选。

#### 2. 事物对比

人们天生爱比较，喜欢将相似的两件事物放在一起进行对比，并且乐于看到两者之间的不同，这一现象在短视频中体现得非常明显。

例如，搞笑短视频“达人”“维维啊”曾推出了一期以“独生子女 VS 兄弟姐妹”为主题的短视频，这期短视频发布当天就迅速获得了近 100 万点赞量。这期短视频以幽默的方式对比了独生子女和非独生子女在同样场景中的不同反应，获得了大量用户的点赞。

这类短视频屡见不鲜，常见的话题有“别人的男朋友 VS 我的男朋友”“结婚前的情侣 VS 结婚后的夫妻”等。这些短视频都是通过对比类似事物的方式，放大两者之间的不同，从而产生可探讨的话题。

#### 3. 客体创新

短视频内容有主体与客体之分，主体是核心内容，客体是表达形式。当主体不发生太大的变化时，改变客体会让整个短视频呈现不一样的效果。简单来说，当同一个画面搭配不同的音乐时，能够给人完全不一样的感觉。

例如，同样是美食类短视频，如果用普通的旋律做配乐，可以将其称作合格的短视频；但如果想要与众不同，则要寻找创新点。在抖音平台，一度流行将美食类短视频的配乐设置为动画片《花园宝宝》的经典台词：“晚安，玛卡巴卡，晚安，依古比古，晚安，汤姆布利柏，晚安，小点点……”

当用户在深夜看到这条搭配着“晚安祝福”的美食短视频时，会产生一种矛盾心理，既被这些诱人的美食打动，又不得不控制自己。但若是把背景音乐更换成其他的普通配乐，可能无法产生这种让人“又爱又恨”的效果，这就是创新内容客体的重要性。

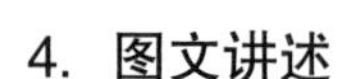





**4. 图文讲述**

图文类短视频是指以图片（动图）和文字为素材生成的短视频。短视频创作者可以将图文素材保存在相册里，以录屏的方式将内容呈现出来，或是放在剪辑软件里，将其拼接合成一个短视频。

制作图文类短视频要注意 3 点：首先，第一张图的内容要能够引起用户的兴趣，这将直接影响短视频的播放量；其次，字数不能太多，要做到短小精悍、言简意赅；最后，图片的数量也要控制得当，尽量保持在 5 张左右，最多不超过 9 张，图片太多会造成审美疲劳。

图文类短视频更注重内容的创意。有时候，一张简单的图片可能存在非常吸引人的亮点，那么短视频创作者可以直接放大图片中的某个细节，达到"一鸣惊人"的效果，同时搭配合适的音乐和特效，就能成为一个有"爆点"的短视频。

例如，抖音上有一条点赞量破百万的短视频，整条短视频中只有一张图片，该短视频创作者仅是放大了图片中的某个细节，然后搭配了 Siri 的语音旁白："我以为我的头发上是一朵小花，哦！原来是我的耳朵！"就是这样一条不带任何制作技巧的短视频，却吸引了很多用户观看，这充分说明短视频用户十分注重内容的创意，就算是展现形式比较简单，也依然能获得用户的喜欢。

以上列举了短视频内容创作的 4 种经典套路，许多优质短视频的创作都离不开这些方法。短视频创作者在创作内容时，需要牢记"艺术来源于生活"，懂得发现生活中的乐趣。

**思考练习**

选择一条你看过的热门短视频，说一说它有什么样的创作套路。

## 2.4.3 搭建内容框架的 3 个要点

短视频的时长虽然较短，但内容却是有完整逻辑的。例如，用户经常会在短视频中看到这样的逻辑：先抛出一个问题或观点，再对问题或观点进行解析，并辅以案例证明。创作这样逻辑完整的短视频，关键在于内容框架的搭建。

学习搭建短视频的内容框架，需要遵循以下 3 个要点。

**1. 重点提前，吸引注意**

如今，人们的生活节奏越来越快，只有令他们感到好奇或是有了解欲望的短视频内容，才能吸引他们的注意。而为了让用户在极短的时间内感受到一条短视频的观看价值，短视频创作者就需要将短视频内容的重点提前，吸引用户产生继续观看的兴趣。

一般情况下，一条 15 秒的短视频尽量要在视频的前 3 秒设置亮点；而时长在 3 分钟及 3 分钟以上的短视频，也需要在视频的前 10 秒抛出有趣的观点，吸引用户的注意力。

短视频创作者可以用文字或是配音的方式在短视频的开头抛出重点，具体案例如下。

"一部手机上，到底藏了多少万个细菌？"

"你不在家时，你家的猫都在干什么？"

使用这样的方式可以在几秒内快速勾起用户的好奇心，使用户主动观看后面的短视频内容。在列出这些问题时，还要学会抓住用户心中的"痛点"，提出能够激起其探索欲或引发共鸣的话题。

另外，个人 IP（Intellectual Property，知识产权）类短视频，可以将个人的信息（名称、广告语等）放在每条短视频的开头，形成一种固定模式，使用户对短视频印象深刻。例如，"papi 酱"在每期视频的开头都会加上一句不变的标语："大家好，我是 papi 酱，一个集美貌与才华于一身的女子。"通过不断重复地介绍自己，"papi 酱"成功打造了一个富有特色的个人 IP。

### 2. 逻辑清晰，主次分明

时长较短的短视频虽然包含的信息不多，但也需要通过一定的逻辑去呈现观点或讲述事情。短视频创作者需要对短视频主题有非常清晰的认知，通过运用合适的表现手法和剪辑技巧将内容完整而利落地展现出来。

例如，短视频"达人""拜托了小翔哥"（原账号名"翔翔大作战"）曾创作了一期主题为"周杰伦歌里的秘密"的短视频，即遵循了逻辑清晰、主次分明的原则。首先，"拜托了小翔哥"在视频开头就抛出周杰伦这个家喻户晓的名字，表达自己对他的喜爱之情；然后，将周杰伦的歌曲《你听得到》里的重要段落播放出来，并进行揭秘讲解；最后，他本人亲自尝试周杰伦的创作方式，证明自己观点的正确性。

有逻辑的内容，能够让用户更准确地接收到短视频创作者想要传达的信息。

### 3. 结尾互动，引发共鸣

有传播力的短视频不仅需要有亮点的开头和顺畅的逻辑结构，还需要一个有互动的结尾。互动型结尾能够为短视频锦上添花。

一条好的短视频不仅在于其内容本身是否精彩，更重要的是用户看完内容之后，能够引起他们的思考和共鸣，能够激发用户表达自己观点的欲望。因此，在短视频的结尾可以适当加上一些引导用户分享感受的话语。

例如，主题为"生活中，那些令人感动的事情"的短视频，在视频结尾处可以用这样的问题来引发讨论：你遇到过类似的情况吗？生活中还有哪些让人感动的瞬间？你收到过来自父母或朋友的惊喜吗？

在忙碌的工作中，人们或多或少都遇到了让人印象深刻的事情，所以这类问题很可能会戳中一些用户的内心，激发他们的倾诉欲。在视频结尾加上这些问句，会促使用户自觉地发表评论或转发视频，这是一个有效加强视频传播力度的方法。

**思考练习**

你或你的朋友在看完短视频后是否发表过评论？想一想是什么因素让你或他发表了评论。

# 2.5 短视频脚本策划

在正式开始拍摄短视频之前，短视频创作者要考虑很多问题，包括短视频的主题、内容呈现形式、拍摄场景、参演人员、场景和人物分别发挥的作用、故事情节如何展开、拍摄机位设置、背景音乐选择等。

为了厘清上述问题，达成短视频创作意图，短视频创作者需要撰写脚本。短视频脚本可以分为短视频文学脚本和短视频分镜头脚本。

## 2.5.1 短视频文学脚本

短视频文学脚本是短视频内容的框架，是对短视频的主题、人物、情节、场景、结构、风格、动作、台词等做出的详细描写的作品，其呈现形式类似于故事、小说。

短视频文学脚本的撰写需要考虑实际情况，满足"可拍性"，在遣词造句时可以适当添加修辞，营造出画面感。通常在描写场景、时空变换时，可以利用文字段落来划分。

### 1. 短视频文学脚本的撰写方法

撰写短视频文学脚本时，需要遵循 3 个步骤：确定主题、搭建框架、填充细节。

（1）确定主题

在撰写短视频文学脚本之前，需要先确定短视频内容的主题，然后再根据这一主题进行创作。短视频创作者在创作短视频文学脚本时要紧紧围绕这个主题，切勿加入其他无关内容，导致作品跑题、偏题等。

（2）搭建框架

确定了短视频的主题之后，短视频创作者需要进一步搭建文学脚本的框架，设计短视频中的人物、场景、事件等要素。然而，短视频文学脚本与传统影视剧文学脚本有所不同，需要在短时间内展现亮点内容，这就要求短视频创作者在创作时要快速进入主题、突出亮点。如果能在脚本中加入多样的元素，如引发矛盾、形成对比、结尾反转等，会达到更好的效果。

以 999 感冒灵推出的经典暖心短视频《有人偷偷爱着你》为例，该短视频的主题即"有人偷偷爱着你"。围绕这一主题，短视频创作者可以搭建这样的文学脚本框架：

*一位客人在商店购买杂志时，被店主冷脸对待；一位外卖小哥在订单即将超时时，因电梯超重而无奈走出了电梯；一位老人骑着三轮车剐蹭了一辆汽车，车主拿出铁棍向他走来……*

随后，该短视频利用反转的手法，添加了这样的剧情：

*店主让客人快走，是因为发现小偷正在悄悄打开客人的包；外卖小哥走出电梯时，电梯里的一位大哥为他让出了位置；汽车车主拿出铁棍，只是轻轻敲了一下三轮车。*

在这样极具戏剧性的框架结构中，这条短视频为用户呈现了一种"情理之中、意料之外"的效果，引得许多用户纷纷转发。

短视频创作者在搭建文学脚本框架时，可以多设置一些有趣的情节和冲突来突出主题，制造令人意想不到的剧情反转，激起用户的赞叹情绪和分享意愿。

（3）填充细节

俗话说“细节决定成败”，短视频文学脚本也需要有丰富的细节，才能使短视频内容更加丰富、饱满，使用户产生强烈的带入感和情感共鸣。

在短视频《有人偷偷爱着你》中，店主在赶走客人时催促了一句“快走吧”；电梯里的大哥为外卖小哥让位置时，拍了拍他的肩膀说“快进去吧，我走楼梯”；汽车车主用铁棍敲完三轮车后，说“扯平了！”。

上述细节使短视频内容更丰富，人物刻画更完整，更能够引发用户共鸣，调动用户情绪。因此，短视频创作者在撰写文学脚本时，可以按照以上步骤撰写。

**2. 短视频文学脚本范文**

以短视频《有人偷偷爱着你》为例，列举其中部分内容的文学脚本。

场景 1

大街上车水马龙，人来人往。

一个戴着金项链的光头大哥将墨镜别在头顶，心疼地摸了摸自己被剐蹭的汽车车身，十分恼火地说了一句：“你眼瞎了啊？！”

造成这一状况的“始作俑者”是一位骑着三轮车的老人，浑身晒得黝黑，骨瘦如柴，满怀愧疚地说：“对不起，多少钱？我赔！”

车主将墨镜从头顶摘下别在胸口，一脸不屑地说：“你拿什么赔啊？！”说完走向车后，打开后备厢掏出一根铁棍，一步一步向对方走去。

四周的围观群众望向他们，只见那位老人脸上写满慌乱与无奈。

旁白：人心冷漠的世界里，每个人都无处可逃；这个世界不会好了吗？

场景 2

人群喧闹，议论纷纷。

车主穿过人群走到老人旁边，拿起铁棍在三轮车边缘轻轻敲了一下，顺手将铁棍扔在了三轮车上，十分豪迈地大声说道：“扯平了！”随后大摇大摆地走了。

围观群众突然笑了起来。

字幕：这个世界没有你想象中的那么好，但似乎……也没有那么糟。

**思考练习**

你看过哪些构思十分巧妙的短视频文学脚本，说一说它们好在哪里。

### 2.5.2 短视频分镜头脚本

完成了短视频文学脚本的撰写后，短视频创作者还需要将其转换为镜头语言，即撰写短视频分镜头脚本，以便准确地表达短视频的拍摄要点和拍摄细节。

### 1. 短视频分镜头脚本的撰写方法

简单来说，短视频分镜头脚本相当于短视频创作的“说明书”，用于指导短视频团队在何时、何地、花费多长时间、利用什么拍摄手法进行拍摄。

分镜头脚本通常包含镜号、运镜方式、画面内容、景别、台词、时长、音效、备注等内容，一般以表格形式呈现，分项填写。

其中需要重点解释“镜号”的概念，镜号即镜头的顺序号，依照组成短视频画面的镜头先后顺序，用数字标出，以此作为某一镜头的代号。虽然拍摄时可以灵活调整镜号的顺序，但在撰写分镜头脚本时需要按照顺序进行编号，以免拍摄时出现遗漏镜头的状况。

撰写分镜头脚本时，短视频创作者应根据实际情况选择所需要撰写的内容。例如，有的短视频没有人物台词，则其短视频分镜头脚本无须撰写台词。总体来说，短视频分镜头脚本需要契合短视频文学脚本所传达的主旨，每一个镜头的具体设定都应该为短视频内容而服务。

### 2. 短视频分镜头脚本范文

以《有人偷偷爱着你》中“汽车车主与骑三轮车的老人”这一作品中的部分内容为例，撰写短视频分镜头脚本，其中主要包括镜号、画面内容、景别、运镜方式、时长、音效等内容，如表 2-6 所示。

表 2-6 短视频分镜头脚本写作示例

| 镜号 | 画面内容 | 景别 | 运镜方式 | 时长 | 台词 | 音效 |
|---|---|---|---|---|---|---|
| 1 | 三轮车蹭到汽车车身，两车停在路边 | 全景 | 拉镜头 | 3 秒 | — | 人群声、车流声 |
| 2 | 汽车被剐蹭到的伤痕 | 特写 | 手持镜头 | 1 秒 | 车主：“你眼瞎了啊？！” | 同上 |
| 3 | 两人在围观人群中争执 | 全景 | 环绕镜头 | 3 秒 | 老人：“对不起，多少钱？我赔！”<br>车主：“你拿什么赔啊？！” | 同上 |
| 4 | 人群围观 | 特写 | 固定镜头 | 2 秒 | — | 同上 |

以上示例属于比较简单的短视频分镜头脚本，内容更加充实的短视频分镜头脚本还会涉及解说、场景、背景音乐等。因此，短视频创作者在撰写短视频分镜头脚本时要根据实际拍摄情况进行调整。

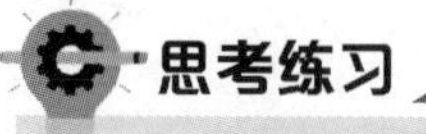


请以“难忘的一天”为主题，撰写一个简单的短视频分镜头脚本。

# 第 3 章 拍摄技巧：从 0 到 1 学会拍出高质量的短视频

【学习目标】

☐ 熟知短视频拍摄前需要完成的准备工作。

☐ 掌握短视频构图的要素和方法。

☐ 了解短视频拍摄的基础知识，学会常用的短视频拍摄技巧。

## 3.1 拍摄前的准备

### 3.1.1 选择合适的拍摄设备

拍摄短视频的第一步是选择拍摄设备。拍摄设备的选择也是一门学问，涉及短视频的质量和团队预算，拥有不同的预算和不同规模的团队有不同的选择。短视频创作者，尤其是新手，切勿贸然购入大量的专业拍摄设备，可以优先购买以下 4 种短视频拍摄设备，如图 3-1 所示。

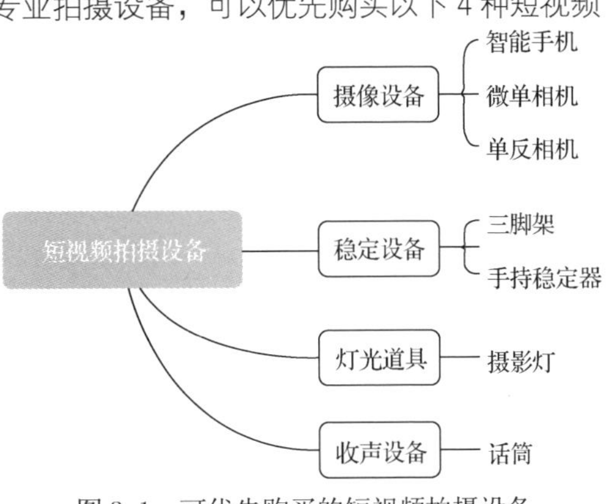


图 3-1 可优先购买的短视频拍摄设备

**1. 摄像设备：智能手机、微单相机、单反相机**

常见的短视频摄像设备主要有智能手机、微单相机和单反相机 3 类。

（1）智能手机

智能手机是最常用的摄像设备，相比专业相机，智能手机的优势主要体现在 4 个方面：一是机身轻便，便于携带；二是操作简单，上手容易；三是分享方便，功能多样；四是成本低。

如今，随着拍摄功能的不断完善，智能手机已经可以满足基本的短视频拍摄需求，对画面效果没有太高要求且预算有限的短视频创作者，其选择智能手机作为摄像设备即可。

（2）微单相机

微单相机是微型小巧、具有单反功能的相机。与智能手机相比，微单相机的画质更清晰、功能更齐全。对于预算有限且对短视频画质有较高要求的短视频创作者来说，微单相机是不错的选择。

（3）单反相机

单反相机功能强大，可以随意换用与其配套的各种镜头，能够满足专业的拍摄需求。对于具备拍摄技巧、对画质要求很高且预算充足的短视频创作者而言，其可以选择一款合适的单反相机作为摄像设备。

**2. 稳定设备：三脚架、手持稳定器**

稳定设备的作用是固定摄像设备，在拍摄过程中维持画面平稳。常见的稳定设备主要有三脚架和手持稳定器两类。

（1）三脚架

三脚架主要用于固定静止机位的摄像设备。在拍摄时将手机或相机固定在三脚架上，能够保证画面稳定、不抖动，尤其是短视频创作者独自录制自拍类视频时，三脚架必不可缺。



（2）手持稳定器

手持稳定器的作用是辅助摄像设备移动。在拍摄过程中遇到需要移动拍摄的情况时，如果仅靠手持移动摄像设备，往往会导致摄像设备晃动，拍摄画面模糊不清，给后期制作带来麻烦。因此，在拍摄移动画面时，可以利用手持稳定器辅助拍摄，以保证画面的稳定和顺畅。

在拍摄移动画面时，如果没有手持稳定器，可以手持摄像设备，移动整个身体，让手臂和摄像设备随着身体的移动而移动，而不是仅移动手臂和设备，以此尽可能地保证画面稳定、不摇晃。

**3. 灯光道具：摄影灯**

摄影灯的作用是给被摄主体补充光线，提高拍摄画面的亮度和清晰度，避免出现拍摄画面太暗、人像太黑等问题。在拍摄短视频时，一般需要用到主灯、辅助灯、轮廓灯。其中，主灯作为主要的光源，通常会使用柔光灯箱，其他灯选用 LED 灯即可。需要注意的是，在选择摄影灯时应尽量选择质量较好的摄影灯，以保证光线柔和、不刺眼，避免对短视频出镜人员的眼睛造成伤害。

**4. 收声设备：话筒**

话筒用于收录现场声音，避免出现因距离远近不同、现场有噪声和杂音而使收声效果不佳的状况。短视频拍摄人员在拍摄过程中如果直接通过手机或相机自身的麦克风来收声，可能会由于距离远近不同造成声音忽大忽小。在户外拍摄时，还可能会遇到噪声太大、杂音太多的情况。因此，话筒在短视频的拍摄中也发挥着重要作用。

以上 4 种拍摄设备足以满足普通的短视频拍摄需求，短视频创作者可以按需选择。

**思考练习**

在短视频创作初期，可以优先选择哪些拍摄设备？为什么？

## 3.1.2 掌握基础的拍摄知识

在拍摄短视频之前，短视频创作者需要掌握基本的拍摄知识。

### 1. 镜头视角

镜头视角主要分为第一人称视角和第三人称视角两类。

第一人称视角能给人强烈的代入感，让人仿佛置身其中。使用第一人称视角，具有无可比拟的互动性和真实感。第三人称视角以旁观者的角度观察事物，能够总揽全局，使短视频的内容逻辑更加清晰。

### 2. 分辨率

分辨率是屏幕图像的精密度，它是指屏幕所能显示的像素有多少，决定着画面的清晰程度。分辨率越高，画面越清晰；分辨率越低，画面越模糊。

例如，许多人在购买手机时会考虑手机像素，因为像素越高，拍摄画面的清晰度也就越高，而像素正是分辨率的单位。再如，抖音上短视频的画面尺寸的宽高比通常是 9∶16，分辨率为 540 像素×960 像素，这代表这个短视频在水平方向上有 540 个像素点，在垂直方向上则有 960 个像素点。拍摄短视频时，选择合适的分辨率会使拍摄画面更清晰。

### 3. 光圈

光圈是用来控制光线透过镜头进入机身内感光面光量的装置，通常设置在镜头内。通常用 *f* 值表达光圈大小：*f* 值的数字越大，光圈越小；*f* 值的数字越小，光圈越大。拍摄不同画面时所需要的光圈大小也不同，需要根据实际情况确定光圈大小。

光圈的作用在于决定镜头的进光量：光圈越大，进光量越多；光圈越小，进光量越少。如果拍摄时光线强烈，需要缩小光圈；如果光线暗淡，则要放大光圈。

### 4. 景深

景深是指被摄主体影像纵深的清晰范围。简单来说，在聚焦完成后，焦点前后范围内所呈现的图像是清晰的，这一前一后的距离范围即景深。景深分为深景深和浅景深，深景深的画面背景清晰，浅景深的画面背景模糊。景深能够表现被摄主体的深度（层次感），增强画面的纵深感和空间感。

另外，光圈也是决定景深深浅的一个重要因素，如图 3-2 所示。光圈小（光圈值大），景深深；光圈大（光圈值小），景深浅。

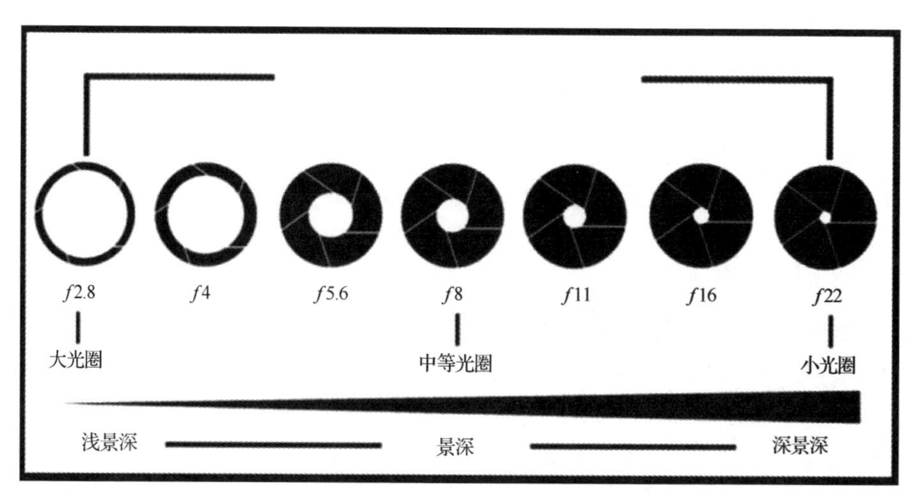


图 3-2　光圈与景深



### 5. 感光度

感光度，又称为 ISO 值。感光度高时，摄像设备对弱光敏感，适合在弱光下使用。在光照不足、小光圈的拍摄条件下，提高感光度，可以获得比较理想的曝光效果。但随着感光度的提高，拍摄画面的噪点也会增加。当感光度低时，拍摄的画面细腻、无颗粒，但必须在光线充足的环境中拍摄。不同感光度下拍摄画面的对比效果如图 3-3 所示。

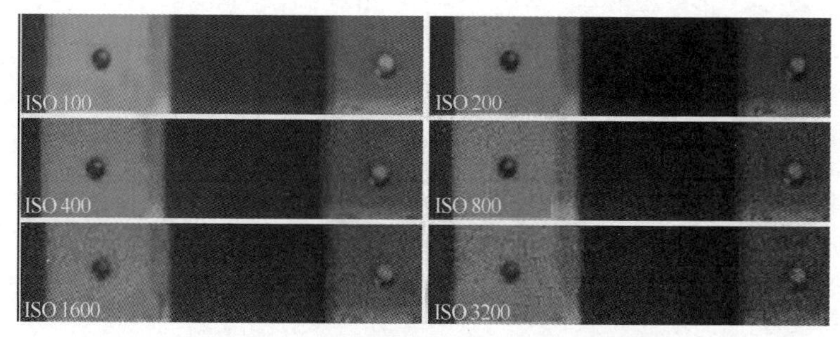


图 3-3　不同感光度下拍摄画面的对比效果

以上基础拍摄知识是创作短视频的必备拍摄常识。与之相关的短视频画面的拍摄技巧将在 3.3 节中详细讲解。

在条件允许的情况下，拍摄一张照片，并查看它的分辨率、光圈、感光度信息。

## 3.1.3　布置良好的拍摄环境

拍摄短视频前，需要布置符合主题且环境良好的拍摄环境，以保证拍摄顺利完成。

### 1. 找准场地

拍摄场地要贴合拍摄主题，给人身临其境的感觉。例如，当拍摄主题为温馨的家庭时，可以直接在家中拍摄，还原日常生活中真实的状态，引发用户的共鸣。

### 2. 灯光布置

确定好拍摄场地之后，需要布置现场灯光。相对于影视剧拍摄的灯光布置来说，大部分短视频的拍摄对于灯光的要求不太高。常见的短视频布光方式如图 3-4 所示。

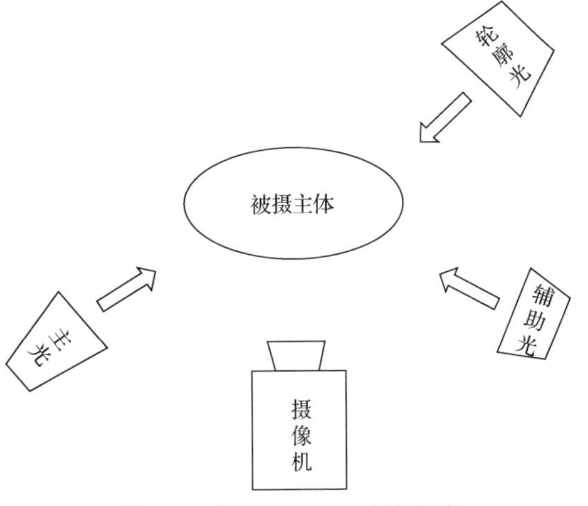


图 3-4　常见的短视频布光方式

### 3. 设计陪体

优质的短视频中不仅有主体的存在，还要有可以突出主体的陪体。陪体不仅能够恰到好处地衬托主体，还能使画面更加丰富，使短视频更有层次感。在选择陪体时，切忌“喧宾夺主”，陪体在画面中的比例不能大于主体，并且还要合理配置主体与陪体的色彩搭配及位置关系。

### 4. 避免噪声干扰

如果环境过于嘈杂，很容易出现画外音[17]，以致加重后期剪辑负担，因此，在拍摄时应该注意尽量避免不必要的声音干扰。有时拍摄人员的呼吸声音过大，也会被录进视频中，影响视频素材质量，因此拍摄人员就需要尽量稳定自己的情绪，将呼吸放缓。

环境布置是拍摄过程中非常重要的环节，它能够凸显主题，营造画面效果，给人最直观的视觉体验。

**思考练习**

哪些短视频在环境布置方面让你印象深刻？为什么？

## 3.2　短视频画面的构图方法

构图是将现实生活中的三维立体世界，利用镜头再现在二维屏幕上，通过对镜头内景物的搭配与对光线的运用，让画面起到突出主体、聚焦视线、适度美化的作用。

17 画外音：视频中发出的声音，其声源不在画面内，即不是由画面中人或物直接发出的声音。

## 3.2.1 短视频构图 3 要素

良好的视频构图技术能够更好地展现主体，突出视觉重点，使画面更有层次感。想要拍摄出高质量的短视频画面，需要依据以下 3 个要素进行构图。

### 1. 主体（人/物）

主体是拍摄中关注的主要对象，是画面的主要组成部分。点、线、面都能成为画面的主体。主体作为构图的行为中心，画面中的各种元素都围绕其展开。同时，主体也常用于表达内容、构建画面，常有画龙点睛之意，因为当主体存在于画面中的关键位置时，能够使画面更加传神。

例如，一个画面是金黄色麦田中有一位正在收割麦子的、穿着红色衣服的农妇，在这个画面中，穿着红色衣服的农妇是主体，她的出现使整个金黄色麦田更加生动。

### 2. 陪体（人/物）

陪体是和主体有情节联系的次要表现对象。陪体可以丰富画面、渲染氛围，对主体起到解释、限定、说明、衬托等作用。适当地运用陪体，有利于精准地呈现画面。陪体不是必须存在的，需根据实际画面情况确定是否设置陪体。

### 3. 环境（前景/中景/背景）

环境是主体周围的人物、景物和空间，是画面的重要组成部分，主要可分为前景、中景、背景。环境的作用是交代人物、事物、事件的存在，以及地点、时间、空间。环境可用于营造画面气氛和意境，并渲染整体氛围。

除此之外，环境要素中还有一项非构图术语，它来源于传统绘画理论——“留白”。在构图时也可以采用留白的方式，达到“虚实相生”的意境。例如，拍摄人物在海边的画面，可以将远处的大海和蓝天作为留白，使整个画面更具审美价值。

**思考练习**

试着找出一则构图巧妙的短视频，说一说它是如何设计主体、陪体与环境的。

## 3.2.2 8 种常用的短视频构图方法

运用好构图方法能够正确处理画面中主体、陪体和环境三者之间的关系。选择恰当的拍摄角度和方位，突出被摄主体，可使画面看起来更加协调。常用的短视频构图方法有以下 8 种。

### 1. 中心构图——突出重点，明确主体

中心构图是将被摄主体放在画面中心进行拍摄的一种构图方法，如图 3-5 所示。中心构图主要具有两大优势：一是能更好地突出主题，让人一眼就能看出短视频的重点，更好地传递信息；二是构图简练，容易让画面达到左右平衡的效果。

### 2. 前景构图——丰富画面，层次分明

前景构图是指在被摄主体前放置一些道具，即利用被摄主体与镜头之间的景物进行构图，如图 3-6 所示。前景构图可以增强短视频画面的层次感，在展现被摄主体的同时丰富画面。前景构图又可以分为两种，一种是将被摄主体作为前景进行拍摄，另一种是将被摄主体以外的事物作为前景进行拍摄。

图 3-5　中心构图

图 3-6　前景构图

### 3. 三分线构图——平衡协调，增强美感

三分线构图是指将画面横向或纵向均分为 3 部分，拍摄时将被摄主体放在三分线的某一位置上进行构图取景，如图 3-7 所示。其最大的优势是在突出被摄主体的同时让画面更加美观，且简单易学。

### 4. 透视构图——立体感强，延伸成点

透视构图是指画面中的某一条线或某几条线由近及远延伸，如图 3-8 所示。透视构图一般又可以分为两类：一类是单边透视，即拍摄画面中只有一边带有由近及远形成延伸感的线条；另一类是双边透视，即画面两边都带有由近及远形成延伸感的线条。

图 3-7　三分线构图

图 3-8　透视构图

### 5. 黄金分割构图——观感舒适，独具美感

黄金分割构图的原理来源于古希腊数学家毕达哥拉斯发现的黄金分割定律。该定律是指一条线段的较长部分的长度与全长的比值等于较短部分的长度与较长部分的长度的比值，且这个比值约等于 0.618。其公式为：较长部分的长度/全长=较短部分的长度/较长部分的长度≈0.618。

这个比例被誉为世界上最完美的比例。利用黄金分割定律来构图，可以让拍摄出来的短视频观感舒适，独具美感，如图 3-9 所示。

### 6. 九宫格构图——画面均衡，自然生动

九宫格构图又被称为井字形构图，它是黄金分割构图的简化版。在构图时，将画面的 4 条边分别分为 3 等份，形成“井”字，即九宫格形状，其中的交叉点称为“趣味中心”，如图 3-10 所示。将被摄主体放置在趣味中心能够使拍摄的画面更加协调。优质的九宫格构图，通常能够使画面中的多个物体都处于趣味中心上，使各事物在整体画面中完美融合。

图 3-9　黄金分割构图

图 3-10　九宫格构图

### 7. 框架构图——聚焦注意，营造神秘

框架构图是利用画面中的框架物体将被摄主体框起来，如图 3-11 所示。这种构图方式能够使人的注意力聚焦在框内的事物上，产生一种窥视的感觉，让短视频画面更具神秘感。

需要注意的是，框架并不一定是方形，而可以是任何形状。在拍摄短视频时，可以利用门框、窗框，或时临时搭建一个框架结构，体现出框架构图的效果。

### 8. 圆形构图——规整唯美或不拘一格

圆形构图是指利用画面中出现的圆形进行构图，如图 3-12 所示。这种构图方法又可以分为正圆形构图和椭圆形构图两种形式。这两种圆形构图通常都能增强画面的整体感，打造旋转的视觉效果。

图 3-11　框架构图

图 3-12　圆形构图

其中，利用正圆形构图拍摄出来的画面能给人一种很规整的美感，而利用椭圆形构图拍摄出来的画面则会给人一种不拘一格的视觉感受。

熟练运用以上 8 种常用的短视频构图方法，能够使普通的拍摄画面更有艺术感和观赏性。在短视频拍摄的过程中，拍摄人员可以灵活地组合使用这些构图方法，让拍摄画面更有美感。

**思考练习**

选择一种或多种构图方法拍摄几张照片，选出你最喜欢的并分享给大家。

# 3.3 短视频画面的拍摄技巧

完整的短视频作品一般由多个镜头画面组合而成，为了保持镜头画面的连贯性并利用镜头画面正确地传递短视频主旨，拍摄人员需要了解景别、拍摄方向、镜头角度、运动镜头、光位选择等方面的拍摄技巧。

## 3.3.1 景别：营造画面的空间感

景别是指摄像机与被摄主体的距离不同，造成的被摄主体在画面中所呈现出的范围大小的区别。认识景别有助于营造画面的空间感。

景别一般分为 5 种，由远及近分别为远景、全景、中景、近景、特写。通过复杂多变的场面调度和镜头调度，交替使用不同景别，可以使短视频的剧情、人物情绪、人物关系等更加具有表现力，从而增强短视频的感染力。

### 1. 远景：视野宽阔，以景抒情

远景可以呈现广阔深远的景象，展示人物活动的空间背景或环境氛围。例如，硝烟弥漫的战场、气势恢宏的山河等远景，多用广角镜头拍摄。

按表现功能划分，远景又可以分为大远景和一般远景。

（1）大远景

大远景一般用于呈现广阔的画面，如从高空俯瞰城市，仰望无边的星空，眺望远方的树林等，如图 3-13 所示。在大远景中，画面的空间容量较大，环境景物是画面主体，人物仅是其中的点缀。总体来说，这类画面多以景为主，以景抒情表意。大远景多采用静止画面，或缓慢摇摄完成，即使是画面主体有剧烈运动，也不会影响整体的画面效果。

（2）一般远景

一般远景强调环境与人物之间的关联性和共存性，如图 3-14 所示。与大远景相比，被摄主体在画面中的占比有所增大，虽然整个画面仍以远处背景为主，但因为被摄主体的视觉感需要增强，所以可以根据表达目的来确定画面中的被摄主体的大小。

一般远景在影视剧中运用较多，日常的短视频拍摄通常不会用到如此大的景别，但是一些专业性较强的短视频作品会运用远景，如一条、二更等短视频平台上的系列短视频作品。

图 3-13　大远景

图 3-14　远景

### 2. 全景：看清全貌，突出人物关系

全景是指拍摄人物全身形象或场景全貌的画面，多用短焦距镜头拍摄，如图 3-15 所示。在使用这种景别拍摄的画面中，观众能够看到人物的全貌，捕捉人物的一举一动，能利用背景营造氛围，但在表现面部细节上稍有欠缺，常用于表现人物之间、人物与环境之间的关系。全景与远景相似，但与远景相比视距更小，被摄主体在画面中呈现得更加完整，能够更加清晰、直观地展现被摄主体和物之间的关联。全景多用于有剧情设计的短视频的拍摄。

### 3. 中景：表现力强，常用于叙事剧情

中景，俗称“七分像”，指拍摄人物膝盖以上的部分或局部环境的画面，多用标准镜头等中焦段镜头拍摄，如图 3-16 所示。这种景别能展现人物一定的活动空间，既能展现人物的面部表情等细节，还能展现人物的形体动作，在表演性场面中经常使用。中景可以将环境、氛围和人物很好地联合在一起，常用于叙事剧情，在拍摄剧情类短视频时可运用中景。

图 3-15　全景

图 3-16　中景

### 4. 近景：看清神态，传递情绪

近景是指拍摄人物上半身或景物的局部画面，如图 3-17 所示。近景的视距近，能看清被摄主体的细节变化，因而运用近景拍摄人物，可以清晰地表现人物的面部特征、神态、喜怒哀乐等，尤其是眼神的变化，能在一定程度上表现人物的内心世界，有力地刻画人物的性格。在近景中，由于被摄主体占画面的面积较大，比较适合进行“快速表达”，在对场景要求不高的短视频中使用较多。

### 5. 特写：专注细节，洞察心理

特写是指拍摄人物面部或者放大物体的某个局部画面，是视距最近的景别，如图3-18 所示。特写能够充分展现被摄主体的细节特征，具有强调和呈现人物心理变化的作用。一些特写还具有象征意义，可从视觉效果上体现出被摄主体的重要性。特写一般运用在故事情节的拍摄上，通过对人物面部细节的拍摄，展示人物的神情变化，揭露人物的心理状态。一般来说，特写镜头会与其他景别的镜头结合运用，通过镜头的远近、光线强弱等营造一种特殊的画面效果。

图 3-17　近景

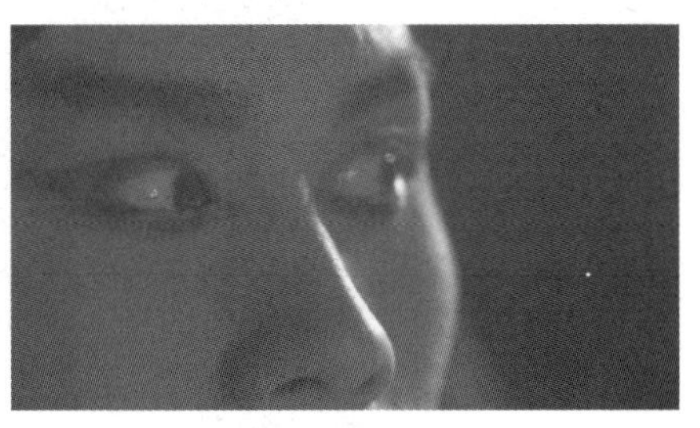

图 3-18　特写

思考练习

打开你常用的短视频 App，以你看到的第一条短视频为例，分析它的景别类型。

## 3.3.2 拍摄方向：体现被摄主体与陪体、环境的关系变化

拍摄方向是以被摄主体为中心，在同一水平面上选择拍摄角度。拍摄方向主要包括正面方向、正侧面方向、斜侧面方向和背面方向。不同的拍摄方向具有不同的画面效果，拍摄人员需要根据内容合理选择拍摄方向。

### 1. 正面方向

正面方向，是指从正面方向拍摄被摄主体，摄像机镜头位于被摄主体的正前方，让观众看到被摄主体的正面形象，如图 3-19 所示。当被摄主体是人物时，采用正面方向拍摄有利于表现人物的正面特征，适合表现人物完整的面部特征和表情动作，让观众产生亲切感；当被摄主体是景或物时，采用正面方向拍摄有利于表现景或物的横线条，营造出稳定、严肃的气氛。

### 2. 正侧面方向

正侧面方向，是指在拍摄被摄主体时，摄像机镜头与被摄主体的正面成 90°，如图 3-20 所示。这样拍摄的画面有利于表现被摄主体的运动方向、运动姿态及轮廓线条，突出被摄主体的强烈动感和特征。当被摄主体是人物时，还可以表现人物之间的交流、冲突或对抗，强调人物的神情。

图 3-19　正面方向　　　　图 3-20　正侧面方向

### 3. 斜侧面方向

斜侧面方向，是指从斜侧面拍摄被摄主体，摄像机镜头介于被摄主体的正面和正侧面之间，或正侧面与背面之间，如图 3-21 所示。从这个方向拍摄，既能拍摄到被摄主体的正面，也能拍摄到被摄主体的侧面，是较常用的拍摄方向之一。

从被摄主体斜侧面方向拍摄，有利于表现被摄主体的立体感与空间感，使被摄主体产生明显的形体变化，并突出表现被摄主体的主要特征。在多人场景中，从被摄主体斜侧面方向拍摄还有利于表现被摄主体、陪体的主次关系，突出被摄主体。

### 4. 背面方向

背面方向，是指从背面方向拍摄被摄主体，摄像机镜头位于被摄主体的背后，使观看短视频的观众产生与被摄主体视线相同的视觉效果，如图 3-22 所示。有时也可以用来改变被摄主体、陪体的位置关系。

背面方向拍摄可以使观众产生参与感，使被摄主体的视线前后成为画面的重心。很多展示现场画面的镜头会采用背面方向拍摄，给观众强烈的现场感。由于观看视频的观众不能直接看到被摄主体的正面形象（神态、动作等），所以背面方向拍摄能够给观众营造想象的空间，引发好奇心。此外，背面方向拍摄还可以含蓄地表达人物的内心活动。

图 3-21　斜侧面方向

图 3-22　背面方向

**思考练习**

从不同方向拍摄的画面，其呈现效果有什么不同？请用短视频举例说明。

### 3.3.3 镜头角度：丰富人物形象，烘托氛围

镜头角度是指摄像机镜头与被摄主体水平线之间形成的夹角，一般可分为平视镜头、仰角镜头、俯角镜头、斜角镜头、过肩镜头 5 种类型。不同的镜头角度具备不同的优势特征，呈现的拍摄效果也有所不同。在拍摄短视频的过程中，拍摄人员不必局限于某一类镜头角度，可以使用多角度镜头组合拍摄。

**1. 平视镜头：体现客观性**

平视镜头是指摄像机镜头与被摄主体处于同一水平线上。使用这类镜头角度拍摄的画面符合人们的观察习惯，给观众真实自然的感觉，具有平稳的效果，是一种“纪实”角度。使用平视镜头拍摄时，被摄主体不易变形，因而适合拍摄人物的近景及特写，常用来表现谈判的双方、正在讨论的团队、正在交谈的朋友等。

**2. 仰角镜头：突出紧张感**

仰角镜头是指摄像机镜头处于人眼（视平线）以下或低于被摄主体的位置。仰角镜头可以用来营造一种悲壮或崇高的效果。从低角度仰视被摄主体，可以让被摄主体在画面中显得更加高大、威严，让观众产生一种压抑感或崇敬感。例如，电影《金刚》《侏罗纪公园》等，通常用仰角镜头拍摄猩猩和恐龙，给观众一种紧张感。此外，仰角镜头也可用于模仿儿童的视角。

**3. 俯角镜头：突出压迫感**

俯角镜头是与仰角镜头相反的镜头角度，是指摄像机镜头高于被摄主体，从高处往低处拍摄，就如人在低头俯视一样。在俯角镜头中，离镜头近的景物看起来降低了，离镜头远的景物看起来升高了，从而能展现开阔的视野，增加空间深度。因此，俯角镜头可以用来展示场景内的景物层次、规模，表现整体气氛和宏大的气势。而在拍摄人物时，使用俯角镜头拍摄出来的画面会让人产生人物低微、陷入困境、软弱无力、压抑、低沉的感觉。

**4. 斜角镜头：展现情绪**

斜角镜头是指故意倾斜镜头的拍摄方式，被好莱坞称为“德式斜角镜头（Dutch Angle Shot）”。斜角镜头通常用于营造一种不确定的紧张感，是一种带有明显情绪感的镜头。在人们熟知的电影《雷神》中，导演希望将电影打造出漫画般的效果，因此采用了近半数的斜角镜头，如在展现反派的画面中使用斜角镜头，可体现其扭曲的人物形象。

**5. 过肩镜头：体现冲突性**

过肩镜头也称拉背镜头，是指相隔一个或数个人物的肩膀，朝另一个或数个人物拍摄的镜头。过肩镜头相当于近景或是特写，通常情况下，被摄主体会在画面中正对镜头。例如，在采访视频中，以记者的后侧为前景，拍摄被采访者的前侧面，并使其位于画面中间，这样会将观众的视觉重点置于被采访者身上，以突出被采访者并让画面具有深度感。过肩镜头能有效建立角色间的“权力关系”，因而一般在具有冲突感的对话中运用，以体现矛盾点。

**思考练习**

尝试使用不同的镜头角度进行拍摄，并说一说它们所呈现的效果有何不同。

### 3.3.4 运动镜头：增强画面动感，扩大镜头视野范围

运动镜头是指在一个镜头中通过移动摄像机机位、改变镜头光轴或镜头焦距，在不中断拍摄的情况下形成视角、场景空间、画面构图、表现对象的变化。在视频类作品中，处于静止状态的画面镜头是很少见的，更多的是运动镜头。运动镜头可以增强短视频画面的动感，扩大镜头的视野范围，改变短视频的节奏，赋予短视频画面独特的寓意。常见的运镜方法有推镜头、拉镜头、摇镜头、移镜头、跟镜头、甩镜头、环绕镜头、升降镜头。

**1. 推镜头：走进内心**

推镜头是指镜头与被摄主体逐渐靠近，画面中的被摄主体逐渐放大，画面的视野逐渐缩小，使观众的视线从整体转移到某一局部画面。推镜头主要用于展现被摄主体匀速运动的状态，是一种主观镜头，能够渲染情绪，烘托氛围，让观众感受到人物的内心世界。

**2. 拉镜头：扩大视野**

拉镜头是指镜头逐渐远离被摄主体，向后拉远，视野范围逐渐扩大，让观众看到局部与整体之间的联系。拉镜头往往用于把被摄主体重新纳入一定的环境，提醒观众注意被摄主体所处的环境及被摄主体与环境之间的关系等。拉镜头也可以用于衔接两个镜头。将推、拉镜头结合就可以实现希区柯克变焦[18]。

**3. 摇镜头：展现情绪**

摇镜头是指摄像机本身不动，拍摄人员以自身（或三脚架）为支点，变动摄像机的光学镜头轴线进行上、下、左、右旋转拍摄，犹如人的目光顺着一定的方向巡视被摄主体。摇镜头通常用于介绍环境，表现被摄主体的运动轨迹，表现人物的主观视线和内心活动。例如，唱跳歌手在表演时，拍摄人员可以摇镜头，以展现唱跳歌手丰富的肢体动作，并传递现场观众的热情与激动。

**4. 移镜头：画面流动**

移镜头是指摄像机在水平方向按照一定的运动轨迹进行移动拍摄，拍摄出来的画面效果类似于人们在生活中边走边看的状态。移镜头能使画面中的背景不断变化，呈现出一种流动感，让观众有置身其中的感觉。移镜头具有完整、流畅、富于变化的特点，能够开拓视频画面的空间，用于表现大场面、具有纵深感、多景物、多层次的复杂场景，可以表现各种运动条件下被摄主体的视觉艺术效果。

---

18 希区柯克变焦：一种十分炫酷的拍摄技巧，被广泛应用于各种大片，常用来塑造紧张、悬疑的气氛。

#### 5. 跟镜头：突出主体

跟镜头是指摄像机跟随被摄主体移动并进行拍摄的一种摄像方法。这种摄像方法是通过摄像机的运动来记录下被摄主体的姿态、动作等，同时不会干扰被摄主体。它与移镜头最大的差别在于，在跟镜头中，镜头大多与被摄主体保持固定的距离。

跟镜头经常被用于拍摄人物，用于含蓄地表现运动中的人物。在跟镜头中，人物在画面中的位置相对固定，景别也保持不变。这就要求镜头的移动速度与人物的运动速度基本一致，从而保证人物在画面中的位置相对固定，既不会使人物移出画面，也不会出现景别的变化。

跟镜头因为是在运动中完成的，难度比较大，稳定是使用跟镜头进行拍摄的关键。

#### 6. 甩镜头：营造紧迫感

甩镜头即扫摇镜头，是指一个画面结束后不停机，镜头通过上下或左右快速移动或旋转，实现从一个被摄主体转向另一个被摄主体的切换。在这个切换的过程中，镜头所拍摄下来的内容会变得模糊不清。这是符合人们视觉习惯的，类似于人们在观察一个事物时突然将头转向另一个事物。甩镜头可以用于表现内容的突然过渡，也可以表现事物、时间、空间的急剧变化，营造人物内心的紧迫感。

#### 7. 环绕镜头：营造立体感

环绕镜头是指用摄像机围绕被摄主体进行 180°或 360°的环绕拍摄，使画面呈现出三维空间效果。环绕镜头是一种难度较大的环拍方式，在使用环绕镜头进行拍摄时，不但需要保证摄像机与被摄主体基本保持等距，还需要在移动摄像机时尽量保持顺畅。而借助无人机，环绕镜头就比较容易实现。无人机可以实现水平环绕、俯拍环绕、近距离环绕和远距离环绕 4 种形式的航拍环绕镜头。其中，水平环绕即以被摄主体为中心进行环绕拍摄，可以引导观众的视线聚焦于被摄主体；俯拍环绕可以使被摄主体所处的空间得到充分展示；而近距离环绕多用于展示打斗场景的运动感和紧张感，也可以用来表现人物关系及情绪；远距离环绕可以全方位地展示人物处于孤立无援的处境。

#### 8. 升降镜头：多角度、多方位构图

升降镜头是指摄像机借助升降装置，在升降的过程中进行拍摄。其中，升镜头是指镜头向上移动形成俯视拍摄，以显示广阔的画面空间；降镜头是指镜头向下移动形成仰视拍摄，多用于拍摄大场面，以营造气势。总而言之，升降镜头能使镜头画面范围得到扩展和收缩，达到多角度、多方位拍摄的效果。

在实际的短视频拍摄过程中，可以灵活运用以上 8 种常用的运镜方式，并将其巧妙结合。在一个镜头中同时使用推、拉、摇、移、跟等运镜方式，能够取得丰富多变的画面效果。

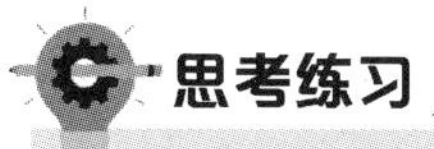

**思考练习**

请与同学合作，利用不同的运动镜头拍摄人物，比一比谁拍得较好。

### 3.3.5 光位选择：巧妙营造环境氛围

每一种艺术形式都有其独特的表现手法，拍摄短视频时，拍摄人员还可以巧妙选择光位，利用光与影呈现完美的画面效果。

**1. 顺光拍摄**

顺光也称正面光或前光，顺光拍摄时，画面中前后物体的亮度几乎一样，没有明显的亮暗反差，被摄主体朝向镜头的一面受到均匀的光照，画面中的阴影很少甚至几乎没有阴影。顺光拍摄能够真实再现被摄主体的色彩，因而常用于展现被摄主体的细节和色彩，如精美的工艺品、五颜六色的鲜花等。顺光拍摄也可用于拍摄风景，可以充分展现地形、地貌的特征，如图 3-23 所示。

但是，顺光拍摄不利于表现被摄主体的立体感和质感，不能突出画面中的重点和交代主次，缺乏光影变化。如果将顺光设置为主光，然后再打上辅助光，拍摄出的画面会更加好看。

**2. 侧光拍摄**

侧光是一种表现被摄主体的立体感和质感的光位之一。侧光能够让被摄主体在表面形成明显的受光面、阴影和投影，表现被摄主体的立体形态和表面质感，如图 3-24 所示。拍摄人物时，运用侧光能够展现人物的情绪，通常将光线打在人物的侧脸上。

采用不同的侧光角度，可以表现或突出强调被摄主体的不同部位。拍摄短视频时，可以根据想要取得的画面效果采用不同的角度进行侧光拍摄。侧光可以单独使用，也可以作为辅助光使用。

图 3-23　顺光拍摄

图 3-24　侧光拍摄

**3. 逆光拍摄**

逆光也称背光、轮廓光或隔离光，其光源在被摄主体的后方、镜头的前方，有时镜头、被摄主体、逆光光源三者几乎在一条直线上。

采用逆光拍摄能够清晰地勾勒出被摄主体的轮廓形状，被摄主体只有边缘部分被照亮，产生轮廓光或剪影的效果，这对表现人物的轮廓特征，及把物体与物体、物体与背景区分出来都极为有效，如图 3-25 所示。运用逆光拍摄，能够取得造型优美、轮廓清晰、影调丰富、质感突出和生动活泼的画面效果。

#### 4. 顶光拍摄

顶光拍摄是指光线从被摄主体的正上方照射，此时阴影会出现在被摄主体的正下方，俗称“骷髅光”。最具代表性的顶光是正午的太阳光，这种光线会使被摄主体凸出的部分更明亮，凹陷的部分更阴暗。在拍摄人物时利用顶光可能会使人物眼、鼻等部位的下方出现明显的阴影，顶光通常用于反映被摄主体的特殊精神面貌，如憔悴、缺少活力等状态。

除此之外，拍摄大屋檐、大斜坡、大曲面结构、楼口结构的建筑时，也可以运用顶光，使被摄主体产生更浓密、丰富的阴影，呈现独特的建筑形态。同时，顶光也可以用于拍摄风景，拍摄人员透过天窗、花丛、树枝等，借助顶光自下往上拍，以此形成逆光，从而突出玻璃、花瓣、树叶等的轮廓和质感，如图 3-26 所示。

图 3-25 逆光拍摄

图 3-26 顶光拍摄

**思考练习**

请在短视频平台中，分别找出利用了顺光、侧光、逆光、顶光进行拍摄的短视频。

### 3.3.6 对焦：手动对焦让被摄主体更加清晰

对焦也叫对光、聚焦，是改变镜头和传感器之间的距离，使被摄主体成像更清晰的过程。对焦分为两种方式：自动对焦（Auto Focus，AF）和手动对焦（Manual Focus，MF）。

#### 1. 自动对焦与手动对焦的区别

自动对焦是指相机发射一种红外线（或其他射线），根据被摄主体对红外线（或其他射线）的反射确定被摄主体的距离，然后根据测得的结果调整镜头组合，实现自动对焦。自动对焦的优势是直接、快速，但也有可能出现无法找准被摄主体，或者因光线不足而造成对焦失败等情况。因此，掌握手动对焦的方法十分重要。

手动对焦是指拍摄人员通过手工转动对焦环调节相机镜头的对焦点，从而使被摄主体成像更清晰的对焦方式。在微距摄像、特殊效果拍摄、拍摄光线不足、被摄主体与周围环境类似的情况下，采用手动对焦功能显得特别有效。

#### 2. 如何进行手动对焦

使用智能手机拍摄时，对焦十分简单，拍摄人员只需点击屏幕中需要对焦的点即可迅速对焦。微单相机与单反相机的手动对焦方式区别不大，因此本小节以单反相机为例，介绍如何进行手动对焦。

第一步：将镜头设置为手动对焦（将镜头对焦模式开关设为 MF），如图 3-27 所示。

第二步：转动对焦环，改变被摄主体在镜头中的大小，如图 3-28 所示。

图 3-27　设置手动对焦

图 3-28　对焦环

第三步：观察取景器或 LCD[19]屏幕中的画面。当焦点聚焦于被摄主体，且被摄主体成像非常清晰时，停止转动对焦环并开始拍摄。对焦又可以分为单点对焦和多点对焦。

（1）单点对焦

单点对焦是指将焦点对准被摄主体的某一部位，使这个部位在画面中呈现出高度的清晰。单点对焦适用于拍摄相对静止的人像、物品、风光等。例如，在拍摄蜜蜂采蜜的画面时，可以将焦点设置在蜜蜂的头部，这能使蜜蜂的身体和采蜜的动作都呈现得较为清晰、锐利，如图 3-29 所示。

（2）多点对焦

多点对焦可以选择两个或两个以上的对焦点，将所选定的对焦点直接对准被摄主体的某部分区域，以保证该区域的相对清晰。多点对焦多用于拍摄移动的被摄主体，如快速移动的运动员、高空飞翔的鸟、高速运动的赛车等。对焦的最终合焦点可能是其焦点覆盖范围中的任何一点，如图 3-30 所示。

图 3-29　单点对焦

图 3-30　多点对焦

19 LCD：Liquid Crystal Display，液晶显示。

单点对焦和多点对焦是常用的手动对焦方式，拍摄短视频时利用这两种对焦方式基本能够满足拍摄需要。

**思考练习**

在条件允许的情况下，使用单点对焦或多点对焦拍摄一张照片。

## 3.3.7 景深：拍出被摄主体清晰、背景虚化的效果

景深是指被摄主体影像纵深的清晰范围，即以焦点为标准，焦点前的“景物清晰”距离加上焦点后的“景物清晰”距离就是景深。景深能够表现被摄主体的深度（层次感），增强画面的纵深感和空间感。

景深分为深景深和浅景深，深景深的画面背景清晰，浅景深的画面背景模糊。使用浅景深，可以有效突出被摄主体。在拍摄近景和特写画面时，通常会使用浅景深，将被摄主体和背景剥离开来。当画面中只有被摄主体清晰时，能有效引导观众的视线。

影响景深的因素有 3 个：光圈、焦距、被摄主体与镜头和背景的距离。结合这 3 个因素，可以实现浅景深拍摄。

（1）使用大光圈拍摄

使用大光圈拍摄是实现背景虚化的较为简单的方式。在其他条件不变的情况下，光圈越大，景深越浅，被摄主体越清晰，背景的虚化效果越好。在拍摄人像、花卉等题材时经常运用大光圈。

（2）靠近被摄主体拍摄

靠近被摄主体拍摄是实现背景虚化的较为直接的方式。在其他条件不变的情况下，镜头离被摄主体越近，景深越浅，被摄主体越清晰，背景的虚化效果越好。这种方式同样适用于拍摄花卉等题材。

（3）拉长焦距拍摄

在其他条件不变的情况下，焦距越长，景深越浅（背景越模糊）；焦距越短，景深越深（背景越清晰）。因此，拉长焦距可以使背景虚化，通过调整镜头上的对焦环，可以改变焦距的长短。这种拍摄方式适合从远处拍摄不易靠近的被摄主体，如飞鸟和其他野生动物等。

（4）拉长被摄主体与背景的距离

拉长被摄主体与背景的距离，实际也是让被摄主体靠近镜头。使被摄主体到镜头的距离与背景到镜头的距离之间的比值变小，从而使背景处于景深范围之外，取得背景虚化的效果。

**思考练习**

你认为哪些画面可以利用背景虚化的方式进行拍摄？

## 3.3.8 拍摄帧率：改变画面快慢，视频效果更佳

“帧”是视频的基础单位，相当于电影胶片上的每一格镜头。“一帧”是一幅静止画面，连续的“帧”即可造成视觉假象，形成连续的动态视频。

在介绍“帧率”之前，需要知道“帧数”的概念。帧数是帧生成数量的简称，可以理解为静态图片的数量。“帧率”可以利用一个公式来解释：帧率（Frame rate）= 帧数（Frames）/时间（Time）。

帧率的单位是帧每秒（fps，f/s，frames per second）。

简单来说，帧率是指每秒显示的帧数量。如果一个短视频每秒的帧数为 24 帧，帧率则为 24fps。帧率越大，画面越流畅、清晰，如图 3-31 所示。

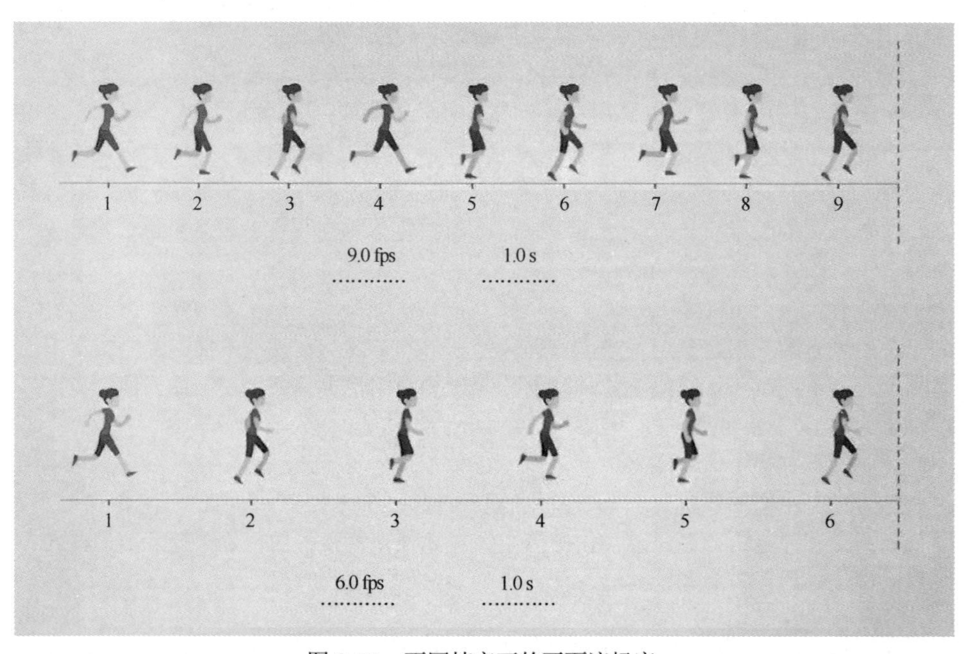


图 3-31 不同帧率下的画面流畅度

拍摄帧率是指在拍摄中设置的帧率。通常情况下，24fps 被视为标准帧率。拍摄时选择的帧率低于该数值，则称为“降格”；高于该数值，则称为“升格”。

### 1. 降格拍摄

降格拍摄是指在拍摄视频时将帧率设置为低于 24fps。根据视频内容需要可以将帧率降至 20fps、16fps、8fps，甚至更低。如果仍以 24fps 的帧率播放视频，则这种镜头被称为“快镜头”，它可以用来营造紧张的氛围或制造喜剧效果。例如，画面中的车辆与行人快速移动，人物出现异于常态的快速动作等。

### 2. 升格拍摄

升格拍摄是指在拍摄视频时将帧率设置为高于 24fps。根据视频内容需要可以将帧率升至 48～60fps、90～120fps。这种镜头被称为“慢镜头”，它可以用来营造美感或是突出某个画面。例如，帧率为 48～60fps 的画面可用于展现欢声笑语的场景，为画面中的人物增添幸福感。

**思考练习**

*你看过哪些包含快镜头或慢镜头的短视频？你觉得画面的快慢改变起到了什么作用？*

# 3.4 常用短视频平台拍摄实战技巧

不同的短视频平台具有不同的拍摄风格和拍摄技巧。因此，拍摄将上传至不同平台的短视频时需要“入乡随俗”，贴合该平台的特征进行拍摄。

## 3.4.1 以竖屏播放为主的短视频平台拍摄技巧

目前以竖屏播放为主的短视频平台主要有抖音、快手、小红书、微信视频号等。上传至这类短视频平台的短视频的拍摄技巧如下。

**1. 网格拍摄：三分线构图**

前文详细讲解了拍摄短视频的构图方法，专业人士拍摄时，通常会按照黄金比例设置被摄主体的位置。利用智能手机进行三分线构图就能拍摄出引人入胜的画面。智能手机一般都自带“网格功能”，调出网格，将被摄主体置于网格线的交叉点上再进行拍摄（见图 3-32），通常会获得不错的拍摄效果。

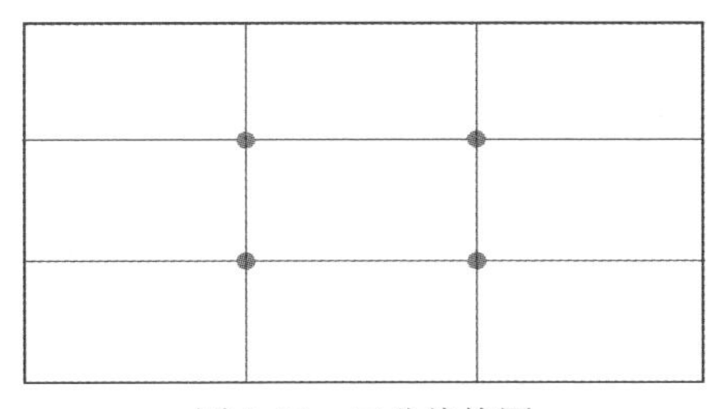

图 3-32　三分线构图

**2. 玩转光线：巧用反转，活用阴影**

在抖音和快手，许多用户巧用光线，拍摄出了令人意想不到的画面。

（1）拍摄反光面，抖音平台上有许多利用反光面拍摄的短视频，如图 3-33 所示。拍摄人员通常可以借助水面或镜子等拍摄反转的世界，会获得让人意想不到的惊喜。

（2）拍摄影子，影子能够根据被摄主体及光源角度等呈现出大小、长短不同的形状，将影子与其他物件搭配起来，会呈现别样的画面效果，让画面充满艺术感，如图 3-34 所示。

图 3-33　拍摄反光面

图 3-34　拍摄影子

### 3. 分段拍摄：静态与动态转场

分段拍摄是指将短视频内容分成几段分别拍摄，这样有利于画面的切割和转换，也使拍摄过程更加简单。在后期，可以将不同的素材拼接在一起，形成一个完整的短视频，前后画面的巨大反差能带给人强烈的视觉冲击；如果转场效果做得好，会让短视频看起来更加酷炫。

这里的“转场效果”是指在两个不同的画面之间通常需要一个承上启下的画面来让整个短视频看起来更加连贯。转场效果一般分为静态转场和动态转场。

（1）静态转场

静态转场指参照物不变，只有画面中的被摄主体发生变化。例如，在常见的“换装”视频中，两个画面中周围的环境并无任何改变，只有被摄主体的造型前后不一样。通过拍摄换装前和换装后的画面，将两个素材直接贴在一起，就产生了“一秒换装”的效果。

（2）动态转场

动态转场指通过一个连贯的动作进行转场。它与静态转场相比形式更多样，大致可分为以下 3 种。

① 摄像机不动，被摄主体动作保持连贯。当被摄主体为人物时，人物在前一个画面中用手盖住摄像头，在后一个画面中将手从摄像头上收回。只要保持前后动作连贯，便可以更改背景、人物、造型等。

② 被摄主体不动，摄像机方向保持连贯。前一个画面用镜头从上往下拍，后一个画面中移动镜头从下往上拍，使画面呈现绕了一整圈的效果。

③ 摄像机和被摄主体一起动，前后画面保持连贯。当被摄主体为人物时，人物在前一个画面中抬脚，摄像机与人物一同向前移动；在后一个不同的场景中落

地，摄像机依旧和人物同步，从而使画面呈现出每个人物动作都转换了不同场景的效果。

总而言之，分段拍摄的手法多种多样，许多抖音、快手用户也使用过这类拍摄技巧，能使简单的画面产生炫酷的效果。

**4. 活用道具：平台道具，其乐无穷**

短视频具有很强的趣味性，为了使拍摄内容更加丰富多样，绝大多数短视频平台都设计了自己独特的道具或功能。尤其在抖音、快手中，平台会持续更新有趣的道具或功能供用户使用。

（1）滤镜：美化画面

滤镜可用于调整画面的色调和风格，适用于人像、风景、美食等类型的短视频。例如，人像滤镜中有白皙、柔和等；风景滤镜中有仲夏、纯真等；美食滤镜中有焦糖、西柚等。使用滤镜能够使画面更有艺术感。

（2）装饰道具：人脸装饰

装饰道具主要适用于人脸，用户使用该道具后，系统会根据人脸的五官在屏幕中显示出不同的装饰物。例如，使用“小猫妆”道具，屏幕中的人脸出现猫鼻子、胡子、猫耳朵等。装饰道具的使用会使人物造型更具多样性。

（3）趣味变脸功能

趣味变脸功能与装饰道具的效果类似，都可以变换人脸。例如，抖音上的趣味变脸功能有“漫画”“憨厚”等，用户使用之后，屏幕中的人脸就会发生改变，变成与现实完全不一样的面孔，有很强的喜剧效果。

（4）“黑科技”功能

“黑科技”功能会使屏幕中的道具跟随人物动作而变化。例如，用户在使用抖音中的“控雨”功能时，只需随意变化动作，屏幕中的“雨”就会跟随人物的动作变化，达到“控雨”的效果。除此之外，还有许多“黑科技”功能可供用户在拍摄时使用。

抖音和快手平台还有许多风格和类型的道具及功能，拍摄人员在拍摄短视频时可以巧用这些辅助道具及功能，使拍摄内容更具观赏性。

**思考练习**

请运用抖音或快手中的道具，为自己或同学拍摄一则短视频。

### 3.4.2 以横屏播放为主的短视频平台拍摄技巧

目前以横屏播放为主的短视频平台主要有哔哩哔哩、西瓜视频等，这些短视频平台要求的短视频拍摄技巧与传统视频类似，面对不同类型的短视频，拍摄人员需要运用不同的构图、布景、镜头语言等。

### 1. 生活记录类短视频：前景+黄金比例

许多记录日常生活的生活记录类短视频画面简约而有格调，拍摄人员在拍摄这类短视频时可以进行适当地布置。例如，透过前景拍摄，营造一种别样的朦胧美，如图 3-35 所示。前景可以是一个杯子、一本书、一盆绿植等，拍摄人员也可以根据自己的创意有不一样的设计。拍摄短视频时还可以按照黄金比例来构图，将被摄主体置于拍摄画面的黄金分割点处，使画面看起来更和谐，符合大众审美。

### 2. 生活分享类短视频：中近景+特写

许多技能分享、美妆护肤和产品测评等生活分享类短视频在哔哩哔哩有着不错的人气。这类短视频通常仅展现人物上半身，突出其手上动作，拍摄人员只需用简单的镜头语言交代内容主旨，一般使用中近景和特写进行拍摄，略去背景和周围环境的干扰，将观众的视线聚焦在被摄主体上。例如，哔哩哔哩某知名美妆 UP 主发布的系列短视频大多使用了这样的拍摄方式，如图 3-36 所示。

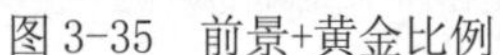
图 3-35　前景+黄金比例

图 3-36　中近景+特写

### 3. 街头采访类短视频：固定镜头+中近景

街头采访类短视频的画面相对比较简单，很少采用动态镜头，一般利用中景和近景进行切换。这类短视频主要展现被访者的面部情绪和精神状态，有时可能会穿插一些空镜头以增添短视频的趣味性。例如“一条”系列短视频不仅会利用远景记录画面，还会在人物采访中适时添加一些小景别的空镜头，使整个短视频的内容看起来更充实。

在拍摄常见的街访类短视频时，拍摄人员可以手持设备进行拍摄，营造街访的随意性，增强短视频的真实感，如图 3-37 所示。从景别上来看，街访大多是运用中近景来拍摄，这样既能看清被访者的神态，又能让观众感受周围的环境。从拍摄方式上来说，运用固定机位即可，但也可以设置多台设备同时拍摄，为后期剪辑提供更多的选择。

### 4. 自拍类短视频：中近景+平拍或俯拍

自拍类短视频一般采用中近景拍摄，保证自身的展现空间足够即可，无须过多交代大环境。许多传递信息的自拍类短视频多是利用平拍或略微俯拍的镜头角度进行拍摄，如图 3-38 所示。这类短视频的拍摄手法单一，重点在于讲述短视频内容，但短视频的整体节奏也需要剪辑人员后期进行调整。

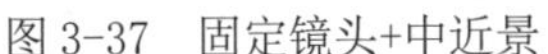

图 3-37　固定镜头+中近景

图 3-38　中近景+平拍或俯拍

**思考练习**

请在以横屏播放为主的短视频平台中，找出 3 条你最喜欢的横屏播放的短视频，并分析它们的拍摄方式。

## 3.4.3　淘宝短视频的拍摄技巧

在淘宝，短视频主要用于展示商品，因此，拍摄人员要以商品为主要的被摄主体。

### 1. 拍摄细节，彰显质感

拍摄淘宝短视频的目的在于更加直观、真实地呈现商品的细节，如图 3-39 所示。例如，在拍摄服装时，要向消费者展示衣服的做工、质地、颜色、面料、设计等，让消费者能够迅速判断这件衣服是否适合自己。

因此，在拍摄淘宝短视频时，不能只拍摄商品的整体，而是要全面地展示商品的各个细节，突出优势特点，还原商品的“形、色、质”。例如，展示衣服的主要材料、接线处、拉链、衣扣等，让消费者充分了解商品，从而对商品产生购买欲望。

### 2. 借用参照物拍摄

拍摄商品时需要有参照物的辅助，才能更好地凸显商品的样式、大小、特征等。因此，在拍摄淘宝短视频时，需要有真人模特或道具作为参照物。

例如，在拍摄服装短视频时，模特将衣服穿在身上，消费者则可以通过模特的高矮胖瘦对衣服有直观的感受，根据与自己相似身材的模特的上身效果判断这件衣服是否适合自己。

再如，对于一款女包的大小，如果仅靠数据信息，消费者很难有准确的认知，而拍摄人员通常需要以一些常见的物品作为参照物，如消费者经常装在包里的手机、钱包、雨伞、化妆品等。这样，消费者在脑海中才会对商品的大小有更清楚的认知，如图 3-40 所示。

图 3-39　拍摄细节，彰显质感

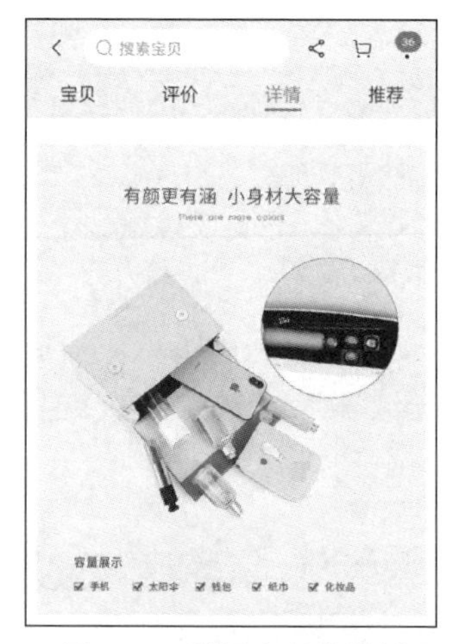


图 3-40　借用参照物拍摄

### 3. 适当搭配其他商品

拍摄某一款商品时，为了突出这款商品的特征，可以用其他商品作为陪衬，彰显其优势。例如，如果拍摄的商品是一款渔夫帽，那么在拍摄时不仅需要有模特戴着帽子展示，还要注意模特的着装造型，可以适当为模特搭配与渔夫帽风格相符的短袖、牛仔裤、帆布鞋等，使整个画面更加协调，并让渔夫帽成为画龙点睛之笔，如图 3-41 所示。但要注意选择合适的颜色进行搭配，切勿喧宾夺主，抢了主要商品的风头。

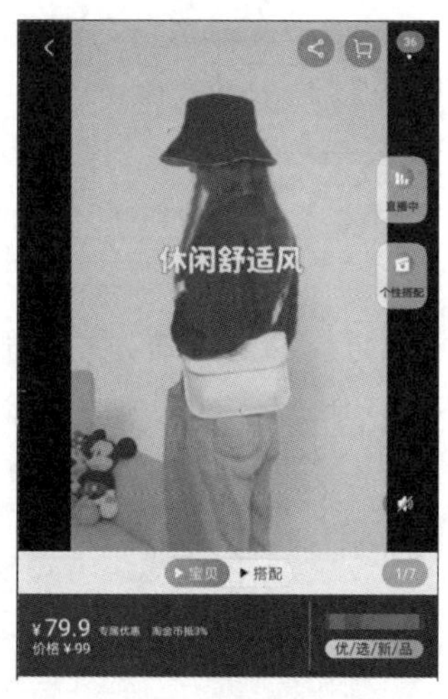


图 3-41　适当搭配其他商品

以上是淘宝短视频的拍摄技巧。需要注意的是，淘宝短视频与普通短视频不同，需要展示商品的细节和质感，所以最好使用专业相机进行拍摄，使画面更加清晰，让其中的商品显得更加高档。

## 思考练习

你是否留意过淘宝平台中的商品短视频？哪一个让你印象深刻？为什么？

# 第 4 章 剪辑技巧：助力新手剪出“大片感”短视频

【学习目标】

☐ 熟悉短视频剪辑的基础知识、手法与技巧、原则与注意事项。

☐ 学会使用剪映、VUE Vlog 剪辑短视频。

☐ 学会使用 4 种剪辑短视频的辅助工具。

## 4.1 短视频剪辑的基础知识

短视频剪辑需要将前期拍摄的大量素材进行选择、取舍、分解与组接，最终形成一个内容连贯、主题鲜明、富有感染力的短视频作品。要想达到这一效果，短视频创作者首先应该熟知短视频剪辑的基础术语、六大要素和通用流程，为剪辑工作打下坚实的基础。

### 4.1.1 短视频剪辑的基础术语

了解短视频剪辑的基础术语，是学习短视频剪辑的第一步。常用的短视频剪辑的基础术语主要有以下 6 个。

#### 1. 帧率

剪辑中的帧率与拍摄中的帧率概念类似，都是指每秒显示的帧数量，因此不再过多赘述。需要说明的是，拍摄帧率越高，剪辑时可对帧率进行的调整越大。例如，拍摄帧率为 60fps 的画面，意味着一秒内有 60 帧；而拍摄帧率为 30fps 的画面，意味着一秒内只有 30 帧，与拍摄帧率为 60fps 的画面相比，其可用于剪辑的素材较少。另外，剪辑时不宜长时间播放帧率高于 24fps 的画面，因为短视频中的慢镜头过长会使画面显得沉闷，让观众产生视觉疲劳。

### 2. 帧尺寸

帧尺寸是指帧（视频）的宽和高。宽和高则可以用“像素数量”来表示。帧尺寸越大，包含的像素数量越多，视频画面也就越清晰。建议短视频的帧尺寸以 1920 像素×1080 像素为主，因为大多数的短视频平台主要服务移动端用户，且手机 CPU[20]的图片处理能力有限，帧尺寸过大的短视频反而会被压缩，导致画面不清。

### 3. 像素比

像素是组成画面的小方格，像素比是指每一个像素长与宽的比，所以又被称为“长宽比”。如果像素的小方格是正方形，那么像素比为 1；如果像素的小方格是长方形，像素比则在 0～2。由于部分播放器不能正确识别视频的像素比，所以在剪辑短视频时，为了保证短视频不会在其他播放器上出现图像变形，一般将像素比设置为 1。

### 4. 画面尺寸与画面比例

画面尺寸是指画面实际显示的宽和高。画面比例是指画面实际显示的宽和高的比值。常见的视频播放器的最小画面尺寸是 426 像素×240 像素，最大画面尺寸是 3840 像素×2160 像素，支持的画面比例是 16∶9 和 4∶3。

如果将短视频上传至哔哩哔哩、西瓜视频等以横屏播放为主的平台，建议将画面宽高比例设置为 16∶9；如果将短视频上传至抖音、快手等以竖屏播放为主的平台，建议将画面宽高比例设置为 9∶16。由于抖音中也存在横版短视频，因此在抖音发布横版短视频时可以将其按照横屏画面比例（16∶9）进行设置。

需要注意的是，如果短视频在 PC 端播放并且对清晰度有较高的要求时，推荐使用的画面尺寸是 1920 像素×1080 像素，其他情况下建议选择的画面尺寸是 1280 像素×720 像素。

### 5. 色彩深度

图像中每个像素显示的颜色被称为色彩深度。像素的色彩深度决定了每个像素可能具有的颜色数，不同的位数能够表示不同的颜色。在 RGB 颜色模式下，数字图像中的每个像素由红色、绿色、蓝色 3 个颜色通道[21]组成。

色彩深度即每个通道颜色的渐变程度。色彩深度用“*n*位颜色”（n-bit colour）来表示。如果色彩深度是 *n*位，即有 2 的 *n*次方种颜色选择。*n*值越大，色彩深度越大，画面颜色清晰程度也就越高，如图 4-1 所示。

在标准 sRGB[22]中，每通道色彩深度是 8 位，则说明每种原色可以有 256 种色调。通常情况下，8 位色彩深度已经能够基本满足短视频的呈现需求。若要使短视频的画面颜色更加饱满，建议选择 16 位色彩深度。

---

20 CPU：Central Processing Unit，中央处理器。

21 颜色通道：保存图像颜色信息的通道。

22 sRGB：standard Red Green Blue 是由多家公司提供的一种定义色彩的标准方法，让显示、打印和扫描等各种计算机外部设备与应用软件对于色彩有一种共通的语言。

图 4-1　4 位色彩深度（左）与 8 位色彩深度（右）对比

### 6. 转场

转场即视频场景过渡（转换）。转场可以分为无技巧转场和技巧转场两类。

（1）无技巧转场

无技巧转场是利用镜头自然过渡，以此连接前后两个画面，强调视觉的连续性，具有镜头连接顺畅、自然的优势。无技巧转场的 6 种主要方式如表 4-1 所示。

**表 4-1　无技巧转场的 6 种主要方式**

| 无技巧转场方式 | 具体说明 |
| --- | --- |
| 同景别转场 | 前一个场景结尾的镜头与后一个场景开头的镜头景别相同 |
| 特写转场 | 运用对局部进行强调和放大的镜头（被称为“万能镜头”）转场 |
| 声音转场 | 运用音乐、音响、解说词、对白等与画面配合实现转场 |
| 挡镜头转场 | 运用画面上的运动主体，以其在运动过程中完全遮挡镜头的方式转场 |
| 相似体转场 | 运用画面上非同一类、但形状相似的景物的镜头转场 |
| 运动镜头转场 | 运用摄像机、被摄主体的运动方式进行转场 |

（2）技巧转场

技巧转场是利用剪辑技巧连接镜头。它直接关系着视频中时空的变换和画面内涵的拓展等，能够让观看短视频的用户产生不同的视觉心理效果。技巧转场的 7 种主要方式如表 4-2 所示。

**表 4-2　技巧转场的 7 种主要方式**

| 技巧转场方式 | 具体说明 |
| --- | --- |
| 淡出转场 | 上一个镜头的画面逐渐隐去，直至黑场 |
| 淡入转场 | 下一个镜头的画面逐渐显现，直至显示正常的亮度 |
| 缓淡（减慢）转场 | 放慢渐隐速度或添加黑场（强调抒情、思索、回忆等情绪） |
| 闪白（加快）转场 | 掩盖镜头剪辑点，增强视觉跳动感 |
| 定格转场 | 将画面运动主体突然变为静止状态（强调细节，表达主观感受，增强视觉冲击力） |
| 叠化转场 | 前一个镜头画面与后一个镜头画面叠加，前一个镜头画面逐渐隐去，后一个镜头画面逐渐显现 |
| 空镜头转场 | 运用只有景物、没有人物的画面转场（突出人物情绪） |

思考练习

想一想你看过的短视频、影视剧、综艺节目中，有哪些转场方式让你印象深刻？

## 4.1.2 短视频剪辑的六大要素

短视频剪辑虽然无须达到电影剪辑的高要求，但是想要制作出高质量的短视频，短视频创作者需要牢记以下六大剪辑要素。

### 1. 信息

短视频具备传播信息的功能，因此，短视频内容首先需要做到传递信息。一般来说，信息的主要呈现方式是视觉呈现。例如，人物角色的登场，某个场景的展现，递进剧情的事件产生等。同时，短视频也可以通过听觉呈现的方式传递信息，如人物对话、旁白、背景音乐、音效等。

在切换镜头时需要明确每个镜头的作用，判断镜头能否正确传递和衔接新的信息；切勿一味追求画面美感，挑选传递信息作用不大的镜头，造成画面不连贯、剧情不通顺、信息不清晰等状况。

短视频无须华丽的画面，只要能将事情交代清楚，让用户在观看过程中正确接收内容所传递的信息，则可以称得上是一个合格的短视频作品。



### 2. 动机

短视频由多个不同的镜头构成，在切换镜头时，需要明确由上一个镜头转换至下一个镜头的剪辑动机。剪辑动机既可以是视觉动机，也可以是听觉动机。

视觉动机一般由镜头中主体或客体做出的动作而决定。例如，上一个镜头是人物穿过一条巷子，下一个镜头则可以依照这个逻辑，切换到人物进入一栋房子，或是人物走出这条巷子的镜头。

将声音作为听觉动机时，需要在接近转场时，使画面与声音完美融合。其中能够用到的声音元素，可以是画面中主体或客体发出的声音，也可以是暂时不在画面中但即将出现的声音。

需要注意的是，切换镜头时一定要有声音存在，除非是在特殊情况下需要利用静音来达到剪辑效果，否则没有声音的切入，用户会难以发现镜头已经切换。因为没有声音的“提醒”，用户的意识可能仍然停留在上一个镜头中。另外，还可以将相似的声音连接在一起，构成巧妙的转场。例如，上一个画面中出现了蝉鸣的声音，下一个画面则可以衔接青蛙正在鸣叫的池塘的画面。

### 3. 镜头构图

镜头构图也是需要重点考虑的剪辑要素。虽然镜头中的视觉元素构图是在拍摄时确定的，但剪辑工作可以决定在镜头切换时将哪两个镜头放在一起，以创造出更加生动的画面，从而在第一时间抓住用户的眼球。

因此，短视频创作的过程中如果有专业的剪辑人员和拍摄人员，那么剪辑人员可以在剪辑工作开始之前与拍摄人员事先沟通拍摄要素，从而让拍摄和剪辑工作有一个明确的思路。

### 4. 镜头角度

剪辑视频时，需要将画面水平角度相差大于 30°的镜头依次排列，以免剪辑时出现“同景别切换”的状况。“同景别切换”是指把两个画面相似、角度相似的镜头剪辑在一起时，使前后画面看起来高度相似。尽管这两个镜头在某些画面细节上有所不同，但也因为它们过于相似而无法给人提供更多的画面体验，会让人误以为出现了“剪辑失误”。

正确的做法是，拍摄期时应避免出现同一角度的机位，保证摄像角度的合理化差异。更重要的是，在剪辑工作中要灵活处理这类同景别镜头，甄选更加合适的镜头进行剪辑。

### 5. 连贯

短视频剪辑的连贯主要包含 3 个方面：内容连贯、动作连贯、声音连贯。

（1）内容连贯

切换镜头时，要保证画面中主体动作和场景的连贯。尤其在剧情演绎类短视频中，演员会在前期拍摄时就某个剧情进行重复表演，因此剪辑时要将不同场景和不同内容的镜头正确匹配，以免出现画面颠倒、与剧情不符等穿帮镜头。

（2）动作连贯

动作连贯这一剪辑要素，主要也是针对剧情演绎类短视频。如果在切换镜头时，下一个画面需要继续出现上一个画面中的被摄主体，必须使其运动方向保持一致。如果在剪辑时发现短视频素材不完整，没有很好地衔接被摄主体前后动作的镜头，则需要插入一个辅助性镜头，解决转场画面给人带来的视觉上的不连贯。

需要注意的是，插入的辅助性镜头需要保证不干扰剧情发展。例如，画面中的主人公拿起水杯准备喝水，按照常理来推测，下一个镜头通常是主人公喝水的画面，如果缺失这个镜头，则可以加入一个周围环境的镜头，表示画面中的时间有所流逝，这样即使没有主人公喝水的画面也能自然过渡到下一画面。

（3）声音连贯

声音连贯在短视频中非常重要，短视频中的声音包含许多元素，如背景音、人物台词、音效、画外音等。如果画面中的被摄主体出现在同一场景、同一时间，声音则需要由上一个镜头延续到下一个镜头。

例如，上一个镜头中出现了一辆正在行驶的汽车，那么剪辑时不仅要让观众看到这辆汽车的样子，还要能让观众听到它行驶的声音，通过它的声音切换到下一个镜头。这样，即使下一个镜头里没有出现这辆汽车，观众也可以通过声音来了解汽车存在于场景中的事实。

需要注意的是，在同一个场景中，声音需要随着被摄主体位置、视觉等因素的变化而变化。例如，当被摄主体在画面中渐行渐远时，其发出的声音也要跟随被摄主体而变化。再如，平视被摄主体和俯视被摄主体时，其发出的声音也有变化。就如同生活中，双方坐着面对面交谈时，与一方站着另一方坐着交谈时，双方听到的声音也会有所不同。

另外，还有一种无时无刻都存在的环境声音，或低沉，或高亢，或轻柔，或响亮，即“背景音”。无论在什么样的空间中，都需要有背景音。背景音主要用来打造一种持续的配合人物对话及其他更重要音效的音频，这种附加的、持续的声音能在拍摄时录制，也能在剪辑时通过其他渠道生成。

#### 6. 声音

声音是视频中不可忽视的关键要素，声音除了可以作为切换镜头的动机，为画面营造氛围外，还是传递短视频信息的重要方式。其实，在剪辑短视频时，声音既可以与画面相符，也可以不相符。不同的声音可以表现不同人物的内心，为后面的内容做铺垫。

在一个镜头中，声音可以优先于画面，画面也可以优先于声音，这种剪辑手法叫作拆分剪辑、剪切、叠加。但在运用这种剪辑技巧时，需要在两个镜头之间适当地添加补偿画面或声音，使两个镜头更好地融合。

以上是短视频剪辑的六大要素，每个要素都起着至关重要的作用，缺一不可。在剪辑短视频之前，剪辑人员需要充分理解每个要素的内在含义，通过不断地练习从而获得剪辑技术的提升。

**思考练习**

你看过哪些剪辑十分巧妙的短视频？说一说它们最吸引你的地方。

### 4.1.3 短视频剪辑的通用流程

短视频剪辑的通用流程主要有以下 6 个。

#### 1. 采集和复制素材

首先将前期拍摄的素材文件导入计算机（手机），或者将素材文件直接复制到计算机，然后整理前期拍摄的所有素材文件，并将其编号归类为原始视频资料。

#### 2. 研究和分析脚本

在归类整理短视频素材文件的同时，对准备好的短视频文学脚本和短视频分镜头脚本进行仔细和深入的研究，从主题内容和画面效果两个方面进行深入分析，为后续的剪辑工作提供支持。

#### 3. 视频粗剪

审看全部的原始素材文件，然后从中挑选出内容合适、画质优良的素材文件，并按照短视频脚本的结构顺序和编辑方案，将挑选出来的素材文件组接起来，构成一则完成的短视频。

#### 4. 视频精剪

对粗剪的短视频进行仔细分析和反复观看，然后在此基础上精心调整有关画面，包括剪辑点的选择，每个画面的长度处理，整个短视频节奏的把控，音乐、音效的设计，以及被摄主体形象的塑造等，按照调整好的结构和画面制作新的短视频。

#### 5. 合成

为短视频添加字幕，添加解说配音，制作片头片尾等，并将这些素材文件全部合成到短视频中，完成最终的短视频。

#### 6. 输出完成的短视频

剪辑完成后，可以采用多种形式输出制作完成的短视频，并将其上传至短视频平台进行曝光推广。目前，短视频的输出格式大多为 MP4 格式。

**思考练习**

*你在剪辑短视频时是否按照以上步骤进行？你缺少了哪个步骤？或者你有什么好的剪辑建议？*

## 4.2 短视频剪辑的手法与技巧

短视频行业迅速发展，优质的短视频层出不穷，用户对于短视频内容的要求也越来越高。这促使短视频剪辑技术逐渐向着专业的剪辑水平靠近。想要制作出“爆款”短视频，短视频创作者需要从常用的剪辑手法、情绪表达技巧两个方面着手。

### 4.2.1 短视频剪辑的十大常用手法

短视频剪辑讲究创意性，需要在短时间内达到出人意料的效果。想要达到这种效果，可以使用以下 10 种常用手法。这些剪辑手法并不是单一存在的，更多的是组合使用。

#### 1. 平行剪辑：并列呈现

平行剪辑是指将不同时空或同时间、不同空间发生的两条或多条故事线并列表现。平行剪辑是分头叙述内容的不同部分，将其统一呈现在一个完整的结构中。

在影视剧中，平行剪辑常用于高潮片段，每条故事线虽然独立发展，但观众在观看时会不自觉地产生疑问，思考反复交替出现的两条或多条故事线之间有何联系，接下来的剧情将往何处发展。在短视频创作中使用这种剪辑方式，能够将观众带入剧情当中，增强内容的吸引力。

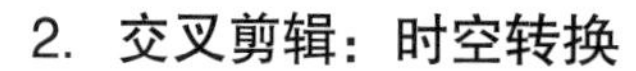

### 2. 交叉剪辑：时空转换

交叉剪辑是指将同一时间、不同空间发生的两条或多条故事线快速地来回转换，以频繁的镜头切换表达角色之间的联系。采用这样的剪辑手法可以通过镜头强有力的节奏感为短视频画面增加张力，营造紧张的氛围，表现人物内心的复杂情绪。在剪辑惊悚类、悬疑类短视频时，采用这种剪辑手法能够呈现出追逐和揭秘的画面效果，使短视频更加具有戏剧化效果。

### 3. 叠化剪辑：简单惊艳

叠化剪辑是一种比较简单、易操作的剪辑手法，指将两个素材的轨道叠加在一起，逐渐降低上一个镜头的透明度，从而形成叠化的效果，是一种简单的剪辑手法。叠化剪辑一般用于表现时间的流逝，展现人物的心理活动或想象，以及过渡至平行时空的剧情事件等。在一些风景和人物的过渡镜头中使用叠化剪辑，时常会收到令人意想不到的效果。

### 4. 跳切剪辑：表示时间流逝

跳切剪辑属于一种无技巧的剪辑手法。它与普通的剪辑手法不同，打破了常规状态下镜头切换时需要遵循的时空和动作连贯的要求，仅以观看角度的连贯性为依据，进行较大幅度的跳跃式镜头组接。跳切剪辑能够突出某些必要的内容，省略时空的转换过程。对同一场景下的镜头进行不同视角的跳切剪辑，可用来表示时间的流逝，也可以加重画面的压迫感。

### 5. 匹配剪辑：衔接场景

匹配剪辑是连接两个画面中被摄主体动作一致或构图相似的镜头，这与上文提到的跳切剪辑不同，它常用于转场。在两个场景中，当被摄主体相同并且画面需要表现两个场景之间的联系时，可以运用匹配剪辑达到连接两个画面的效果，这会在视觉上给人非常炫酷的奇妙享受。匹配剪辑不仅可用于动作状态的转换，还能用于台词语言的衔接。例如，两个人在说同一段话时，根据语言顺序交替剪辑，会使画面更加具有紧凑感。

### 6. 跳跃剪辑：打破场景

跳跃剪辑是一种相对突然的剪辑手法，常用于打破前一场景。影视剧中许多表现人物从梦中惊醒的画面，使用的就是这种剪辑手法。跳跃剪辑有时也用于转场，如从一个激烈的大场面转换至宁静缓和的场景。电影行业中有许多热衷于使用跳跃剪辑的导演。例如，王家卫导演在电影《重庆森林》中经常用到这种剪辑手法。此外，抖音平台的短视频创作者也比较喜欢使用这种剪辑手法制作短视频。因此，短视频创作者可以通过拍摄简单的生活场景，在添加滤镜之后利用跳跃剪辑塑造画面的“高级感”。

### 7. 动作顺接剪辑：巧妙转场

动作顺接剪辑是指当人物处于运动状态时依然切换镜头，剪辑点不一定要在动作展开之时，可以根据运动方向或是在人物身体变动的简单镜头中切换。例如，画面中的人物正在抛掷物品，或是穿过某一背景画面时，镜头瞬间切入下一个画面。采用这样的转场很自然地将人物与下一个镜头中的环境连接起来，营造了一种自然、连贯的氛围。较多短视频采用这种剪辑手法，带给观众非凡的视觉体验。

#### 8. 隐藏剪辑：假象转换

隐藏剪辑是指利用阴影或遮挡物，营造画面仍处于同一镜头的假象的剪辑手法。在运用隐藏剪辑时，剪辑人员通常要将剪辑点藏在转换的镜头中，有时还可以利用穿过画面或离开镜头画面的物体衔接镜头。例如，人物正在街边行走，画面中经过一辆汽车，下一画面就是另一个行走的人物。此时，则是利用了运动的汽车作为遮挡物，使剪辑点不易被发现，达到一种连贯的画面转换效果。

#### 9. 变格剪辑：超出常规

变格剪辑是指在组接画面素材的过程中，对动作和时空做出超乎常规的变格处理。变格剪辑强调动作的戏剧性，夸张地展现时间的变化与空间的放大或缩小。它是渲染情绪和营造气氛的一种重要手段，会直接影响短视频的整体节奏。

#### 10. 组合剪辑：灵活运用

剪辑人员需要根据短视频的内容发展及主题，灵活地运用各种剪辑手法，将它们富有创造力地组合在一起，这会让短视频更有特色，如“交叉剪辑+匹配剪辑”“变格剪辑+平行剪辑”等。采用不同的组合剪辑会产生不一样的画面效果，可以大大充实镜头的画面感，让短视频内容呈现更加丰富的效果。

**思考练习**

请列举一则使用了组合剪辑的短视频，并指出其运用了哪几种剪辑手法。

### 4.2.2 短视频剪辑的情绪表达技巧

短视频与传统影视剧不同，无须完整的剧情故事，更多是通过传递一些信息来唤起用户的情感。因此，短视频的“情绪表达”是升华短视频内容的重要方式，剪辑时，可以用以下 3 种技巧来表达不同的情绪。

#### 1. 画面组接

细节是展现情绪的有效方式，剪辑时可以在短视频内容的恰当位置插入一组近景或特写镜头，展现人物的情绪。例如，嘴角上扬的镜头表示开心，扶额的镜头表示尴尬，大呼小叫的镜头表示兴奋，紧握拳头的镜头表示愤怒，咬手指的镜头表示不安等。这类画面的组接能够提升人物的表现力，传递特定情绪。

除了画面内容的组接，还可以利用不同的镜头组接达到展现情绪的效果。

例如，将多个短镜头组接在一起，可以表达开心、愤怒或紧张的情绪；将多个长镜头组接在一起，可以呈现悠闲舒适、无聊或忧伤无奈的情绪；景物镜头可以安插在短视频的片头、片尾或中间，起到调解短视频节奏和营造特定氛围的作用；后拉镜头可以舒缓情绪，急推镜头能够强化情绪等。

采用不同的画面组接方式，可以为短视频内容增添不一样的情绪。然而，画面组接也不宜过多使用。有时，适当的留白可让用户自行体会其中的情感，这也是一种不错的方式。

**2. 色彩变换**

色彩能够表达情绪，对于短视频画面而言，色彩的选择相当重要，它是“造型语言”的重要组成部分，也是主观情绪的外化表现。例如，人们通常用红色表示热烈与激情；用绿色表示青春与自然或平安与健康；用黄色表示活力与希望。

这些基本的色彩认知有助于剪辑人员对画面色彩进行恰当的调整。无论是使用同一色系的颜色，还是使用一组对比色，或结合使用多种色彩，都能表达不一样的情绪。需要注意的是，切勿频繁剪切不同色系的镜头，以免使观众产生视觉疲劳。

**3. 音乐搭配：音画组合，有机统一**

剪辑不仅是视觉艺术，同时也是听觉艺术。尤其对于短视频而言，一条简单且没有剪辑技巧的短视频，也有可能因为搭配了合适的音乐而瞬间变得与众不同。因为旋律是重要的声音语言，是表达和强化情绪的关键要素，利用音乐的旋律和节奏剪辑短视频，可以更好地传递情绪。

（1）卡点法：画面与节奏一致

卡点法是指剪辑人员在处理剪辑点时，使画面的切换与音乐的重音、节拍、节奏保持同步或协调，使音画关系尽量保持一致。例如，抖音常见的卡点类短视频中，画面会随着音乐的旋律产生有节奏的变化，这种声音与画面的高度一致，通常能给人带来视觉与听觉的完美体验。但要注意的是，旋律除了需要与画面保持一致外，还要与短视频的内容和意义保持统一关系。

（2）矛盾法：音画相反，另类表达

矛盾法是指将完全不同情绪的画面和音乐结合在一起，达到出人意料的效果。剪辑人员为短视频选择配乐时，可以另辟蹊径，反其道而行之。例如，悲伤的画面搭配明快的节奏，欢乐的画面配上忧伤的旋律。这种充满矛盾点的搭配方式，能使短视频既有些古怪又不乏趣味，更有创意感。但一定要注意的是，这种技巧仅适用于搞怪类、日常类等风格比较轻松的短视频，不适用于严肃、认真的新闻内容。

**思考练习**

你是否看过利用了上述情绪表达技巧进行剪辑的短视频？它向你传递了什么样的情绪？

## 4.3 短视频剪辑的原则与注意事项

短视频作品的最终呈现效果很大程度上是由剪辑工作决定的。剪辑人员对短视频素材进行剪辑时，应遵循 3 个原则并注意 4 个事项。

## 4.3.1 短视频剪辑应遵循的 3 个原则

剪辑短视频需要遵循以下 3 个原则。

### 1. 情感充沛

一条短视频的质量与其情感表达能力有着重要关系。不仅情感色彩浓重的短视频要注重情感表达，任何短视频都有其外在或内在的情绪。

例如，李子柒的田园生活类短视频，虽然展现的是田园生活和日常农作，但其中蕴含着一种平静、闲适的情感特征；再如，新闻类短视频虽然以一种客观的角度传递信息，但字里行间都能透露出这则新闻隐藏的内在情感。

所以，剪辑短视频时，需要为原有素材注入更加丰富的情感色彩，同时要注意确认每个镜头的运用、切换是否能够表达情感，是否有利于准确地传达情绪。

### 2. 具有故事情节

故事情节是短视频的重要组成要素，它决定了短视频的内容是否流畅，情节是否有创意，高潮点是否能引发用户的好奇心。几乎每一条短视频都有其特有的故事情节，即使是时长仅有十几秒、内容简单的短视频，大多也有一定的故事情节。

不管是什么类型的短视频，都需要以故事情节为剪辑原则。例如，街头采访类短视频需要首先抛出一个受访者比较感兴趣的话题，这个话题正是“故事情节”中的主要脉络。受访者会根据提问者提出的问题，给出自己的观点，这个观点可能就包含了一个“故事”；提问者若依据受访者的回答再次追问，就能在连续的问答中挖掘出一个随机的故事。

当然，有的受访者给出的答案并不精彩，或许短视频剪辑人员并不容易挖掘出一个有内容的故事。那么，短视频剪辑人员在剪辑时就要把控内容节奏，挑选并删减不能构成故事和推进情节发展的素材，留下有价值的素材，将其组合成一个精彩的故事。

### 3. 节奏顺畅

剪辑节奏主要包括两个方面，一个内容节奏，另一个是画面节奏。

内容节奏主要是指剧情类短视频需要根据剧情发展确定内容节奏。在剪辑这类短视频时，要当机立断，把冗长、多余的人物对白和画面删除，留下对剧情发展有帮助的精华内容，以免节奏过于拖沓。但也不要为了过分追求精简而大篇幅删减镜头，使重要内容丢失，导致剧情发展不连贯、太跳跃等。例如，在剪辑反转类短视频时，需要在重点剧情之前适当铺垫内容，但这一内容不宜过长，否则容易让人丧失兴趣。

画面节奏主要是指音乐类短视频需要根据音乐的节奏确定画面的节奏。短视频剪辑人员根据音乐的风格、节拍、副歌点等来进行剪辑，最终呈现出一个画面与音乐完美融合的短视频。在剪辑这类短视频时，要注意使镜头切换的节奏与音乐变换的节奏相同，给观众带来视觉与听觉的双重享受。

**思考练习**

请找出一个你喜欢的短视频，分析它是否遵循了短视频剪辑的 3 个原则。

### 4.3.2 短视频剪辑的 4 个注意事项

除了要遵循以上提到的 3 个剪辑原则，剪辑时短视频还应注意以下 4 个事项，以保证剪辑出的短视频给人以流畅的观看体验。

**1. 统一重点方位**

在剪辑户外拍摄的短视频时，可能会发现同样的场景中人物众多，切换镜头时画面相对混乱，无法找到重点。遇到这种情况通常可以运用两种方法处理。一种是以人物视线为主，当人物作为被摄主体时，可以将人物的眼睛（视线）作为画面重点，在适当范围内剪裁画面，保证观看短视频的观众能够在某个固定的区域找到画面重点。另一种是将画面重点放在相似位置，使被摄主体始终处于画面中的固定位置，便于观众快速寻找。

**2. 统一运动方向**

如果两个画面中的被摄主体以相似的速度向相同的方向运动，那么短视频剪辑人员可以将两个处于运动状态下的镜头衔接在一起，使两个画面完美结合。例如，第一个镜头是"工厂的零件正在加工制造"，下一个镜头是"零件包装完毕等待出厂"，这两个画面中的被摄主体都是"零件"，且以同样的运动方向拍摄，那么将两者剪辑在一起时，会形成一个自然的转场，呈现出一气呵成的效果。

**3. 统一画面色调**

调整画面色调时，每个镜头的色彩都要与短视频的整体画面风格相符，切勿把色调完全不同的素材拼接在一起。色调的转换，需要人的视觉系统快速做出反应，频繁更换色调不仅会使短视频画面看起来突兀，而且会影响观众的观看体验。

**4. 结合相似部分**

两个截然不同的镜头也能自然地衔接在一起，且采用这样的剪辑方法能够为短视频画面增添不少美感。其秘诀在于，两个看似不同的画面，实则存在相似的元素，剪辑时需要找到镜头中相关联的部分元素，将两者完美结合。这种有关联的画面可以是相同的运动轨迹，也可以是相同的元素或道具。无论是运动镜头，还是静止镜头，只要短视频剪辑人员能找到两者中相关联的元素，就能将其自然衔接。例如，走下楼梯和进入电梯是两个不同的场景，但两者有着类似的运动状态和逻辑关系，那么短视频剪辑人员就可以将两个镜头结合在一起，使画面看起来连贯而流畅。

请选择一条优质短视频，说一说它的剪辑好在哪里。

## 4.4 剪映的剪辑教程

剪映是抖音官方推出的专业手机短视频剪辑软件，其剪辑功能完善，支持变速、多样滤镜效果，拥有丰富的曲库资源。并且，利用剪映制作的短视频，也能够发布在几乎所有短视频平台。

## 4.4.1 剪映的基础操作

剪映页面设计简洁，基础操作步骤如下。

### 1. 打开剪映

打开剪映，首页会出现“开始创作”和“拍摄”选项，通过这两个选项，剪辑人员可以进行短视频剪辑。界面的中间空白处为草稿箱，剪辑草稿会自动保存在此处。界面下方分别为“剪同款”“创作学院”“消息”“我的”，如图 4-2 所示。

### 2. 挑选（拍摄）素材

选择“开始创作”选项，可以挑选手机中已有的视频和相片素材进行短视频剪辑；选择“拍摄”选项，可以直接拍摄新的视频或相片作为素材并进行短视频剪辑，如图 4-3 所示。

图 4-2　剪映首页

图 4-3　挑选（拍摄）素材

### 3. 在素材库中挑选素材

剪映的素材库为用户提供了丰富多样的剪辑素材，许多短视频中常见的转场效果、结束画面等都能在素材库中找到，如图 4-4 所示。挑选合适的素材能为短视频锦上添花。

4. **剪辑短视频**

进入剪辑页面后，页面下方会出现多个剪辑功能，如音效、文字、添加贴纸等。剪辑人员利用这些功能剪辑短视频，可以使短视频的内容更加丰富，画面更具观赏性，如图 4-5 所示。

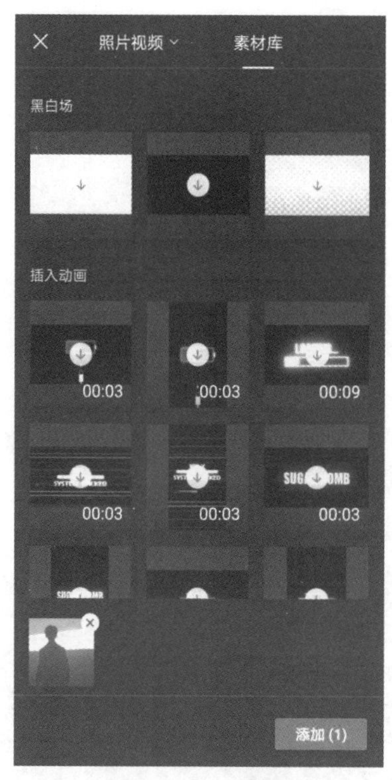


图 4-4　剪映的素材库

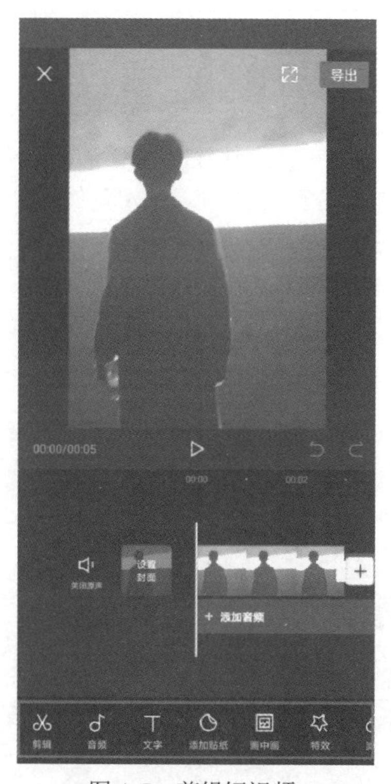


图 4-5　剪辑短视频

5. **调整输出数据**

剪辑完成后，选择图 4-5 中右上方的“导出”选项，进入输出数据调整页面，如图 4-6 所示。在该页面中，剪辑人员可以选择短视频输出的分辨率和帧率。

6. **发布/保存短视频**

全部数据调整完毕后即可发布短视频。因为抖音与西瓜视频同属北京字节跳动科技有限公司，所以剪辑人员利用剪映制作的短视频可以一键分享至抖音和西瓜视频。如果不准备立刻发布短视频，可以选择页面下方的“完成”选项，保存短视频。发布/保存短视频的页面如图 4-7 所示。

**思考练习**

根据以上内容，尝试使用剪映素材库中的素材剪辑一则短视频。

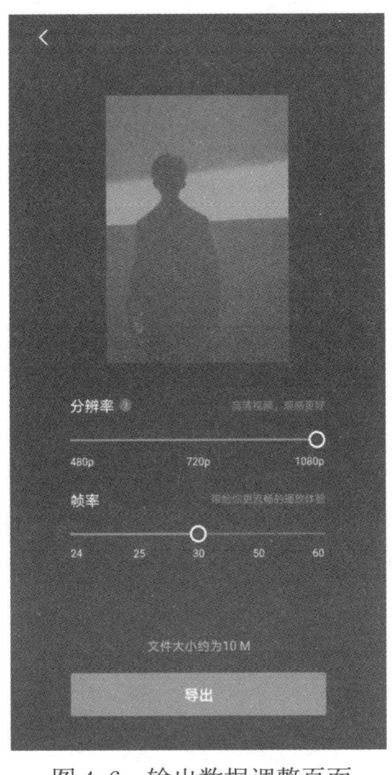


图 4-6　输出数据调整页面

图 4-7　发布/保存短视频的页面

## 4.4.2　剪映的常用功能图解

剪映提供了多样的剪辑功能，熟练使用这些剪辑功能使短视频更具表现力。

### 1. 分割素材

在剪映中导入素材后，如果只想保留素材中的部分内容，可以利用“分割”功能去掉不需要的部分，如图 4-8 所示。

### 2. 合并素材

在剪映中添加多个素材，对其进行合并，可以形成新的短视频。若要将几段视频进行合并，可以点击素材轨道右侧的“+”，添加需要合并的素材，如图 4-9 所示。

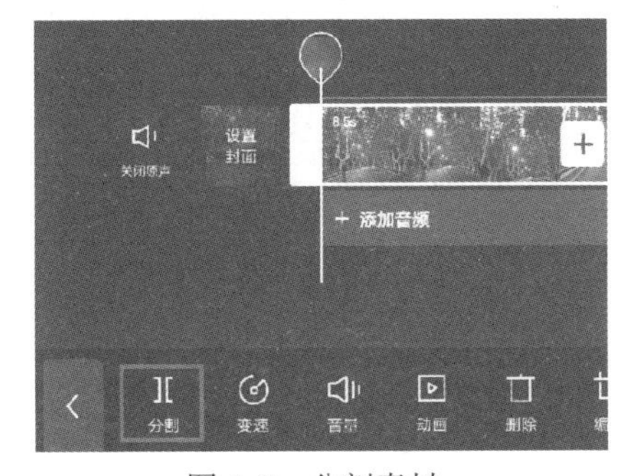


图 4-8　分割素材

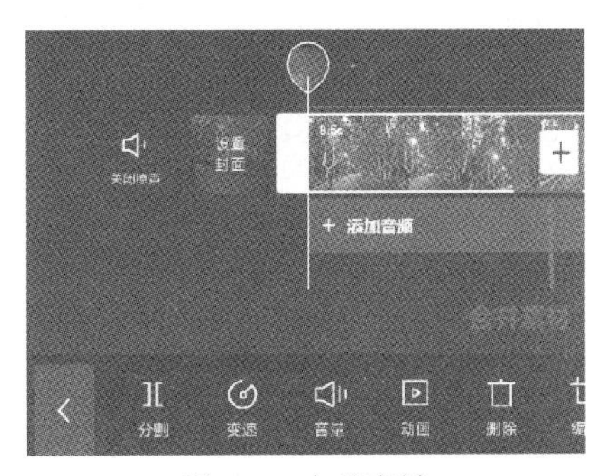


图 4-9　合并素材

### 3. 添加转场

合并素材时，如果发现素材与素材之间的过渡不完美或较为生硬，可以使用“转场”功能使素材间的衔接更加自然，如图 4-10 所示。

### 4. 添加音频

在剪辑过程中，如果发现短视频素材的噪声太大或声音过于单调，可以选择添加音频使短视频更加生动，如图 4-11 所示。

图 4-10　添加转场

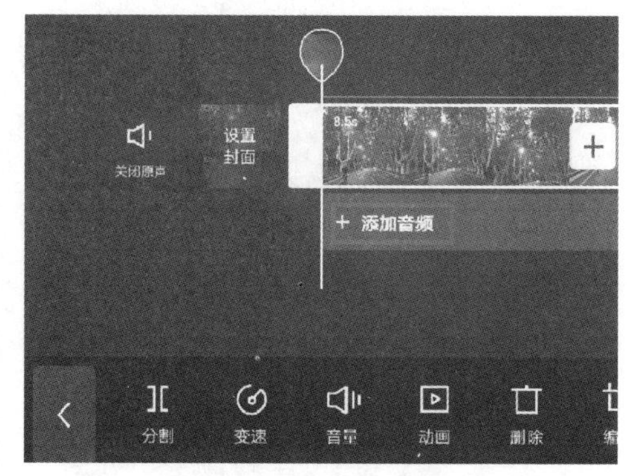


图 4-11　添加音频

### 5. 添加字幕

在剪映中，可以通过创建新文本输入字幕，也可以利用“识别字幕”功能快速添加字幕，如图 4-12 所示。

### 6. 滤镜

在剪辑的过程中，如果发现部分短视频素材由于光线不佳出现过度曝光或曝光不足的情况，严重影响了画面效果，可以利用“滤镜”功能达到优化和改善短视频画面的效果，如图 4-13 所示。

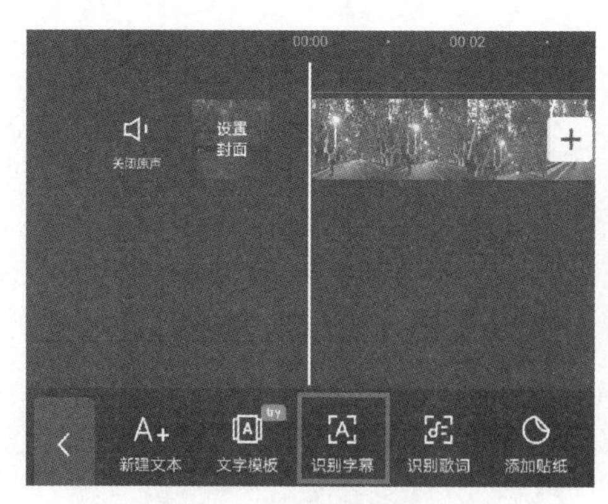


图 4-12　添加字幕

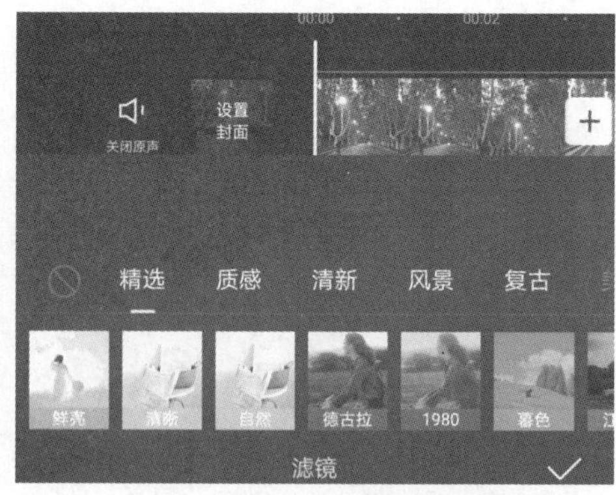


图 4-13　滤镜

### 7. 画中画

采用画中画功能可以将另一段视频素材放在已有的视频素材上，实现两段视频素材在同一画面上同时播放的效果。在剪映中，剪辑人员还能够灵活调整新加入的视频素材在画面中的位置，从而丰富短视频内容的呈现形式，如图 4-14 所示。

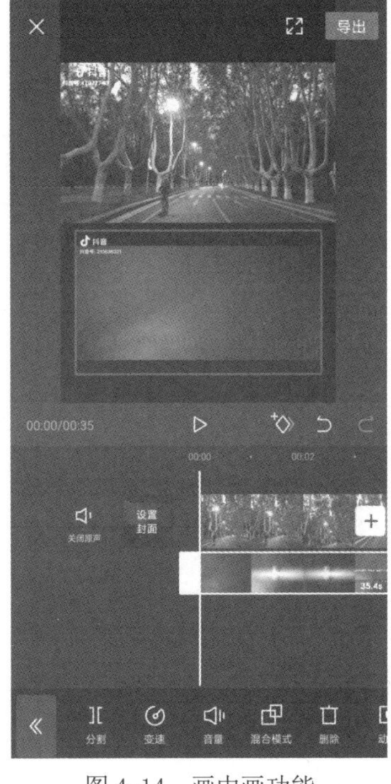

图 4-14 画中画功能

剪映的剪辑功能和技巧远不止上文所述，剪辑人员如果想要制作出优质的短视频，了解软件中的各项功能是基本要求，还需要在实际的操作和运用过程中逐步掌握更多的技巧。

**思考练习**

尝试为同一素材搭配不同的音频，比较不同音频所产生的不同呈现效果。

## 4.4.3 剪映的剪辑案例解析

上文介绍了剪映的基础操作与常用功能，下面将通过两个案例具体说明剪映常用功能的运用技巧。

### 1. 案例一：才艺类短视频的特效功能

在制作才艺类短视频时，可以使用剪映中的特效功能，如图 4-15 所示。

该短视频通过使用“特效”—“梦幻”—“金片”功能，既美化了人物形象，也烘托了短视频气氛，让画面更加赏心悦目。同时搭配合适的背景音乐，能使用户体验到视觉和听觉的双重享受。

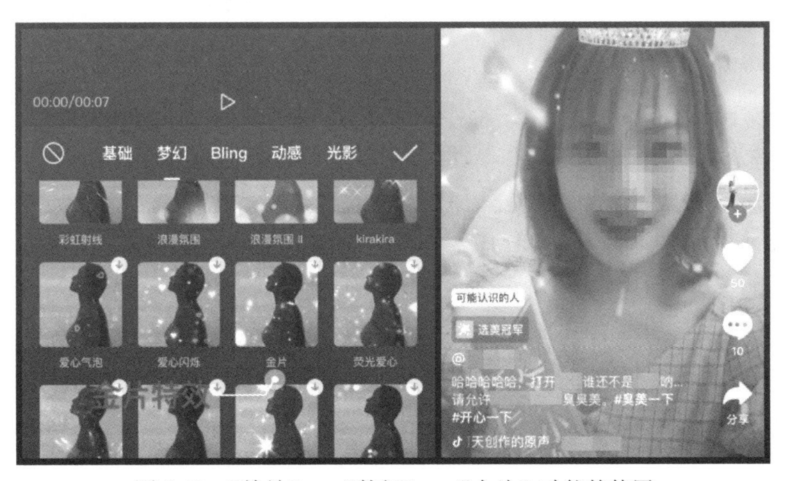

图 4-15 “特效”—“梦幻”—“金片”功能的使用

## 2. 案例二：添加字幕解释短视频内容

对于需要传递信息的短视频而言，剪辑人员为其添加字幕非常重要。通过添加言简意赅的字幕，剪辑人员可以更加准确、清晰地传达出短视频想要表达的内容。

例如，短视频中的人物在讲话时带有浓重的口音，视频中的环境十分嘈杂甚至影响了收音效果，画面单调没有丰富的剧情等。这些情况都有可能使用户在观看短视频时对某些词语产生误解，或者无法理解短视频所传递的重要信息等，非常影响用户的观看体验。

添加字幕则可以轻松解决这方面的问题，用户通过阅读字幕，能够快速、清晰地明白短视频中人物所说的内容，并准确理解短视频想要表达的主要观点，如图 4-16 所示。尤其是对于依靠文字来传达内容的短视频而言，添加字幕是必不可少的重要环节。

图 4-16　添加字幕

总之，剪映为短视频的后期制作提供了强大的技术支持，剪辑人员使用剪映不仅能简化短视频的制作流程，也能通过使用一些美化功能提升短视频的内容质量。

**思考练习**

剪映的特效功能非常丰富，请使用不同的特效功能剪辑短视频。

# 4.5　VUE Vlog 的剪辑教程

VUE Vlog 是一款集 Vlog 社区与编辑工具功能于一体的 App，短视频创作者可以通过该软件进行简单的短视频拍摄、剪辑、细调、发布等操作。VUE Vlog 与剪映相比有着本质上的区别，剪映属于单纯的剪辑软件，而 VUE Vlog 属于社交软件，短视频创作者可以将剪辑完成的短视频直接发布在 VUE Vlog 中与他人分享互动。同时，也可以将利用 VUE Vlog 剪辑的短视频保存到本地后发布到其他平台。

## 4.5.1　VUE Vlog 的基础操作

VUE Vlog 界面中板块丰富，基础操作步骤如下。

### 1. 剪辑短视频

打开 VUE Vlog，点击界面下方中间的图标，即可开始剪辑短视频，如图 4-17 所示。

### 2. 选择操作方式

点击图标后，可以选择操作方式，包括“剪辑”（直接剪辑已有素材）、“拍摄”（拍摄最新素材进行剪辑）、“智能剪辑”（卡点剪辑）、“主题模板”（按照模板剪辑），如图 4-18 所示。

图 4-17　剪辑短视频

图 4-18　选择操作方式

### 3. 挑选素材、拍摄素材、智能剪辑、选择主题模板

选择不同的操作方式会有不同的后续步骤，如图 4-19 所示。

图 4-19　选择不同操作方式的后续步骤

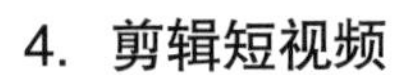

### 4. 剪辑短视频

选择“剪辑”选项后，进入“视频编辑”页面，页面下方提供了多种剪辑功能，如图 4-20 所示。

### 5. 保存/发布短视频

编辑完成后进入“保存并发布”页面，短视频创作者需要填写短视频的标题和描述。如果不想将该条短视频发布在 VUE Vlog 平台与其他用户交流分享，可以选择页面右下方的“设为私人可见”选项，最后选择页面右上方“保存并发布”选项，如图 4-21 所示。

图 4-20 “视频编辑”页面

图 4-21 “保存并发布”页面

以上是利用 VUE Vlog 软件进行短视频剪辑的基本操作流程，按照这一流程即可完成对短视频的剪辑。

**思考练习**

请根据上述内容，尝试使用 VUE Vlog 中的“智能剪辑”功能剪辑一则短视频。

## 4.5.2 VUE Vlog 的常用功能图解

在 VUE Vlog 中添加素材后，需要根据短视频制作的具体需求对素材进行创作。在视频编辑页面中，可以借助 VUE Vlog 提供的各项功能对短视频进行编辑。

### 1. “分段”功能

“分段”功能是 VUE Vlog 中常用的剪辑功能，为短视频创作者提供了多种素材编辑方式，如图 4-22 所示。

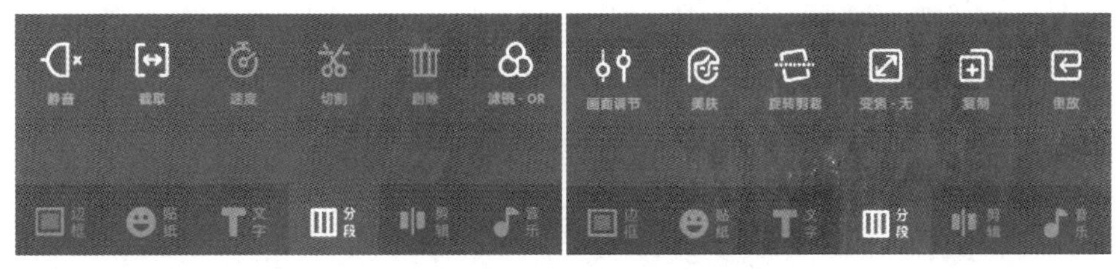


图 4-22 “分段”功能

（1）合并素材

在“分段”功能中，可以将多个素材进行合并剪辑。选择“分段”功能后会出现“添加片头”“+”“添加片尾”选项，如图 4-23 所示。短视频创作者通过这些选项可以添加需要合并的素材及素材之间的转场效果。

（2）“静音”功能

使用“静音”功能可以去掉素材的原始音乐。在为短视频搭配其他音乐（背景音、音效等）时，首先需要选择“静音”，使素材只有画面效果。

（3）“滤镜”功能

使用“滤镜”功能可以为素材画面添加不一样的呈现风格。在剪辑的过程中，如果发现素材光线不佳，或者想要为短视频营造独特的氛围时，就可以使用“滤镜”功能对画面风格的调整。“滤镜”功能如图 4-24 所示。

图 4-23 添加需要合并的素材

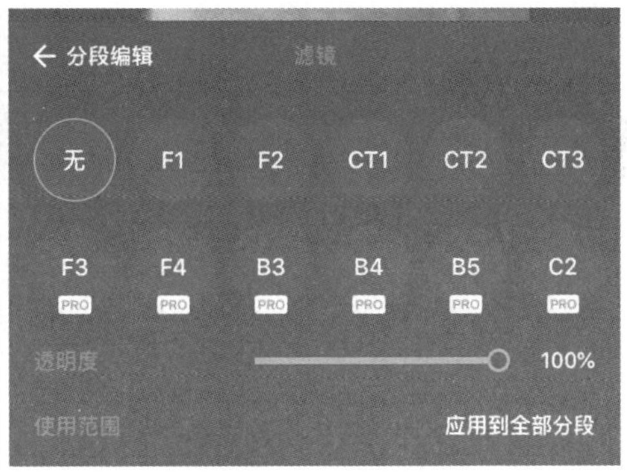


图 4-24 “滤镜”功能

（4）“画面调节”功能

利用“画面调节”功能可以调节素材的画面亮度、饱和度及对比度等多项数据，是对素材进行调色优化的重要功能。“画面调节”功能如图 4-25 所示。在页面左下方可以选择画面调节的使用范围，点击页面右下方的“应用到全部分段”，即可将画面调节数据应用到素材的全部分段。

## 2. “文字”功能

“文字”功能中包括“大字”“时间地点”“标签”“字幕”功能，如图 4-26 所示。

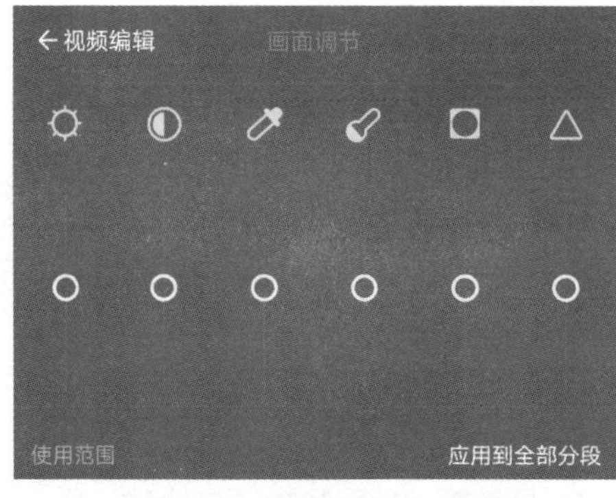


图 4-25 “画面调节”功能

图 4-26 “文字”功能

（1）“大字”功能

使用“大字”功能，可以为短视频添加各种文字旁白，使短视频内容更加生动、有趣，如图 4-27 所示。

（2）“时间地点”功能

使用“时间地点”功能，可以在短视频中添加时间地点的信息，如图 4-28 所示。利用这一功能，可以使短视频的呈现形式更加丰富、内容更加简洁。

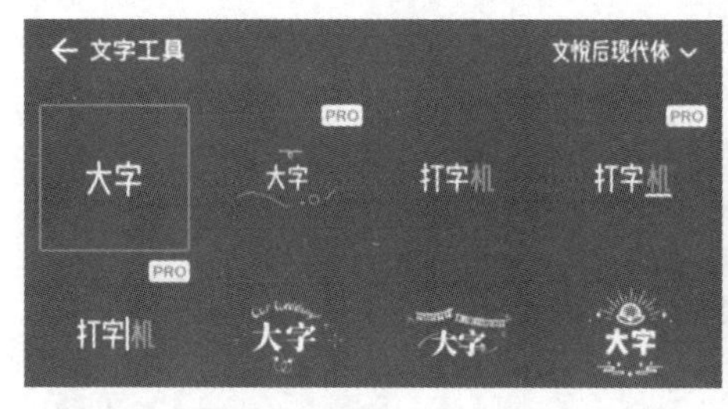


图 4-27 “大字”功能

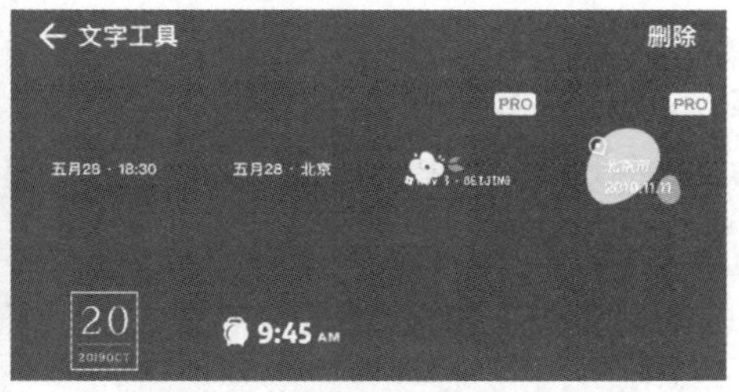


图 4-28 “时间地点”功能

（3）“标签”功能

使用“标签”功能，可以在短视频中添加文字标签，如图 4-29 所示。利用“标签”功能，可以对短视频中的物品进行说明。例如，通过添加标签的方式说明产品的品牌、价格等。

（4）“字幕”功能

使用“字幕”功能，可以为短视频添加字幕，如图 4-30 所示。利用这一功能可以帮助用户更加清晰、直观地了解短视频的内容。VUE Vlog 中有 4 种字幕形式，短视频创作者在剪辑时可以根据需求进行挑选。

## 3. “音乐”功能

利用“音乐”功能可以为短视频添加录音或音乐，如图 4-31 所示。短视频创作者时常会因为视频素材有背景杂音而需要重新录制声音，或者想为短视频需要添加解说词等，都可借助“音乐”功能为短视频添加录音。另外，利用“音乐”功能也可以为短视频添加背景音乐，使短视频的内容更加生动。

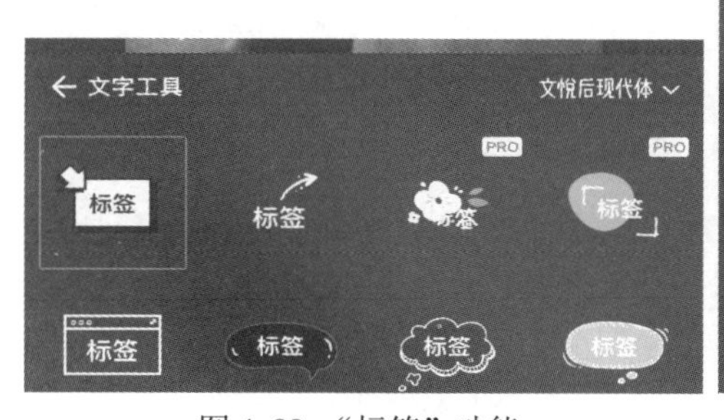


图 4-29 “标签”功能

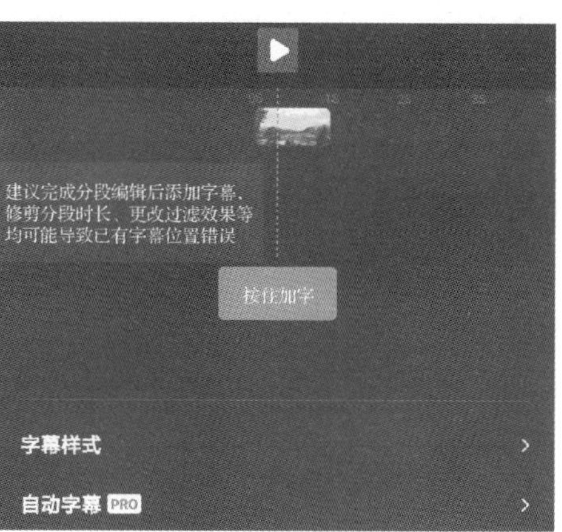


图 4-30 “字幕”功能

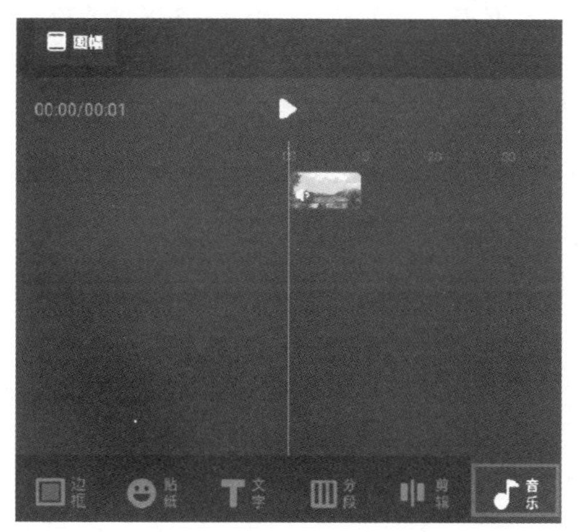


图 4-31 “音乐”功能

**思考练习**

尝试利用 VUE Vlog 中的“分段”功能剪辑短视频，并为其添加合适的音乐。

### 4.5.3 VUE Vlog 的剪辑案例解析

上文介绍了 VUE Vlog 的基础操作与常用功能，下面将通过两个案例具体说明 VUE Vlog 常用功能的运用技巧。

### 1. 使用“大字”功能突出重点内容

在需要突出重点内容时，可以使用“文字”功能中的“大字”功能，效果如图 4-32 所示。

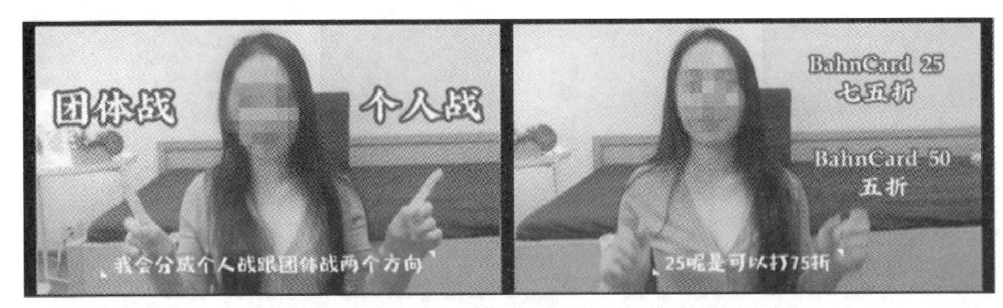


图 4-32 “文字”功能中“大字”功能的使用

短视频创作者利用“大字”功能，将短视频中的重点以文字形式呈现出来，使重点更为清晰、明确，更方便用户接收信息。

### 2. 使用“音乐”功能和“字幕”功能制作旁白解说

在没有专门的出镜人员的短视频中，借助“音乐”功能和“字幕”功能，以旁白的形式对短视频进行讲解，能够准确传递信息，如图 4-33 所示。

图 4-33 使用“音乐”功能和“字幕”功能制作旁白解说

使用这两项功能制作旁白，可以为用户营造类似于纪录片的观看体验，有利于分享类、讲解类短视频的制作。这一做法也能够增强短视频的专业性。

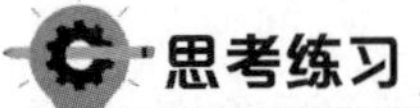

思考练习

尝试为剪辑完成的短视频添加合适的字幕，使内容更加清晰、完整。

# 4.6　4 种辅助工具，短视频剪辑的好帮手

在短视频剪辑的过程中，短视频创作者不仅需要处理视频素材，还需要处理图像素材。图像素材的创作和编辑离不开以下 4 种辅助工具。

## 4.6.1　Photoshop：让炫酷的图像为短视频添彩

短视频剪辑常用到图片素材，在设置短视频封面时也需要对图片进行编辑。Photoshop（以下简称 PS）作为一款图像处理软件，在图片编辑和美化方面具有强大的功能。

### 1. 软件优势

PS 的应用领域广泛，主要有以下四大优势。

① 利用 PS 可以对图像进行多种编辑，如放大、缩小、旋转、倾斜、镜像、透视、消除等。

② PS 提供绘图使用的工具，短视频创作者可以使用这些工具将图像素材和原创手绘图像完美融合。

③ PS 提供特效制作功能，包括图像特效创意和特效字的制作。

④ PS 提供校色调色功能，短视频创作者可以对图像中的颜色进行明暗、色偏的调整和校正。

### 2. 操作说明

PS 工作界面主要包含菜单栏、工具栏、选项栏、面板、工作区等，如图 4-34 所示。

图 4-34　PS 工作界面

### 3. 基础操作

PS 的基础操作步骤如下。

（1）打开图像

单击页面左上方的“文件”菜单，选择“打开”命令，在弹出的对话框中选择需要编辑的图像，单击“打开”按钮即可打开图像，如图 4-35 所示。也可以直接通过“Ctrl+O”组合键打开该对话框，或者直接将图像文件拖曳至 PS 的工作区。

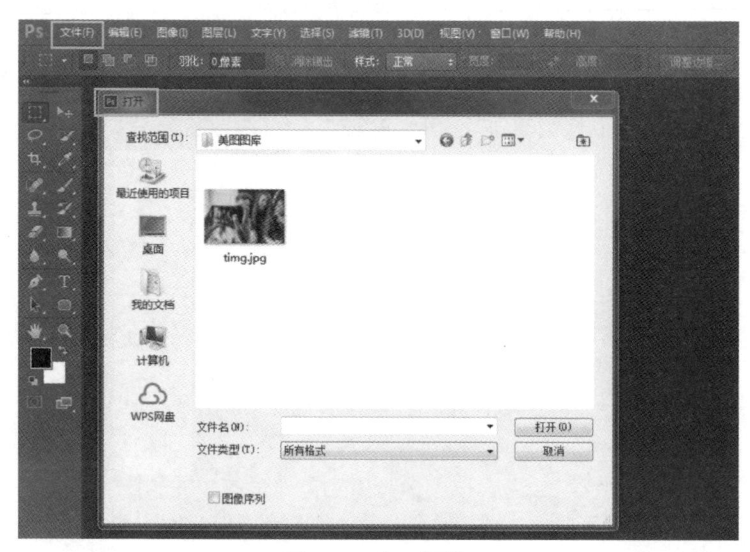


图 4-35　打开图像



（2）编辑图像

单击页面上方的“图像”菜单，选择“图像大小”命令，在弹出的对话框中调整图像的高度、宽度等相关数据，如图 4-36 所示。也可以直接通过“Alt+Ctrl+I”组合键打开该对话框。

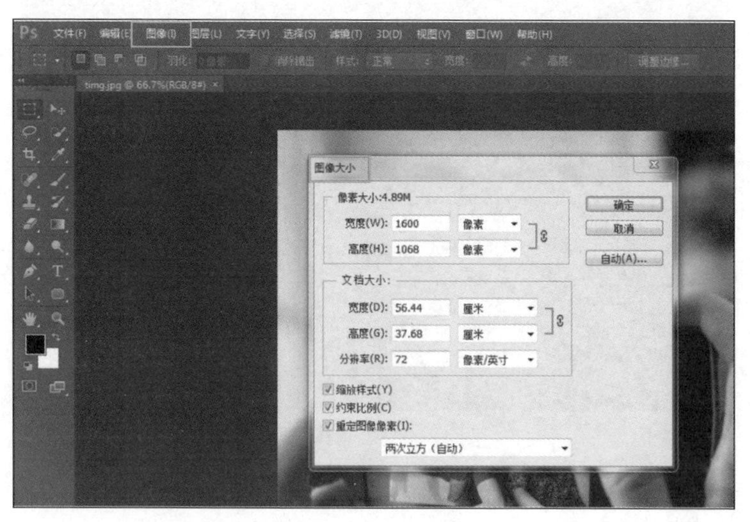


图 4-36　编辑图像

（3）调整视图

双击页面左侧工具栏中的“🔍”选项，可以调整图像的视图大小，如图 4-37 所示。也可以在按住“Alt”键的同时，滑动鼠标滚轮，以此调整图像的视图大小。需要注意的是，图像的视图大小对图像本身的像素不会有任何影响。

图 4-37　调整视图

（4）保存图像

单击页面上方的“文件”菜单，选择“存储为”命令，在弹出的对话框中选择合适的位置，单击“保存”按钮即可保存图像，如图 4-38 所示。也可以通过“Ctrl+S”组合键快速保存图像。

图 4-38　保存图像

#### 4. 常用功能

制作短视频时，常用的 PS 图像处理功能主要有 3 项：抠图、消除、添加文字。

（1）抠图功能

PS 中可以实现抠图效果的方式有许多，在此主要介绍“魔棒工具”和“快速选择工具”。

①“魔棒工具”。在色彩对比明显的图像中，可以使用“魔棒工具”单击需要删除的元素。例如，使用“魔棒工具”抠图，可以一键选择画面中的天空然后删除，只留下山峰，如图 4-39 所示。

②“快速选择工具”。处理色彩相对复杂的图像时，可以使用“快速选择工具”，选择画面中需要留下或删除的部分。图 4-40 所示为通过“快速选择工具”，选择图像中需要截取的部分。

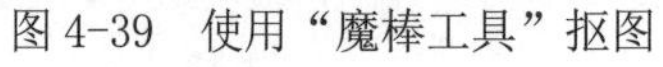

图 4-39　使用“魔棒工具”抠图

图 4-40　使用“快速选择工具”抠图

（2）消除功能

利用 PS 消除图像中不需要的元素时，可以使用“套索工具”。

① 选择“套索工具”。在左侧的工具栏中选择“套索工具”，如图 4-41 所示。

图 4-41　选择“套索工具”

② 套选需要消除的元素。按住鼠标左键，沿着需要消除的元素边缘画线，如图 4-42 所示。

③ 选择“填充”命令。单击鼠标右键，在弹出的快捷菜单中选择“填充”命令，如图 4-43 所示；也可以通过“Shift+F5”组合键快速填充。

图 4-42　套选需要消除的元素

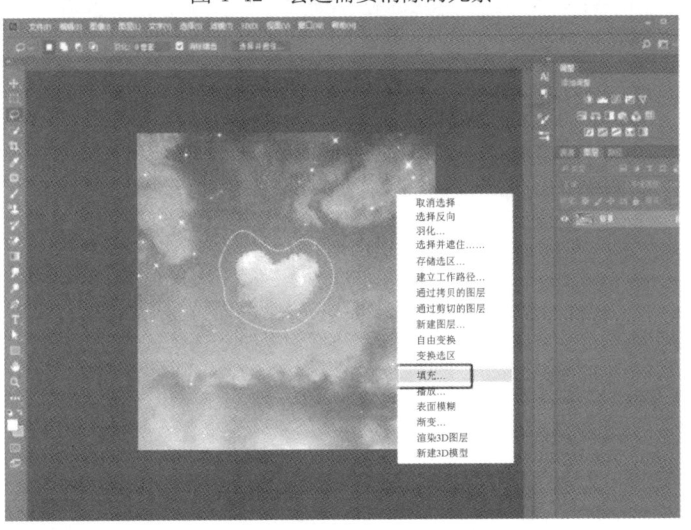


图 4-43　选择“填充”命令

④ 设置“填充”参数。在弹出的对话框中设置“内容”为“内容识别”，进行参数设置，如图 4-44 所示。

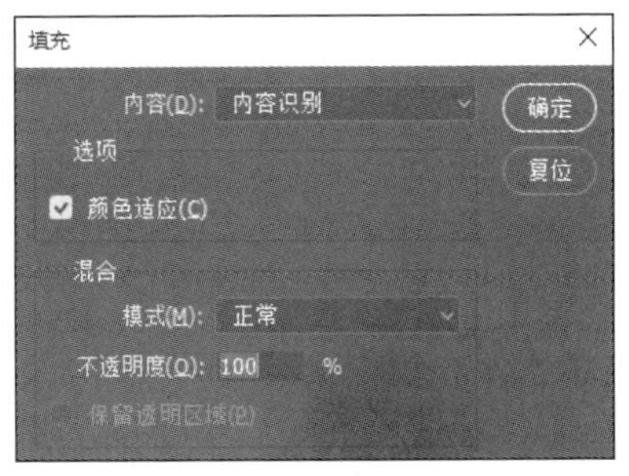


图 4-44　设置“填充”参数

⑤ 完成消除任务。完成“填充”参数设置之后，图像消除任务完成，图像中需要消除的元素消失，如图 4-45 所示。

（3）添加文字功能

① 单击页面左侧工具栏中的“T”按钮，选择“横排文字工具”，如图 4-46 所示。

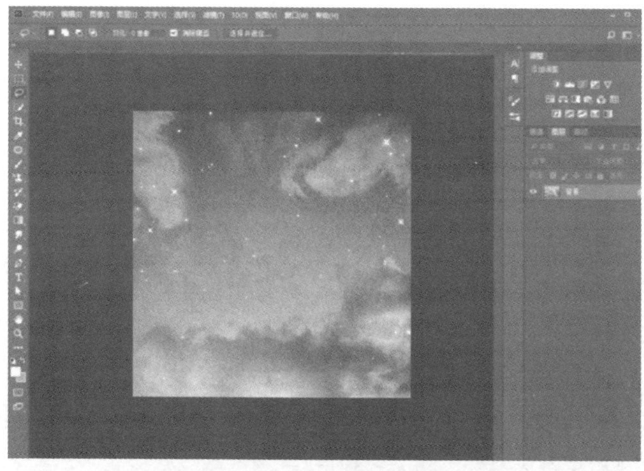

图 4-45　完成消除任务

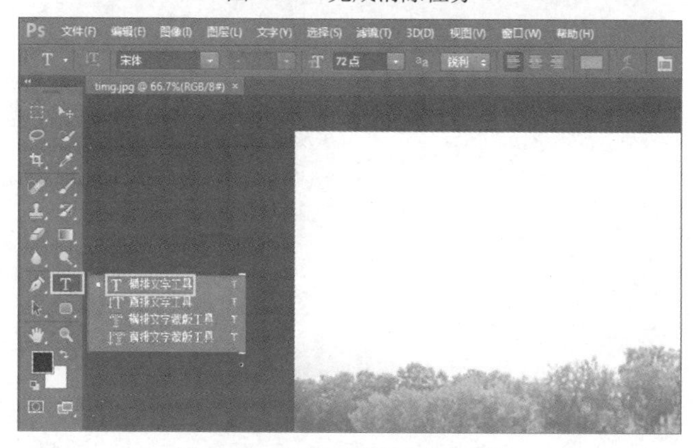


图 4-46　选择“横排文字工具”

② 按住鼠标左键，在图像上拖曳出文本框，释放鼠标左键后在文本框内输入文字，如图 4-47 所示。

图 4-47　在文本框内输入文字

③ 在页面上方的选项栏中调整字体、大小、颜色等，如图 4-48 所示。

图 4-48 调整字体、大小、颜色等

④ 单击左侧工具栏中的“”按钮，改变文字位置，如图 4-49 所示。完后图像编辑后，保存文件即可。

图 4-49 改变文字位置

**思考练习**

在条件允许的情况下，使用 PS 编辑一张图像。

## 4.6.2 红蜻蜓抓图精灵：让屏幕捕捉更方便

红蜻蜓抓图精灵是一款免费的专业级屏幕捕捉软件，短视频创作者使用该软件能够快速捕捉屏幕，为短视频剪辑提供更加丰富的素材。

### 1. 软件优势

普通的截图工具仅能支持截图、截屏，利用红蜻蜓抓图精灵可以捕捉下拉菜单、

弹窗等浮动界面，其功能更加强大。

（1）捕捉方式多样

红蜻蜓抓图精灵支持的捕捉方式包括整个屏幕、活动窗口、选定区域、固定区域、选定控件、选定菜单、选定网页等。

（2）支持多显示器捕捉

利用该软件能够对任意一个主显示器或副显示器的整个屏幕进行捕捉；可以自动侦测捕捉主窗口所在的显示器屏幕；支持将所有显示器的屏幕捕捉成一张截图。可以对多个显示器中的活动窗口、选定区域、固定区域和选定控件进行跨屏幕捕捉。

（3）输出方式多样

利用红蜻蜓抓图精灵能够将捕捉到的画面通过多种方式输出，其输出方式有文件、剪贴板、画图、打印机等。

## 2. 操作说明

图 4-50 所示为红蜻蜓抓图精灵工作界面。页面左侧的抓图选项分别为整个屏幕、活动窗口、选定区域、固定区域、选定控件、选定菜单、选定网页、捕捉。页面下侧的操作选项分为工具、历史、常规、热键、存储、打印、高级。用户通过这些选项可以完成红蜻蜓抓图精灵的所有操作步骤。

## 3. 操作步骤



① 通过左侧的抓图选项选择捕捉方式，选择不同的捕捉方式，页面将弹出不同的操作窗口。以“整个屏幕”选项为例，具体操作步骤如图 4-51 所示。

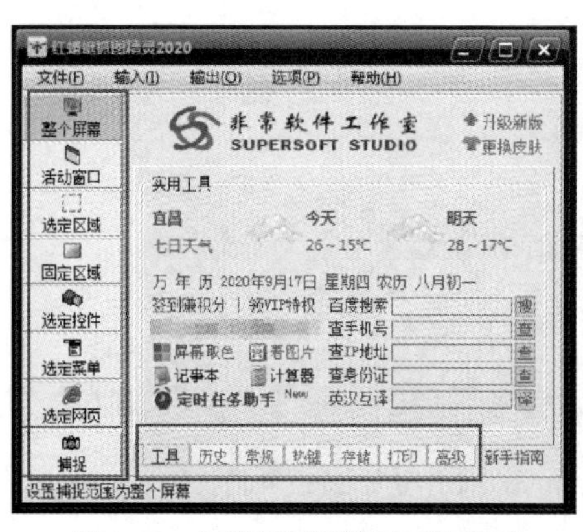


图 4-50 红蜻蜓抓图精灵工作界面

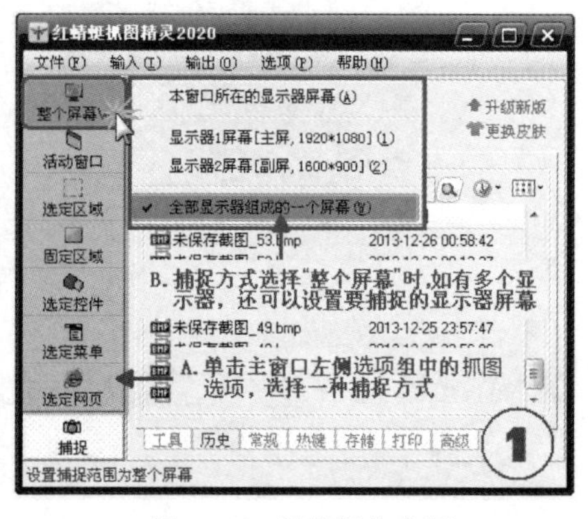


图 4-51 具体操作步骤

② 选择捕捉画面（截图）的输出方式，如图 4-52 所示。

③ 设置捕捉相关选项，如图 4-53 所示。

④ 开始捕捉画面，如图 4-54 所示。

⑤ 对捕捉到的画面（截图）进行修饰，如图 4-55 所示。

图 4-52　选择捕捉画面（截图）的输出方式

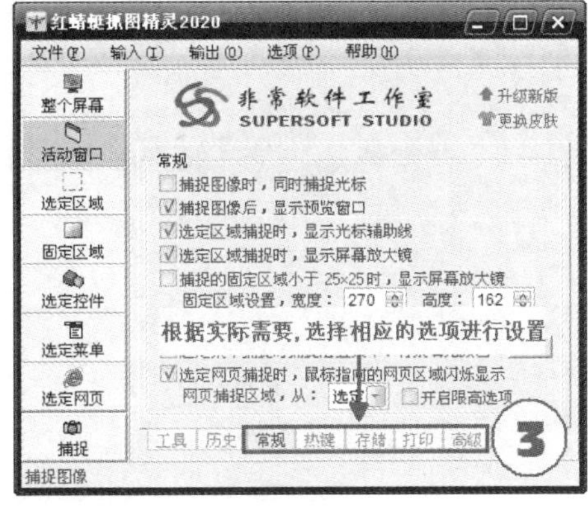


图 4-53　设置捕捉相关选项

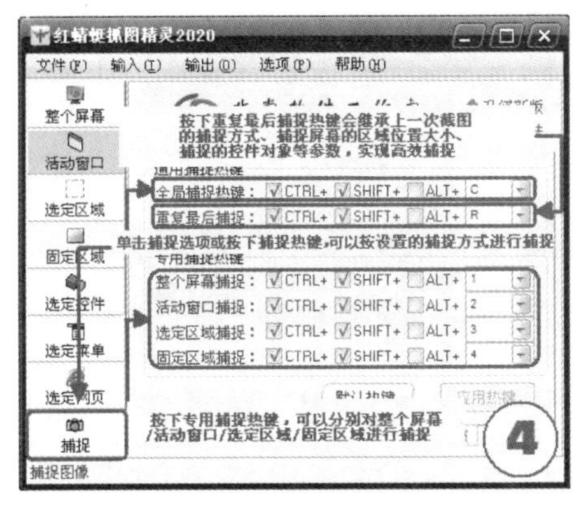


图 4-54　开始捕捉画面

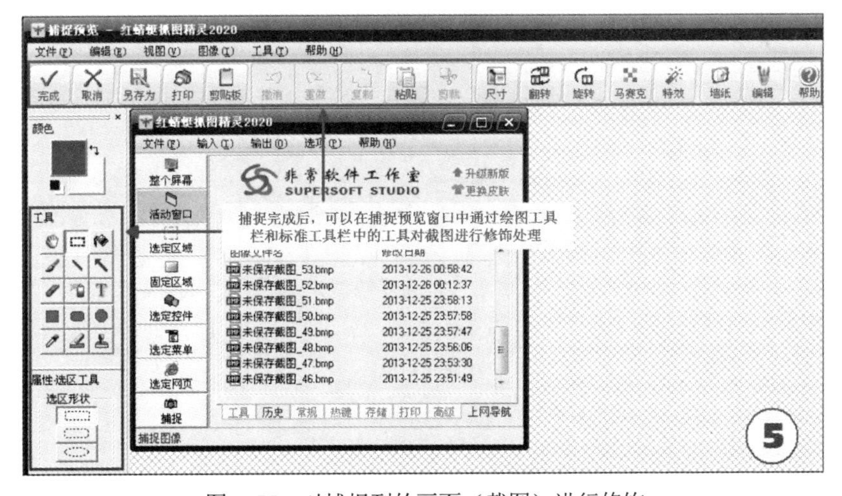


图 4-55　对捕捉到的画面（截图）进行修饰

⑥ 完成捕捉画面，输出截图，如图 4-56 所示。

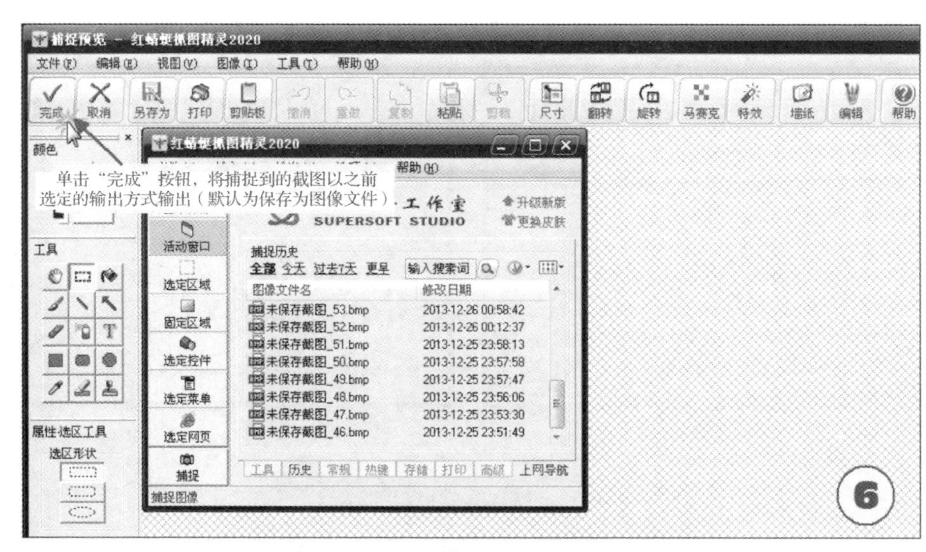


图 4-56 完成捕捉画面，输出截图

**思考练习**

在条件允许的情况下，使用红蜻蜓抓图精灵捕捉一张计算机屏幕画面。

### 4.6.3 GifCam：让 GIF 录像变得简单可行

制作短视频时经常会用到 GIF[23]格式的动态图片，它可以丰富短视频内容的呈现方式。利用 GifCam 能够轻松录制 GIF 动图，对动图进行编辑、优化，甚至能够查看每一帧的画面，并对其进行删减和修改。GifCam 优势明显，操作步骤简单。

#### 1. 软件优势

GifCam 具有以下六大优势，如表 4-3 所示。

表 4-3 GifCam 的六大优势

| 优势项目 | 具体说明 |
| --- | --- |
| 大小 | 录制过程中可以随意改变窗口的大小、位置 |
| 尺寸 | 录制范围内的内容无变化时不增加新帧，只增加延时，不减小文件尺寸 |
| 录制 | 支持 3 种帧速率，可全屏录制，可设置是否捕获鼠标指针 |
| 编辑 | 可删除帧，修改帧延时，添加文字 |
| 保存 | 提供 6 种色彩质量保存方案 |
| 安全 | 绿色文件，无广告，无绑定下载，即开即用 |

23 GIF：Graphics Interchange Format，可译为图形交换格式，用于以超文本标记语言（Hypertext Markup Language）方式显示索引彩色图像，俗称“动态图片”。

## 2. 操作说明

使用 GifCam 时，短视频创作者通过拖曳录制窗口至需要录制的画面上进行录制，可随意放大或缩小录制窗口，以此改变录制画面的内容，如图 4-57 所示。

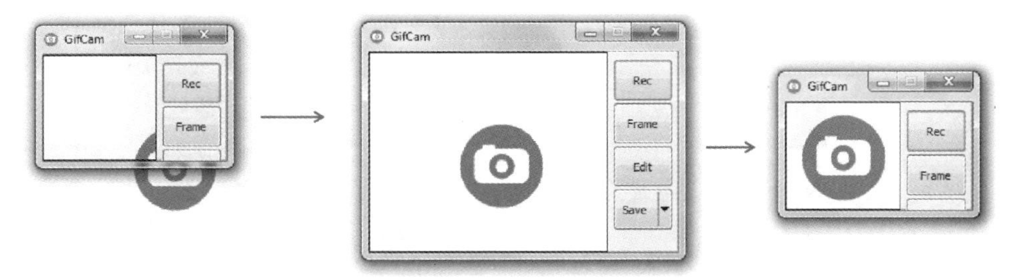


图 4-57 拖曳、放大或缩小 GifCam 录制窗口

## 3. 操作步骤

① 打开 GifCam，进入软件界面，拖动 GifCam 的边框选取要录制的动图范围，如图 4-58 所示。

② 单击“录制”按钮，即可开始录制，如图 4-59 所示。单击“停止”按钮（开始录制后“录制”按钮会变为“停止”按钮），即可停止录制。

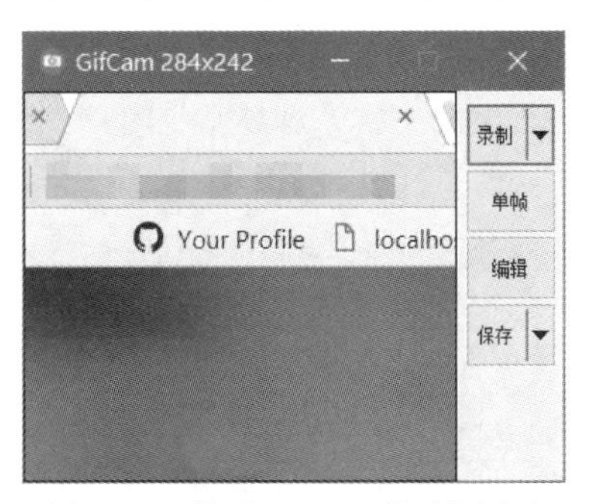


图 4-58 拖动 GifCam 的边框选取要录制的动图范围

图 4-59 单击“录制”按钮，开始录制

③ 可选择“10FPS”“16FPS”“33FPS”“全屏幕”等多种不同的录制方式，同时 GifCam 提供单帧录制功能，短视频创作者可以根据录制需求选择合适的方式，如图 4-60 所示。

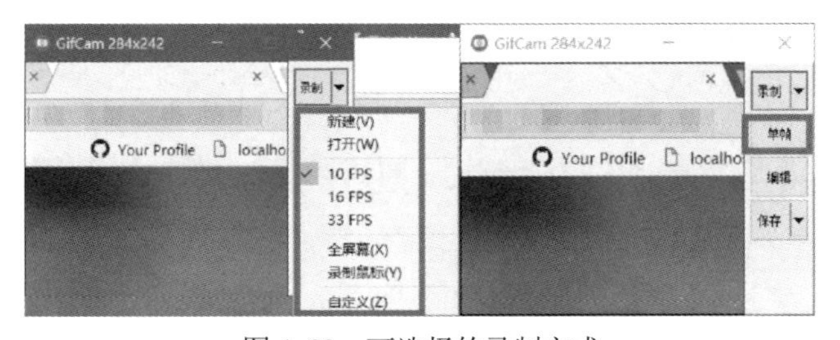


图 4-60 可选择的录制方式

选择“自定义”后可以对 GIF 动图进行调速，调整帧数可以变换图像速度，如图 4-61 所示。

④ 单击“编辑”按钮，对 GIF 动图进行编辑，如图 4-62 所示。

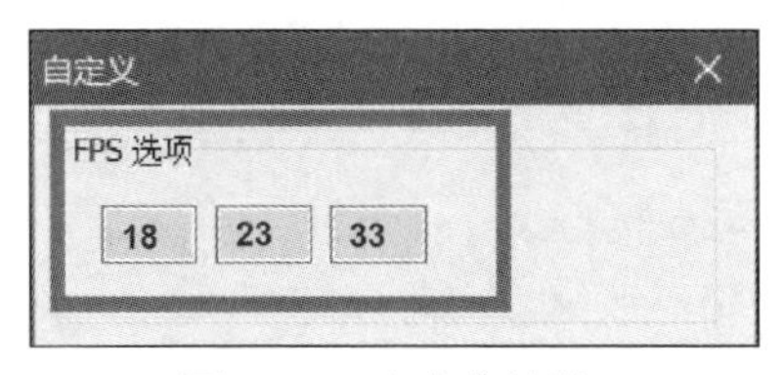


图 4-61　自定义帧数

图 4-62　单击“编辑”按钮

⑤ 将鼠标指针移动至需要编辑的帧，用鼠标右键单击界面，可以选择“删除该帧”“添加文本”“裁剪”“添加反向帧”等操作，如图 4-63 所示。

⑥ 完成编辑后，单击“保存”按钮对编辑的图像进行保存，如图 4-64 所示。

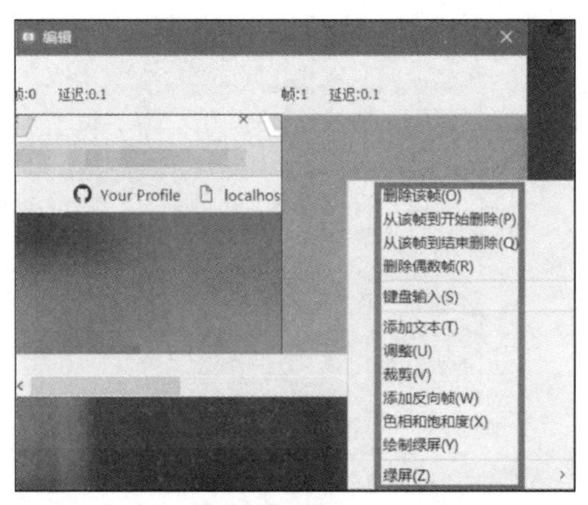


图 4-63　选择需要编辑的帧并选择相应操作

图 4-64　单击“保存”按钮

在条件允许的情况下，尝试使用 GifCam 制作 GIF 录像。

### 4.6.4　PhotoZoom：让图片无损放大，散发魅力

使用 PhotoZoom 可以将像素较低的图片无损放大，且图片边缘不会出现锯齿。在剪辑图片素材，或是设计短视频封面图时，PhotoZoom 都是不二法宝。

### 1. 软件优势

PhotoZoom 主要有以下六大优势。

① 内置多种预设模式，可以满足不同的图片调整需求。

② 放大后的图片可以最大程度地维持图片的原貌，降低图片的失真并减少噪点。

③ 利用高级微调工具，可以创建属于短视频创作者个人的预设调整方法。

④ 可以一键实现多幅图片的批量大小转换。

⑤ 不同的大小调整效果可以在一个窗口中同时浏览。

⑥ “清脆度”和“鲜艳度”的功能可以实现更完美的图片放大效果。

### 2. 操作说明

PhotoZoom 采用优化算法，可以对图片进行高质量放大，经过它的处理，分辨率小、严重失真的图片都能正常使用。PhotoZoom 界面如图 4-65 所示。

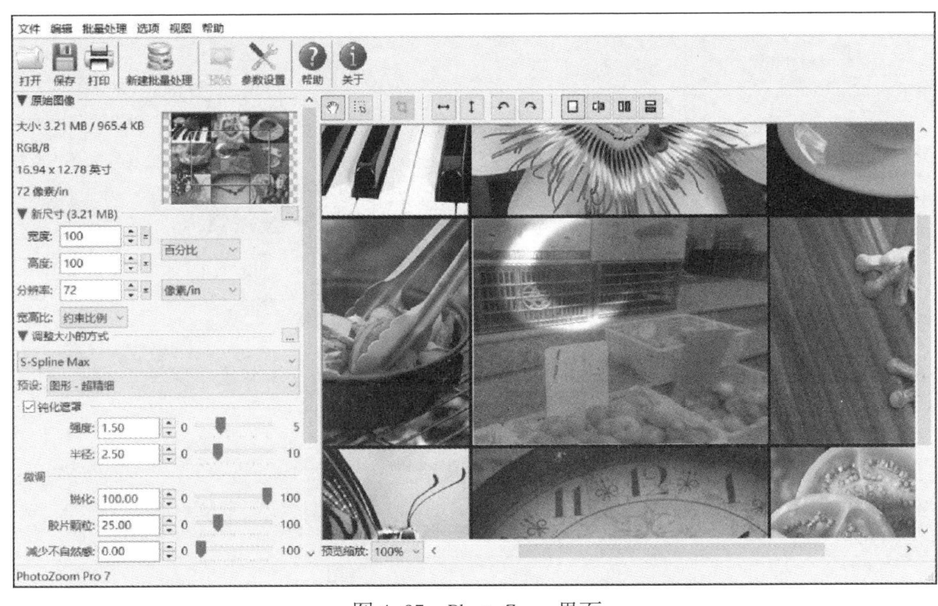


图 4-65　PhotoZoom 界面

### 3. 操作窗口

PhotoZoom 的操作窗口可以分为 8 个功能区，如图 4-66 所示。

①“原始图像”。显示原始图片的信息，包括大小、分辨率等，拖动矩形框可以预览图片的不同部分。

②“新尺寸”。设置调整后图片的“宽度”“高度”“分辨率”“宽高比”等参数。

③“调整大小的方式”。可以从下拉列表中选择方式，一般默认值是“S-Spline Max”，用它可以实现最佳的图片处理效果。选择不同的预设，会出现不同的微调参数。

④“调整大小配置文件”。单击“调整大小配置文件”按钮，可以选择、添加和管理自己的调整大小配置文件。

⑤ 导航、选择、裁剪、翻转和旋转。由左至右依次是导航工具、选择工具、裁剪工具、水平翻转、垂直翻转、逆时针 90°旋转、顺时针 90°旋转。使用导航工具可以在预览窗口中拖动图像以预览所需部分。使用选择工具可以选择图片的某一部分。使用裁剪工具可以将选定的图片部分裁剪出来。

⑥ 分屏预览。可以将预览窗口分成不同的部分，以不同的方式预览修改前后图片的对比效果。

⑦ 预览缩放。可在下拉列表中选择不同的比例参数，在预览窗口中放大和缩小图片。

⑧ 预览窗口。预览图片的放大效果及调整前后的对比效果图。

图 4-66　PhotoZoom 的操作窗口

### 4. 操作步骤

PhotoZoom 的操作步骤简单，可以快速上手，操作步骤如图 4-67 所示。

① 启动软件。单击“打开”按钮，选择一张想要调整大小的图片。

② 填入调整尺寸。即想要将原始图片放大至多少尺寸，可以选用像素、百分比、厘米/英寸等作为单位，根据自身喜好随意选择。

③ 选择调整大小的方式。在下拉列表中选择“S-Spline Max”。

④ 选择预设。在下拉列表中选择“图形-超精细”选项。

⑤ 保存图片。单击“保存”按钮，保存放大后的图片。

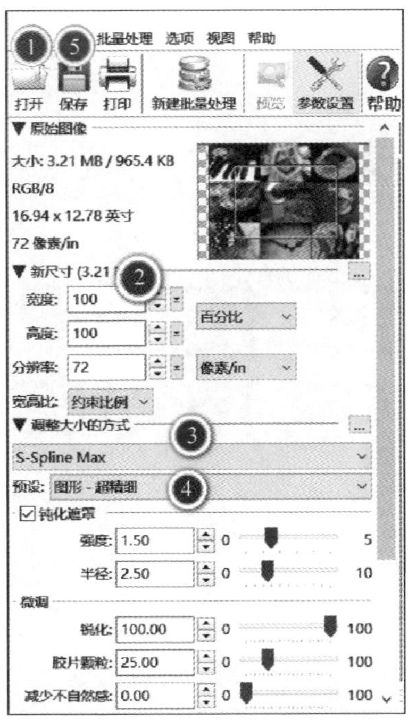


图 4-67 PhotoZoom 的操作步骤

## 思考练习

在条件允许的情况下，使用 PhotoZoom 放大一张图片。

# 第 5 章

# Pr 剪辑：使用 Premiere Pro 剪辑短视频

【学习目标】

- □ 了解 Premiere Pro 的基础知识：操作界面、自定义工作区。
- □ 学会新建、导入、整理短视频素材。
- □ 学会剪辑与调整短视频素材，包括转场、调色、抠像、添加字幕与音频。
- □ 学会导出短视频文件。

## 5.1 认识 Premiere Pro

Premiere Pro 简称“Pr”，是一款专业的视频编辑工具，多用于多轨道剪辑、抠像合成、字幕添加以及音频处理。利用这些专业的剪辑功能可以提升短视频创作者的创作自由度，帮助短视频创作者制作出更优质的短视频作品。总之，Pr 是短视频剪辑工作中必不可少的工具。

### 5.1.1 认识 Premiere Pro 的操作界面

Pr 的操作界面如图 5-1 所示，可以分为菜单栏、工作区栏和面板区域。

#### 1. 菜单栏

Pr 操作界面的最上方是菜单栏，包含“文件”“编辑”“剪辑”“序列”“标记”“图形”“视图”“窗口”“帮助”9 个菜单。其中，“窗口”菜单中的命令大多是面板名称、工作区名称和工作区操作，即集合了工作区栏和所有面板的功能，如图 5-2 所示。

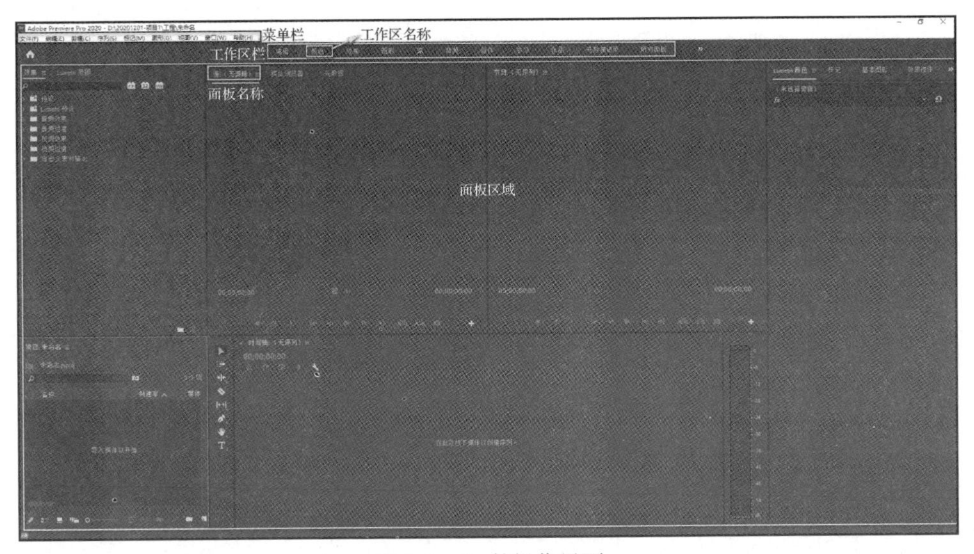


图 5-1　Pr 的操作界面

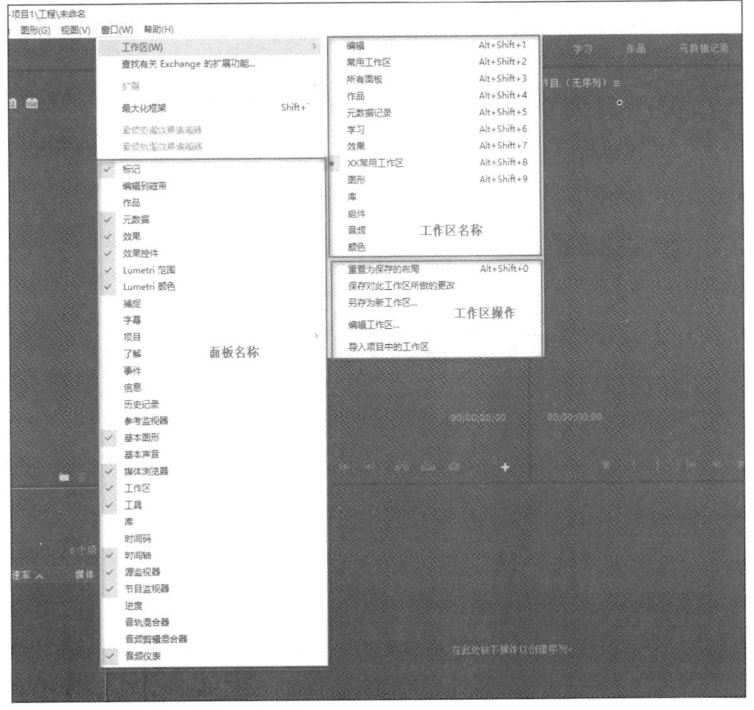


图 5-2　Pr 菜单栏的“窗口”菜单

## 2. 工作区栏

Pr 工作区栏包含几个预设的工作区，即“编辑”工作区、“颜色”工作区、“效果”工作区、“图形”工作区、“库”工作区、“音频”工作区、“组件”工作区、“学习”工

作区、“作品”工作区、“元数据记录”工作区及“所有面板”工作区。

不同的工作区的工作界面是不同的。例如，在“颜色”工作区中，“Lumetri 颜色”面板占据了较大的空间，“效果”面板只占了很小的空间，如图 5-3 所示；而在“效果”工作区中，“效果”面板则占据了比较大的空间，而“Lumetri 颜色”面板却没有显示在工作界面中，如图 5-4 所示。

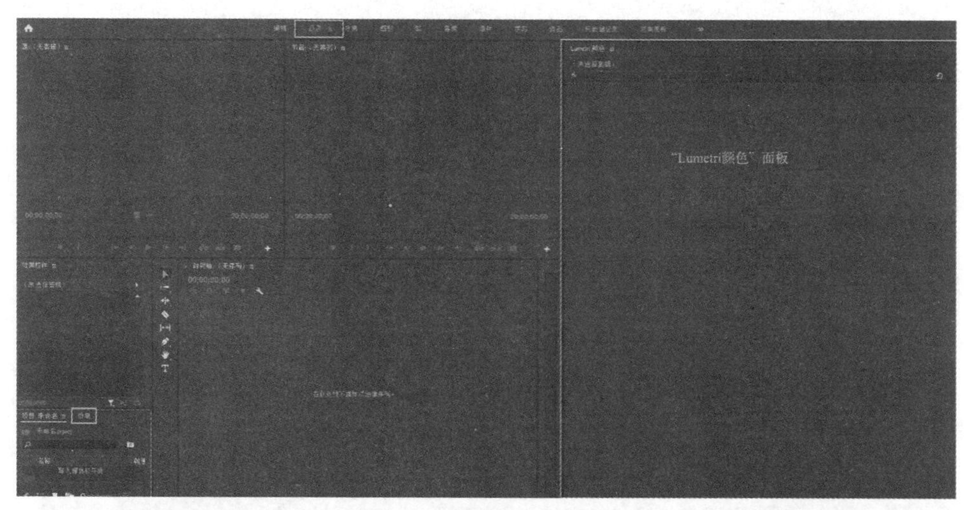


图 5-3 “颜色”工作区

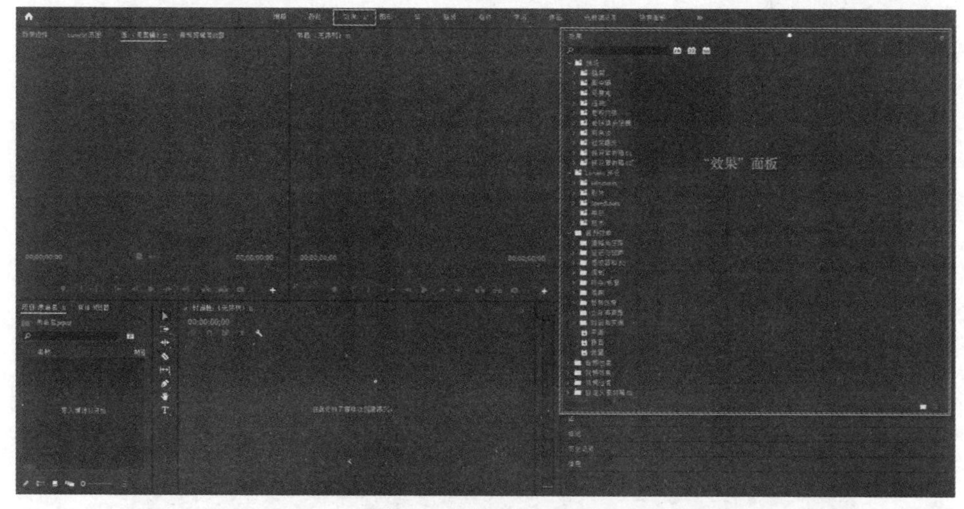


图 5-4 “效果”工作区

每一个工作区都可以编辑及保存，短视频创作者也可以依据其预设工作内容添加、删减或移动分组后，另存为常用的工作区。具体方法将在 5.1.2 小节的自定义工作区中介绍。

短视频创作者也可以对工作区栏进行自定义编辑，方法是用鼠标右键单击工作区栏的任何一个工作区名称，在弹出的快捷菜单中选择“编辑工作区”命令，在弹出的对话框中，将各种工作区自定义移到“栏”（直接显示）、“溢出菜单”（间接显示）及“不显示”中，如图 5-5 所示。单击“确定”按钮后，工作区栏即会发生变化，如图 5-6 所示。

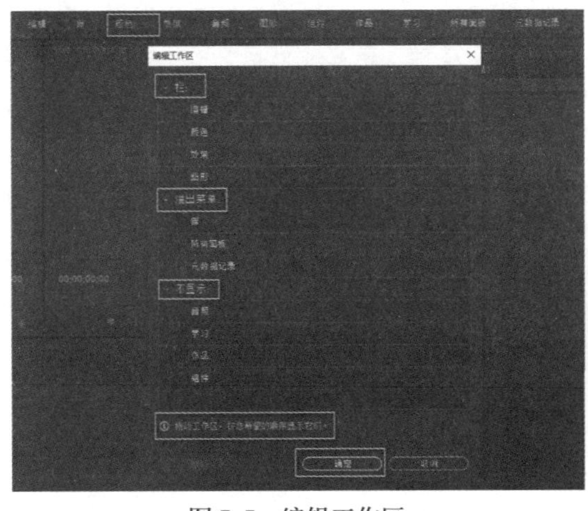

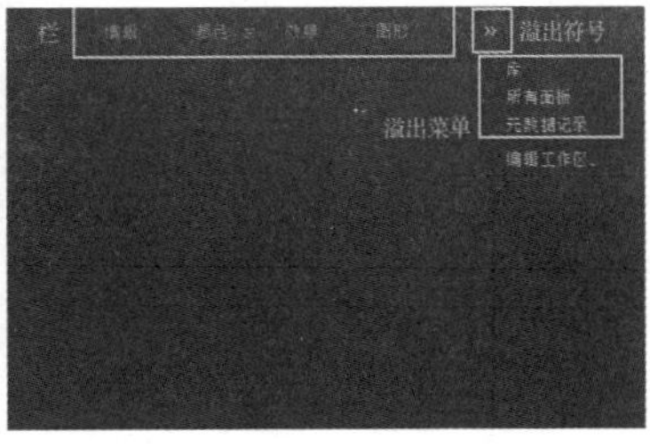


图 5-5　编辑工作区　　　　图 5-6　工作区栏和溢出菜单

此外，工作区栏也可以关闭。方法是用鼠标右键单击工作区栏的空白处，在弹出的快捷菜单中选择“关闭面板”命令即可。关闭工作区栏后，若需要切换工作区，可以在菜单栏中打开“窗口”菜单，在“工作区”的子菜单中进行切换。

### 3. 面板区域

Pr 的面板区域由多个面板组成。在菜单栏的“窗口”菜单中，可以打开全部面板。在此，本书只介绍“项目”面板、“效果”面板、“效果控件”面板、“源监视器”面板、“节目监视器”面板、“工具”面板、“时间轴”面板、“音频仪表”面板等常用的面板，如图 5-7 所示。

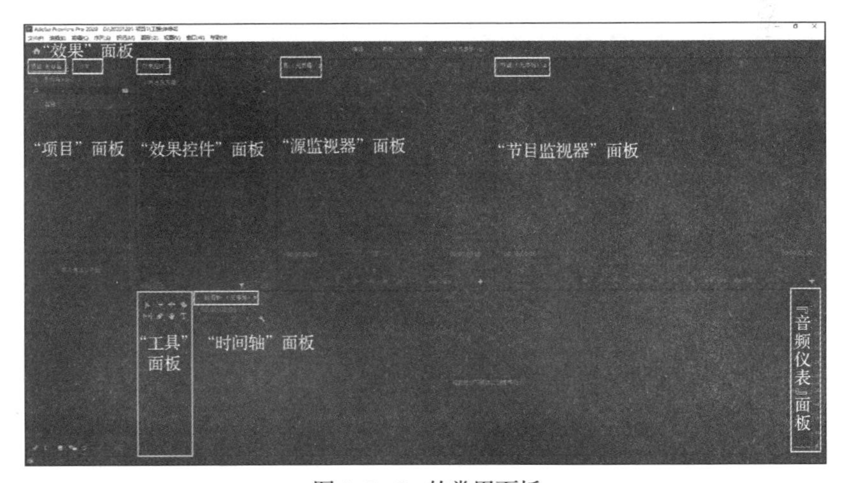


图 5-7　Pr 的常用面板

（1）“项目”面板

“项目”面板主要用于导入各种素材、新建各种素材，以及对各种素材进行管理。素材类型包括视频、音频、图片等。在“项目”面板的下方，可通过单击列表视图、图标视图、自由视图、缩放变换以及排序图标 4 个图标，调整素材显示方式；也可以用鼠标右键单击空白处，在弹出的快捷菜单中选择“新建素材箱”命令，将导入的素材进行归类整理。

（2）“效果”面板

“效果”面板中包括音频效果、音频过渡、视频效果、视频过渡等。

（3）“效果控件”面板

为一个视频素材添加一个效果后，该效果的控件会在“效果控件”面板中显示。

（4）“源监视器”面板

“源监视器”面板可用于查看视频素材的原始状态，也就是未剪辑的原视频素材。

（5）“节目监视器”面板

“节目监视器”面板用来预览经过剪辑的视频素材。

（6）“工具”面板

“工具”面板包括选择工具、选择轨道工具、编辑工具、剃刀工具、滑动工具、钢笔工具、手形工具及文字工具。在此主要介绍常用的几项。

- 选择工具。选择工具是用来选择某个视频片段的工具，可以选择一段素材，或者配合“Ctrl”“Shift”键选择多段素材。
- 选择轨道工具。选择轨道工具，可以分为向前选择轨道工具和向后选择轨道工具，可用于选择轨道上的某个素材及位于此素材前或后的其他素材。
- 编辑工具。编辑工具分为 3 种，一为波纹编辑工具，二为滚动编辑工具，三为比率拉伸工具。波纹编辑工具有向前箭头和向后箭头之分。向前箭头，作用于前面的内容，让前面的内容拉长或缩减，与之相邻的后面素材保持不变；向后箭头，作用于后面的内容，让后面的内容拉长或者缩减，与之相邻的前面素材保持不变。因此，使用波纹编辑工具拉长或缩减一个素材之后，视频的总时长也会发生改变。而使用滚动编辑工具则不会改变视频的总时长，但会在拉长或缩减一个素材的同时，相应地拉长或缩减其相邻素材。比率拉伸工具则是通过拉长或缩减某段素材，让其呈现放慢或快进的效果。
- 剃刀工具。剃刀工具用来裁切视频素材。
- 滑动工具。使用滑动工具会移动视频内容，需要在切成 3 段的视频中使用。滑动工具包括外滑工具和内滑工具。在中间段中使用外滑工具时，中间段的内容会发生变化，左右两边的内容不会发生变化；在中间段中使用内滑工具时，中间段的内容不会发生变化，左右两边的内容会发生变化。
- 文字工具。文字工具用于在视频画面上编辑文字。

（7）“时间轴”面板

在“时间轴”面板中，短视频创作者可以查看和处理序列。短视频创作者可将新导入的视频素材拖至“时间轴”面板，其上就会自动出现序列。序列也叫时间线，是“时间轴”面板中显示的轨道。序列可分视频轨道（V字轨道）和音频轨道（A字轨道），可以放置视频、音频、图片、字幕等。其中，视频、图片、字幕放置在V字轨道，音频放置在A字轨道，如图5-8所示。

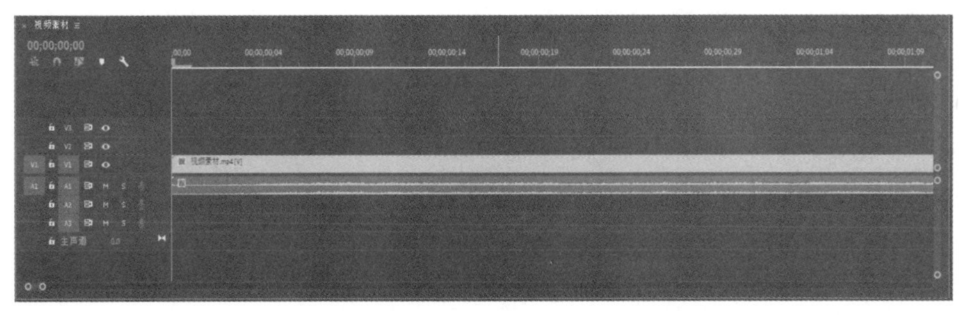

图5-8 “时间轴”面板中的序列

在V字轨道中，上层V字轨道会覆盖下层轨道，即V2会覆盖V1，V3会覆盖V2，因此需要将前景内容放到更上层的轨道上。而A字轨道的A1、A2、A3可以同时播放，剪辑时，只需要调整各个轨道的声音大小即可。

（8）“音频仪表”面板

“音频仪表”面板相当于一个总音量监视器，用于监视时间轴上的音频峰值情况。在“源监视器”面板或“节目监视器”面板中预览（播放）视频素材时，“音频仪表”面板会以柱形图的方式显示音量的大小，如图5-9所示。

图5-9 “音频仪表”面板

**思考练习**

在条件允许的情况下，尝试体验 Pr 软件，了解 Pr 的操作界面。

### 5.1.2 自定义工作区

自定义工作区的功能，是让一系列的剪辑工作在一个工作区界面内完成，而不需要切换到其他的工作区界面。这样可以避免因来回切换工作区造成软件卡顿甚至剪辑成果丢失。

自定义工作区，可以按照以下几个步骤来进行设置。

#### 1. 确定保留的面板

设置合适的自定义工作区，需要明白哪些面板是常用的，把常用的留下，不常用的关闭。

对于有剪辑经验的人来说，很容易判断什么面板是需要的，什么面板是不需要的，只需要在打开的界面看到不需要的面板时选择关闭即可。

新手因为没有剪辑经验，并不容易对一个面板做出保留或关闭的正确判断，这就需要借鉴以下的方法来筛选需要保留的面板。

首先，先把界面上所有的面板都关闭，方法是用鼠标右键单击面板名称，在弹出的快捷菜单中选择“关闭面板”命令。

其次，再通过菜单栏的窗口，让需要的面板显示出来。以 3 或 4 个面板为一组，可能需要以下 4 组面板。

- “项目”“效果”“Lumetri 范围”面板。
- “媒体浏览器”“源监视器”“节目监视器”面板。
- “Lumetri 颜色”“标记”“基本图形”“效果控件”面板。
- “工具”“时间轴”“音频仪表”面板。

这些面板在窗口中的分布如图 5-10 所示。

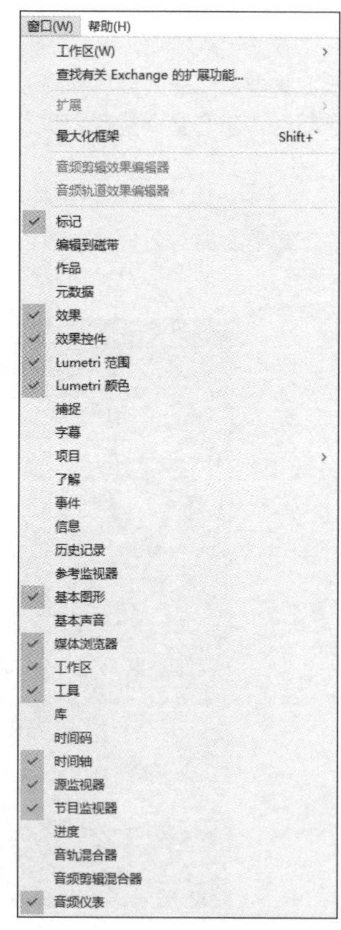


图 5-10　窗口中通常开启的面板

在窗口中勾选这些面板后，这些常用面板就会显示在 Pr 的面板区域。

#### 2. 更改排列状态

确定保留的面板之后，就可以对面板进行自定义排列。排列有两个步骤。

第一步，对各个面板进行分组。分组的原则是不影响各个面板之间的工作衔接。例如，“媒体浏览器”面板需要与“项目”面板分开，这样方便短视频创作者将计算机上的素材直接拖入“项目”面板中。上述介绍的4组面板，即为一种分组方式。确定分组后，将面板拖到指定位置即可。

第二步，按照使用需要对面板进行大小的调整及排列。在剪辑的过程中，由于“时间轴”面板蕴含着大量的剪辑信息，很多剪辑工作也都需要在“时间轴”面板上操作，因而该面板通常被安排在下方的大块区域；“源监视器”面板和“节目监视器”面板都是监视器面板，对于剪辑新手来说，往往也需要各自独立出来。

图5-11所示为自定义工作区参考。

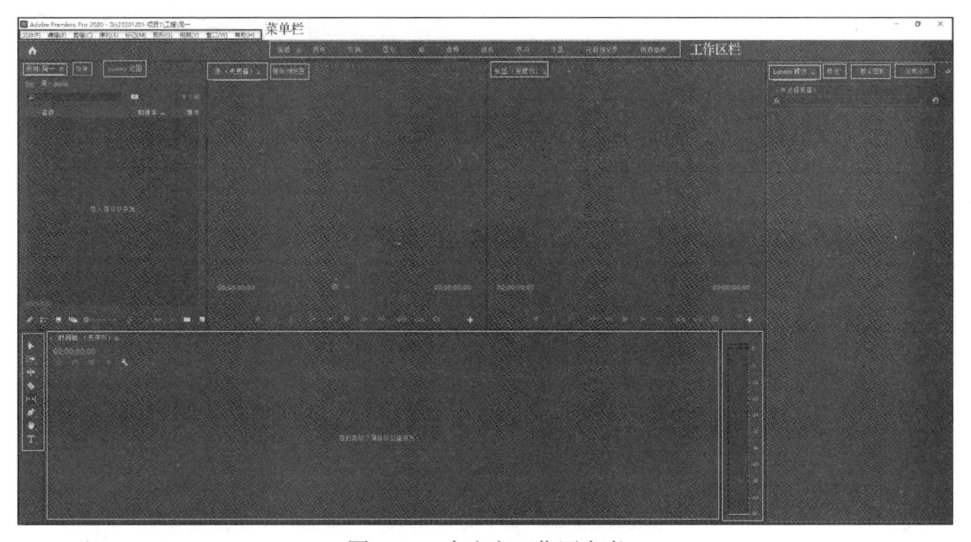


图 5-11　自定义工作区参考

### 3. 保存工作区

各种面板都排列完成后，可以将其保存为常用工作区。方法是执行“窗口”—“工作区”—“另存为新工作区”，在弹出的对话框中输入自定义工作区的名字，单击“确定”按钮后即完成了对自定义工作区的保存。

自定义工作区保存后，工作区栏会显示刚刚设置的自定义工作区，如图5-12所示。

图 5-12　自定义工作区保存后的工作区栏

这样，在后续的剪辑工作中，短视频创作者在工作区栏可以直接打开自定义工作区，在这个自己习惯的工作区界面中进行剪辑工作。

在剪辑工作中，有时为了剪辑方便，会临时调整某个面板的位置或大小，或者做

其他的改变。在完成这个环节的剪辑工作后，如果想要恢复工作区原本的形式，可以执行“窗口”—“工作区”—“重置为保存的布局”，如图5-13中❶所示，即可恢复自定义工作区界面。如果觉得调整后的界面更适合自己的剪辑工作，那么可以执行“窗口”—“工作区”—“保存对此工作区所做的更改”，来更新自定义工作区界面，如图5-13中❷所示。

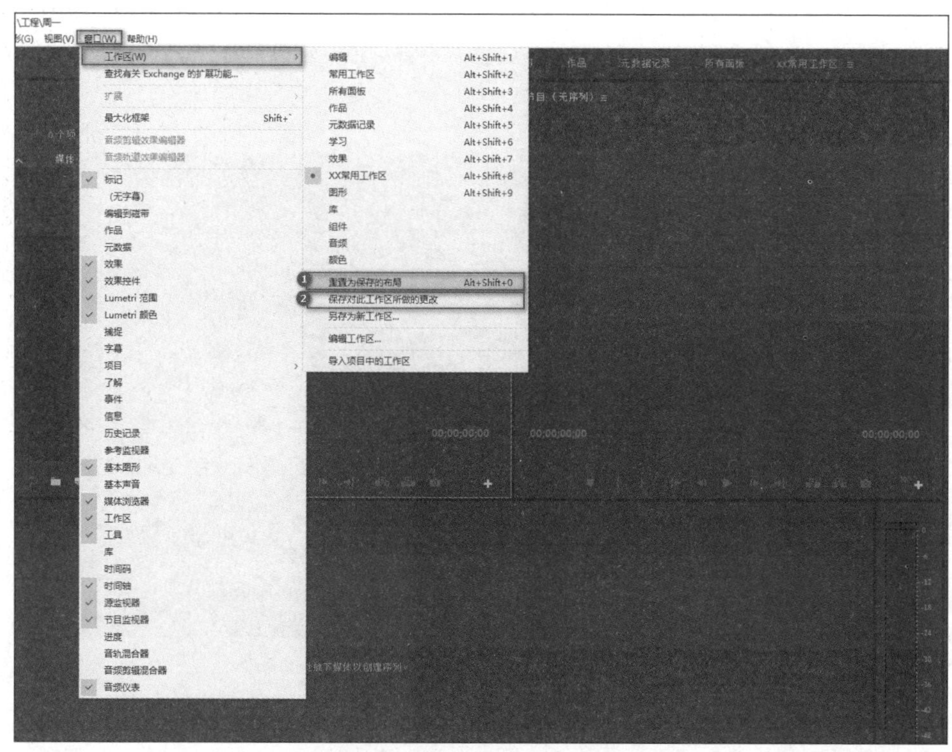

图5-13　重置工作区及更改工作区

思考练习

在条件允许的情况下，请在Pr中设置自定义工作区。

# 5.2　导入并整理短视频素材

导入并整理视频素材是Pr剪辑工作中的基础环节，包括以下3个关键操作步骤。

## 5.2.1　新建项目与序列

打开Pr后，需要新建项目与序列才能进行下一步操作。

## 1. 新建项目

打开 Pr 后，可以执行“文件”—“新建项目”完成新建项目。在弹出的“新建项目”对话框中，一般只需要对项目的“名称”和保存“位置”做出设置，其余选项基本不用设置，如图 5-14 所示。然后单击“确定”按钮，即可新建一个项目。

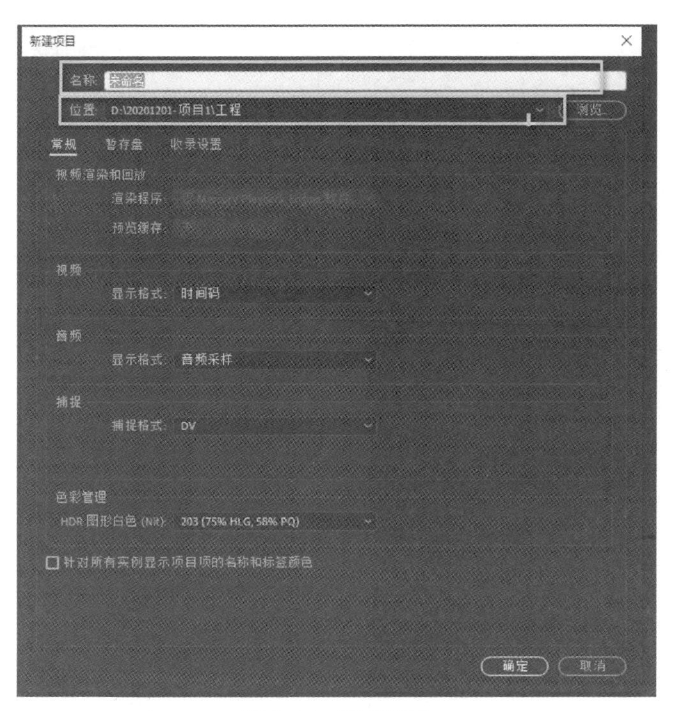


图 5-14　新建项目

## 2. 新建序列

新建项目完成后，就可以进入工作界面。此时的操作通常是新建序列。

虽然将导入的素材直接拖入“时间轴”面板可以自动生成序列，但是在实际的剪辑工作中，还是常常需要新建序列。

（1）新建序列的用途

如果素材都是自己拍摄的，所有视频全部使用同一个参数，那么在用 Pr 剪辑时，只需要将素材拖入“时间轴”面板，系统就会自动生成序列。

然而，如果是在网络上搜集了诸多素材，素材的画面尺寸、分辨率就可能有差异。这时，如果直接将素材拖入“时间轴”面板，在预览的“节目监视器”面板中，就可能看到大尺寸的素材少一圈画面，小尺寸的素材多出一圈黑边。为了避免这一问题，剪辑人员就需要新建一个序列，以所有素材的最小尺寸为标准，让大尺寸的素材去匹配小尺寸序列，以避免画面模糊。

（2）新建序列的方法

执行“文件”—“新建”—“序列”，就可以开始新建序列，如图 5-15 所示。

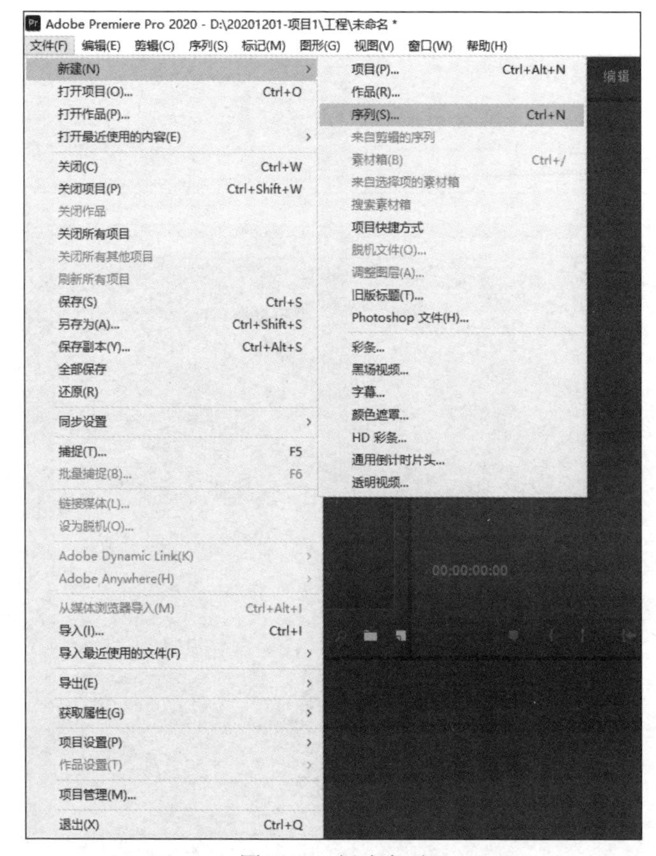


图 5-15 新建序列

（3）设置序列

新建序列后，会弹出一个“新建序列”对话框，用户可以在该对话框中设置序列详情。

首先，短视频创作者可以在“序列预设”里面寻找合适的序列格式，通常可以在“HDV”文件夹中选择合适的序列预设。选择预设时，短视频创作者可以在页面右边的“预设描述”文件夹中查看预设的相关信息，如图 5-16 所示。选择后，可以更改序列名称，然后单击“确定”即可完成设置。

如果在“序列预设”中没有找到合适的序列，可以单击“序列预设”右边的“设置”。在“设置”选项卡中，短视频创作者可以根据要输出的视频要求，对一些参数进行修改。例如，要输出一则上传至抖音等以竖屏播放为主的平台的短视频，其参数设置如图 5-17 所示。

完成参数设置后，为序列设定一个名称，如图 5-17 中❶所示；单击“确定”按钮，如图 5-17 中❷所示。这样，Pr 的“项目”面板、“节目监视器”面板、“时间轴”面板即会出现相应的序列及序列信息，如图 5-18 所示。

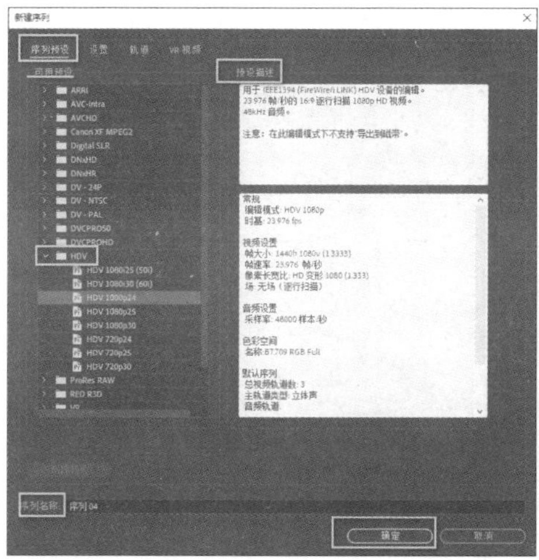

图 5-16 在“序列预设”中选择

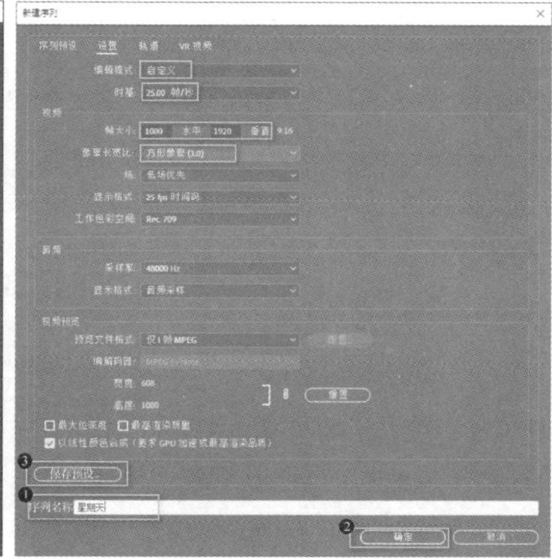

图 5-17 参数设置

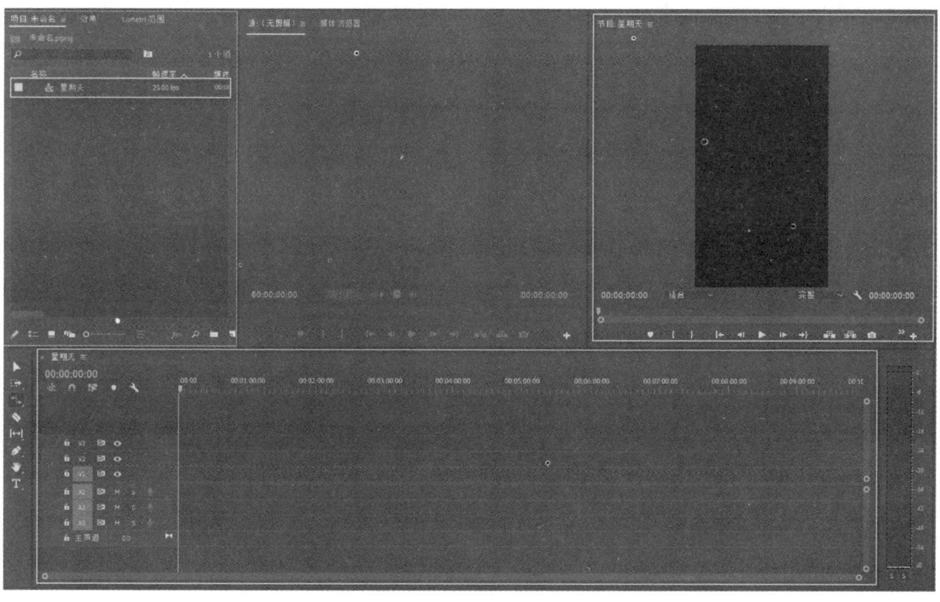

图 5-18 设置序列

如果设置的序列参数是一个经常会用到的参数，那么完成参数设置后，在单击“确定”按钮之前，可以先单击图 5-17 中的“保存预设”按钮❸。此时，会弹出一个“保存序列预设”对话框，如图 5-19 所示。在该对话框中输入名称，单击“确定”按钮。此时，“序列预设”中就会出现一个“自定义”文件夹，其中就是刚刚设置并保存的自定义序列预设，如图 5-20 所示。这样，在下次新建预设时，就可以直接在“序列预设”的“自定义”文件夹中选择这一预设。

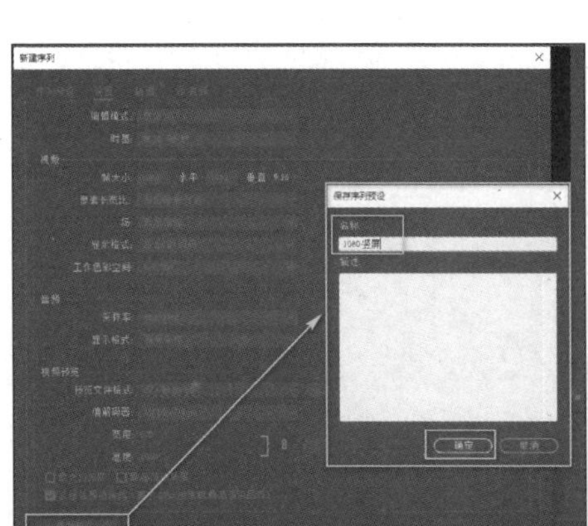


图 5-19　保存序列预设

图 5-20　已保存的自定义序列预设

以上是根据输出要求来自定义设置参数的方法，如果对输出设置没有特别要求，还可以根据主要视频素材的参数来设置序列的参数。要注意的是，在视频的“帧大小”设置时，其数值不能高于最小素材的分辨率。例如，最小素材是 720P，就需要设置为不高于 720P 的数值。

**思考练习**

在条件允许的情况下，尝试操作新建序列的步骤。

## 5.2.2　导入素材

导入素材的常用方法包括以下 3 种。

### 1. 双击法

双击“项目”面板的空白处，可以快速打开使用过的素材存放的位置。选择素材时可以单选素材，也可按住“Shift”键实现同时多选，将素材导入 Pr 中。

### 2. 单击法

用鼠标右键单击“项目”面板的空白处，在弹出的快捷菜单中选择“导入”命令，即可打开存放素材的文件夹，单选或同时多选素材，即可导入素材。

### 3. 拖曳法

利用“媒体浏览器”面板找到素材的存放文件夹，将想要的素材直接拖到“项目”面板中，如图 5-21 所示。

正是由于“媒体浏览器”面板的这一功能，在设置自定义工作区时，才需要将它放置在“项目”面板的临近之处，以方便拖曳素材，完成素材导入。

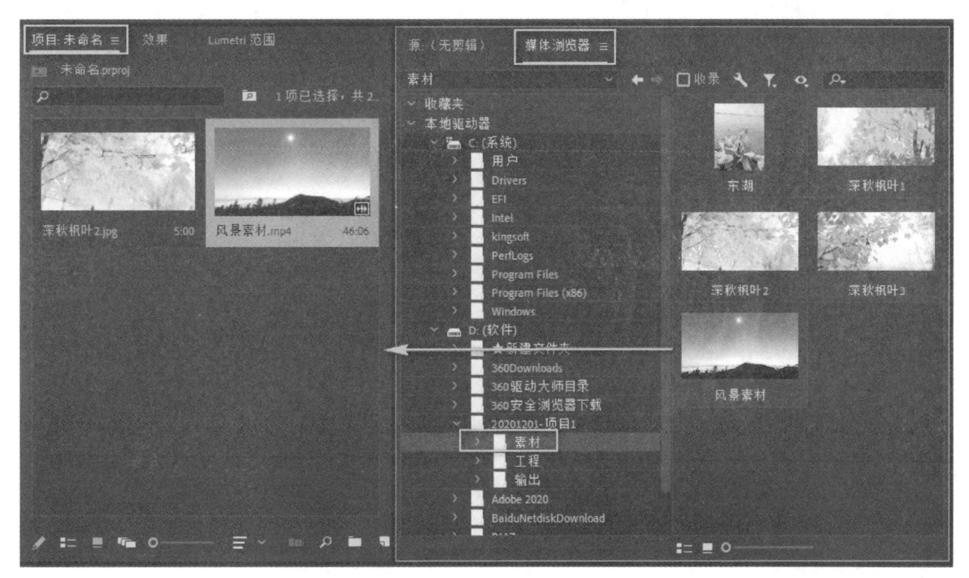


图 5-21　利用“媒体浏览器”面板拖曳素材

此外，也可以在“项目”面板内用鼠标右键单击空白处，在弹出的快捷菜单中选择“新建素材箱”命令，建立自己想要的文件夹，再分类把单个文件拖入，即可实现分类管理素材。

**思考练习**

在条件允许的情况下，请尝试操作导入素材。

## 5.2.3　整理素材

导入素材后，还需要整理素材，即将不同场景、不同演员、不同类型的素材进行分类管理。整理素材是剪辑前的关键步骤，能够加快剪辑速度，提高工作效率。

### 1. 整理素材文件时遇到的两种情况

通常，短视频创作者在整理素材时会遇到以下两种情况。

（1）大量素材

如果有大量的素材需要剪辑，则需要在使用 Pr 之前就对素材进行整理和分类，梳理出不需要导入 Pr 的素材，减轻计算机的运行负担。

（2）少量素材

如果需要使用的素材不多，可以直接将素材导入 Pr 的“项目”面板，在“项目”面板中进行素材的分类管理。在筛选素材的同时，可以将需要使用的素材通过快捷键“I”和“O”挑选出来。

## 2. 素材分类管理的方法

素材分类管理的常用方法主要有以下两种。

（1）使用素材箱管理素材

在需要使用较多的素材时，可以用鼠标右键单击“项目”面板，在弹出的快捷菜单中选择“新建素材箱”命令，创建素材箱（即素材文件夹）并设置不同的名称，将不同内容的素材分类整理到素材箱中。

（2）使用标签管理素材

在“项目”面板中选定素材，然后用鼠标右键单击素材，在弹出的快捷菜单中执行“标签”命令，在其子菜单上可以为同一类的素材添加特定的颜色标签。当素材被贴上不同颜色的标签时，素材在时间轴上呈现的颜色也会随之改变。通过这个小技巧，用户可以在“时间轴”面板的序列上迅速找到某一类型的素材，如图 5-22 所示。如果颜色一致，则需要通过预览或者调整时间轴轨道的高度找到这一类型的素材。

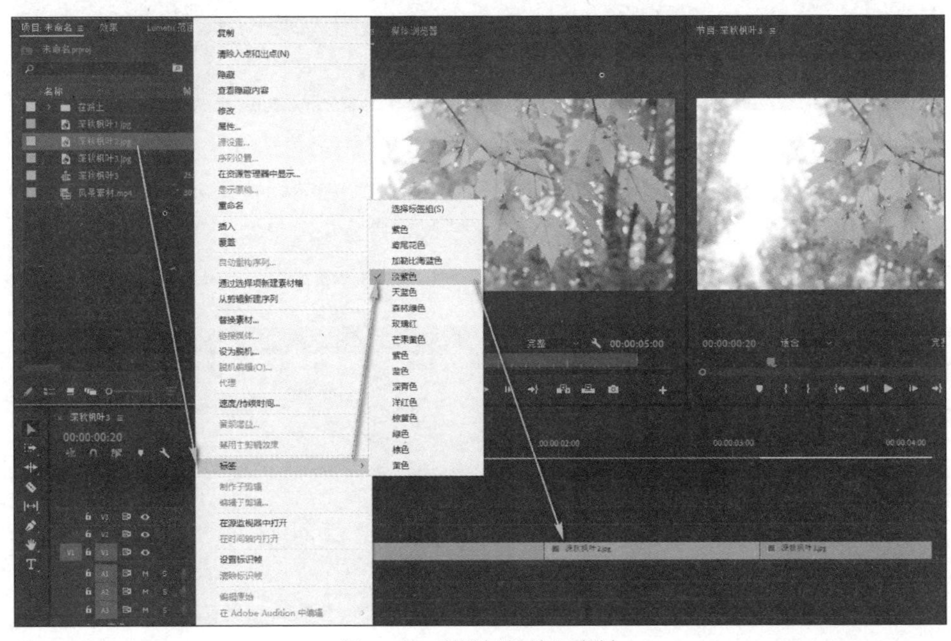


图 5-22　利用标签管理素材

如果已经为不同类型的素材设置了不同的颜色标签，但是正在剪辑的时间轴上却没有出现该颜色，则需要执行“文件”—“项目设置”—“常规”，在弹出的“项目设置”对话框中勾选“针对所有实例显示项目项的名称和标签颜色”复选框，如图 5-23 所示，单击“确定”按钮，时间轴上素材的颜色即会发生相应的变化。

**思考练习**

在条件允许的情况下，尝试在“项目”面板中整理不同的素材。

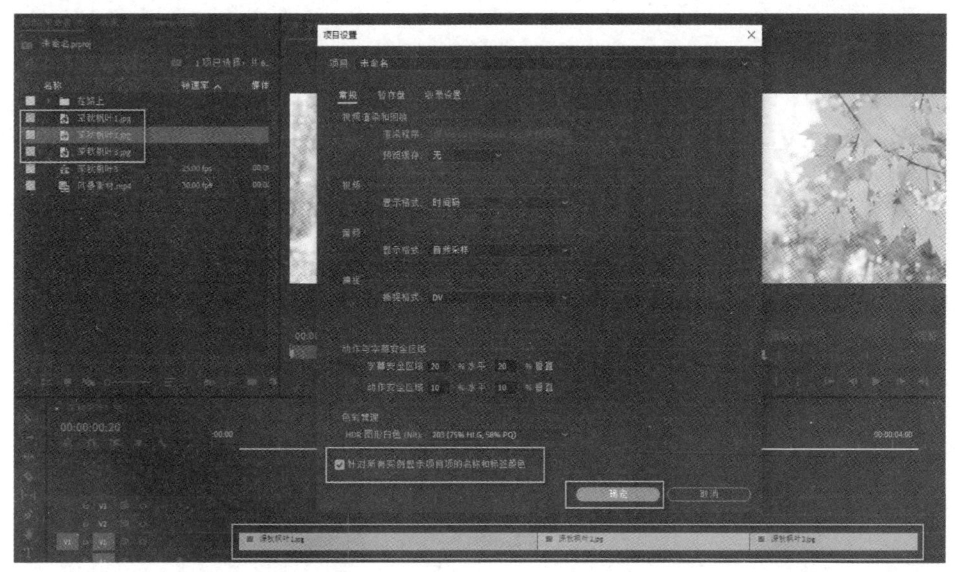

图 5-23　勾选“针对所有实例显示项目项的名称和标签颜色”复选框

# 5.3　短视频片段的剪辑与调整

对素材进行整理后，即可开始剪辑短视频。剪辑的关键在于将合适的素材放在序列中正确的时间点和轨道上，让其呈现出统一、完整的画面和声音效果。

## 5.3.1　使用标记、出点和入点

Pr 中的标记功能是非常基础的操作，标记出点和入点，有助于更好、更快地剪辑短视频。

### 1. 使用标记

标记是时间轴或素材上的点，它标记的是一个特定的时间点，也可以看作标记某个具体的帧。这些点可以被设置成不同的颜色，以快速区分素材。

标记的使用方法比较简单。按空格键播放素材（或者在“节目监视器”面板中播放素材），当播放到想要标记的位置时，单击“添加标记”按钮，即可添加标记，如图 5-24 所示。在“时间轴”面板中双击素材，素材即可在“源监视器”面板中打开，此时，已经做过的标记也会显示在“源监视器”面板中，如图 5-25 所示。

在“源监视器”面板中，可以拖动标记以调整标记的位置，也可以用鼠标右键单击标记，在弹出的快捷菜单中选择“清除所选标记”命令，删除标记。

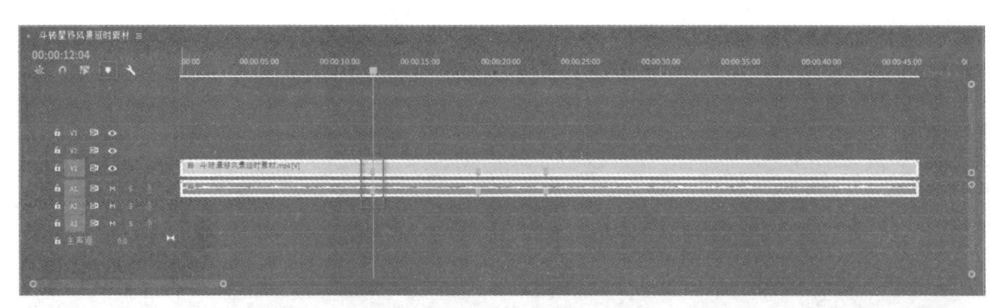

图 5-24 添加标记

图 5-25 “源监视器”面板中的对应标记

## 2. 使用出点和入点

为了做到精确细致地剪辑，剪辑工作中还需要频繁标记出点和入点。通常情况下，在“源监视器”面板和“节目监视器”面板标记出点和入点。

在“源监视器”面板和“节目监视器”面板中，可以执行“标记”—“标记入点”/“标记出点”来完成对出点或入点的标记；也可以通过标记入点的“{”、标记出点的“}”来完成标记，如图 5-26 所示。

在“源监视器”面板中标记出点和入点和在“节目监视器”面板中标记出点和入点的作用并不相同。

在“源监视器”面板中标记出点和入点，相当于定义了操作的区段。在“源监视器”面板中标记出点和入点后，再把素材拖到“时间轴”面板上，可操作的就不是整个素材而是选取的区段；同时，“节目监视器”面板中可预览的视频内容也是选取的区段，如图 5-27 所示。

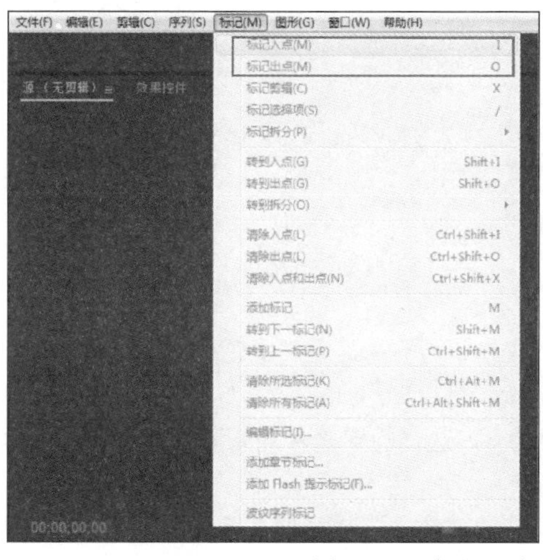

图 5-26 “标记入点”或“标记出点”

图 5-27 在“源监视器”面板中标记出点和入点

在“节目监视器”面板中标记出点和入点，在时间轴中移动素材时，出点和入点不会移动。例如，在 10 秒处标记了入点，在 20 秒处标记了出点，那么不管是移动、插入还是删除素材，入点和出点依然是在 10 秒和 20 秒的位置。

**思考练习**

在条件允许的情况下，尝试对素材使用标记、出点和入点。

### 5.3.2 三点编辑与四点编辑

在一段需要剪辑的视频素材内插入或替换（即覆盖功能）一段新素材，需要涉及 4 个点：时间轴的入点和出点、新素材的入点和出点。这 4 个点都是由短视频创作者自己设定的，被称为四点编辑；如果短视频创作者只设定了其中 3 个点，第四点即可由 Pr 自动计算得出，由于人为标记了 3 个点，因而这种视频编辑方法被称为三点编辑。

三点编辑与四点编辑是常用的视频编辑方法，具体操作示例如下。

### 1. 三点编辑

以时间轴上的入点及新素材中的入点、出点为例，通过这几个步骤可以实现三点编辑操作。

① 在“项目”面板中导入两段视频素材。

② 将其中的一段素材拖到时间轴上，作为要剪辑的基础素材；将另外一段素材作为要插入的新素材。

③ 播放“节目监视器”面板中的基础素材，找到想要被修改的位置，标记入点。

④ 双击“项目”面板中的新素材，这段素材将会出现在“源监视器”面板里。

⑤ 播放“源监视器”面板中的新素材内容，选择想要插入的新素材内容段，标记入点和出点。

⑥ 单击“源监视器”面板下方的功能按钮“插入”或“覆盖”，如图 5-28 中❶和❷所示。

⑦ 在时间轴上可以看到“源监视器”面板中的新素材内容段已经插入基础素材中或替换掉了标记过的部分基础素材，如图 5-28 中❸所示。

图 5-28　插入或覆盖素材

### 2. 四点编辑

四点编辑是人为标记 4 个点，即素材中的入点和出点，以及时间轴上的入点和出点。通过这 4 个点，短视频创作者可以对素材进行整合编辑（即插入或者覆盖）。四点编辑的方法与三点编辑类似，以下讲解将省略相同的步骤，重点介绍不同的操作步骤。

① 在“节目监视器”面板中标记入点和出点。

② 在“源监视器”面板中标记入点和出点。

③ 单击“源监视器”面板下方的功能按钮“插入”或“覆盖”。

在此可能会遇到一个问题：如果两组出入点选中的素材内容的时间长度不一样（如“源监视器”面板中新素材选中的内容是 5 秒，“节目监视器”面板选中的内容是 3 秒），那么，此时单击“插入”或“覆盖”功能按钮，就会弹出一个“适合剪辑”对话框，如图 5-29 所示。这时，短视频创作者就需要在这个对话框中进行相应的设置，以适配入点和出点之间的长度。

图 5-29 “适合剪辑”对话框

其中，在选中“更改剪辑速度（适合填充）”选项时，若选中的新素材内容长度比选中的基础素材短，例如，要将 3 秒的新素材内容要放在 6 秒的素材时间里，那么，新素材的内容在添加到基础素材中时，这一段的播放速度会变慢；反之，如果要将 6 秒的新素材内容放在 3 秒的素材时间里，其播放速度就会变快。而如果选中其他的 4 个选项，即“忽略源入点”“忽略源出点”“忽略序列入点”“忽略序列出点”，则不会改变播放速度，只是会选择部分内容插入或覆盖。

**思考练习**

在条件允许的情况下，尝试对两段素材进行三点编辑和四点编辑操作。

# 5.4 转场、调色、抠像

使用转场、调色、抠像等效果，可以使短视频的画面内容更加生动、形象，也可以使短视频的呈现形式更加多样。

## 5.4.1 添加与编辑转场效果

转场效果是指一段视频中，用于切换两个画面的一系列过渡效果，其目的是让两

个画面的衔接更加自然、流畅，避免出现画面突兀的状况。制作转场效果通常需要以下两个步骤。

### 1. 添加转场效果

添加转场效果的方法有以下两种。

（1）普通添加法

“效果”面板中，“视频过渡”文件夹中的效果都可以用于添加转场效果，如图5-30中❶所示。根据实际情况任意选择其中一个，然后将该转场效果拖曳至两个素材的连接处。此时，时间轴上出现了小框，代表该转场效果添加成功，如图5-30中❷所示。

图5-30 转场效果的普通添加法

（2）快捷添加法

将游标移到两个素材中间，使用“Ctrl+D”组合键添加默认样式的转场。如果不追求转场效果的多样性，可以直接使用该方法快速添加转场效果。

### 2. 编辑转场效果

单击时间轴上转场效果对应的方框，可以看到“效果控件”面板中出现了更为细致的编辑转场效果界面。例如，调整转场的持续时间，改变转场的起止时间等，如图5-31所示。

在条件允许的情况，尝试为两段视频素材设置转场效果。

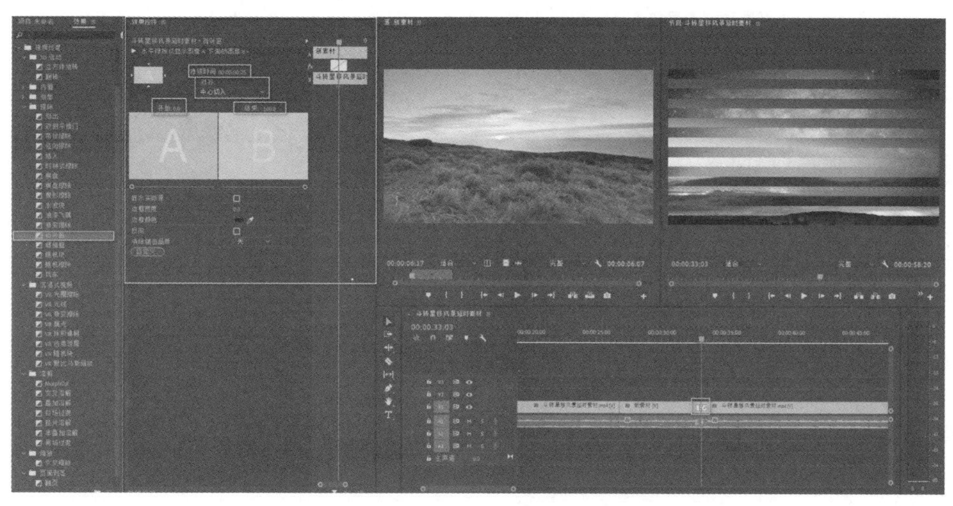

图 5-31　编辑转场效果界面

## 5.4.2　调色技巧

在 Pr 中，短视频创作者使用“Lumetri 颜色”面板可以修正短视频中画面的颜色，还可以对短视频中的画面进行创意调色。

“Lumetri 颜色”面板中的调色功能十分丰富，主要包括基本校正、创意、曲线、色轮和匹配、HSL 辅助、晕影等功能模块，每个模块侧重于调色工作流程的特定任务。在使用“Lumetri 颜色”面板调色时，通常还需要使用“Lumetri 范围”面板进行辅助调色。

使用“Lumetri 颜色”面板和“Lumetri 范围”面板进行调色的具体操作方法如下。

### 1. 打开“Lumetri 颜色”面板和“Lumetri 范围”面板

如果常用工作区自定义有“Lumetri 颜色”和“Lumetri 范围”面板，直接在这两个面板中进行调色即可。如果没有在常用工作区开启这两个面板，则可以通过以下方法打开“Lumetri 颜色”和“Lumetri 范围”面板。

想要打开“Lumetri 颜色”面板，可以在 Pr 的工作区栏选择“颜色”选项，如图 5-32 中❶所示，工作区即可显示“Lumetri 颜色”面板，如图 5-32 中❷所示。

想要打开“Lumetri 范围”面板，可以在菜单栏中打开“窗口”菜单，如图 5-32 中❸所示，勾选“Lumetri 范围”，即可显示“Lumetri 范围”面板，如图 5-32 中❹所示。“Lumetri 范围”面板一经打开，将对当前视频画面亮度和色度的不同分析显示为波形，从而帮助短视频创作者准确地评估剪辑，进行颜色校正。

### 2. 打开分量图

在调色工作中，短视频创作者还需要打开“Lumetri 范围”面板中的分量图。

在打开分量图之前，“Lumetri 范围”面板显示的是波形图。波形图是红、绿、蓝 3 个通道叠加在一起显示的，有时不容易分辨。这时就需要打开分量图，即红、绿、蓝 3 种颜色的分量图，来查看画面的偏色情况。

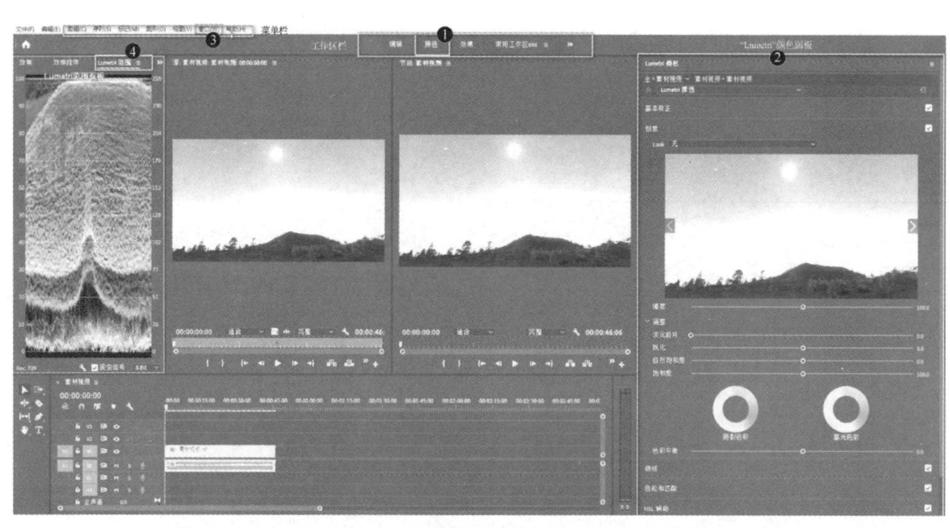


图 5-32　打开“Lumetri 颜色”面板和“Lumetri 范围”面板

打开分量图的方法是，用鼠标右键单击“Lumetri 范围”面板，在弹出的快捷菜单中选择“分量（RGB）”命令，该面板中将显示 RGB 分量颜色信息，如图 5-33 所示。

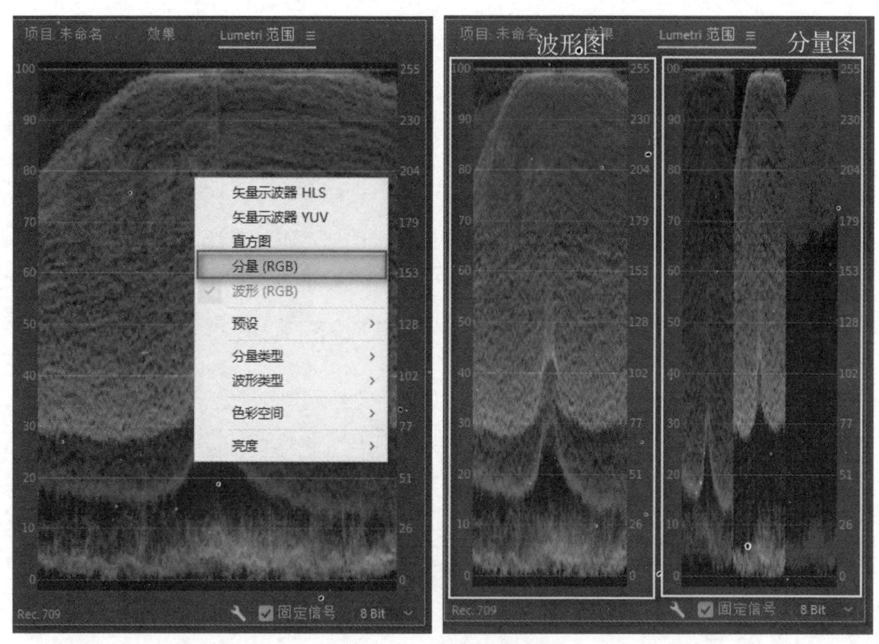


图 5-33　打开分量图

### 3. 调色的基本方法

分量图适合用来分析 RGB 3 个通道在亮部、阴影、暗部的分布。结合“Lumetri 颜色”面板，短视频创作者可以对画面进行基本调色。

（1）一级调色

一级调色，即是通过“Lumetri 颜色”面板的“基本校正”调整“白平衡”和“色调”，将画面的整体颜色校正到一个正常水准。

“基本校正”中各个参数的调整原理如下。

- “白平衡”。“白平衡”有“色温”和“色彩”两个调色参数。在整体画面存在偏色问题时，可以利用“互补色理论”来进行调整，即想要减少画面中的某种颜色时，在“色彩”中增加它的互补色。或者，当画面颜色比较平衡时，为了达到某种风格，可以故意让画面偏向某一种颜色。例如，想要让画面呈现暖色调，可以将“色温”向橙色方向调整；想要冷色调，可以将“色温”向蓝色方向移动。
- “曝光”。调整“曝光”，即是对画面的整体亮度进行调整，或者升高，或者降低。
- “对比度”。“对比度”会影响画面的层次感和细节。“对比度”越大，画面的层次感越强，细节越突出，画面越清晰。
- “高光”和“白色”。“高光”和“白色”用于调整画面的亮度部分。两者的差别在于，“高光”增加亮度的幅度相对较小，增加亮度时能保留阴影部分的细节；“白色”增加亮度的幅度相对较大，增加亮度时不保留阴影部分的细节。
- “阴影”和“黑色”。“阴影”和“黑色”用于调整画面的暗部。两者的差别在于，“阴影”增加暗部的幅度相对较小，且会影响到画面的亮部；“黑色”增加暗部的幅度相对较大，基本不影响画面的亮部。

一般情况下，如果一个画面的分量图中红色、绿色和蓝色的高度不一致，就需要通过“Lumetri 颜色”面板的“基本校正”，将分量图中的 3 种颜色调整至高度一致。当分量图中的 3 种颜色都达到“顶天立地”的高度时，就完成了一级调色，如图 5-34 所示。

图 5-34 “Lumetri 颜色”面板的“基本校正”

（2）风格化调色

完成一级调色后，就可以按照艺术表达的需要进行风格化调色。在“Lumetri 颜色”面板中调节以下内容，可以实现风格化调色。

首先，通过“曲线”中的“RGB 曲线”，可以调整画面的亮度和色调范围。调整时，单击“曲线”可以添加调节锚点，按住“Ctrl”键的同时单击锚点，可以将其删除，如图 5-35 所示。

图 5-35 使用“RGB 曲线”调色

其次，在“曲线”中展开“色相饱和度曲线”选项，可以根据需要调整“色相与饱和度”“色相与色相”“色相与亮度”等曲线，如图 5-36 所示。

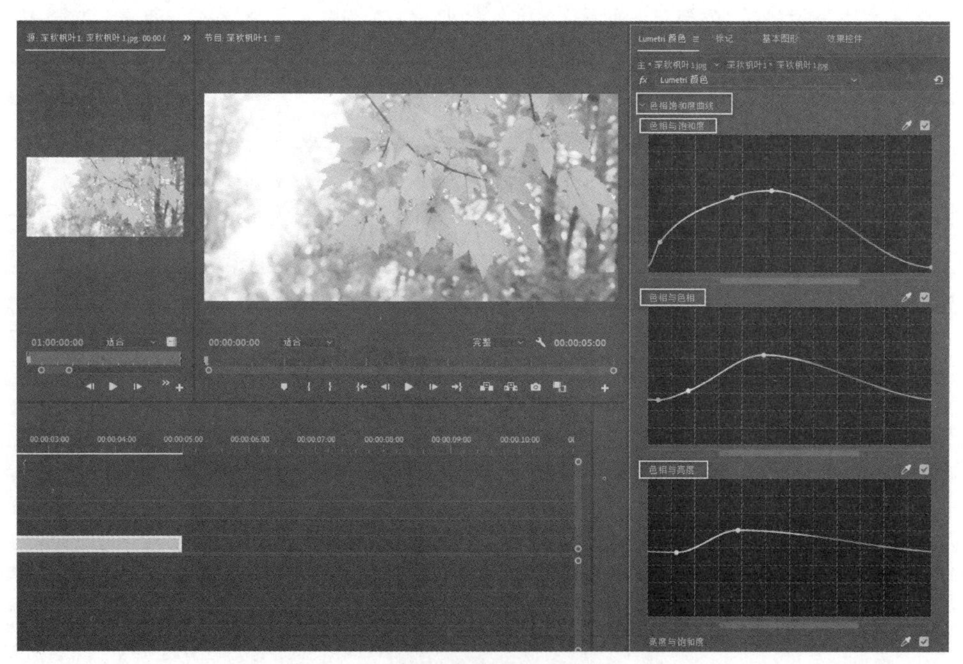

图 5-36 使用“色相饱和度曲线”调色

在“色轮和匹配”选项中可以调整“阴影”“中间调”和“高光”的颜色。每种颜色的色轮都包含色环和滑块两部分。其中，色环控制画面中的色相，滑块控制画面中颜色的明暗，如图 5-37 所示。

图 5-37　使用“色轮和匹配”调色

（3）保存调色预设

调色结束后，可以在“Lumetri 颜色”面板的面板名称处单击鼠标右键，在弹出的快捷菜单中选择“保存预设”命令，在弹出的对话框中输入名称，然后单击“确定”按钮，如图 5-38 所示。

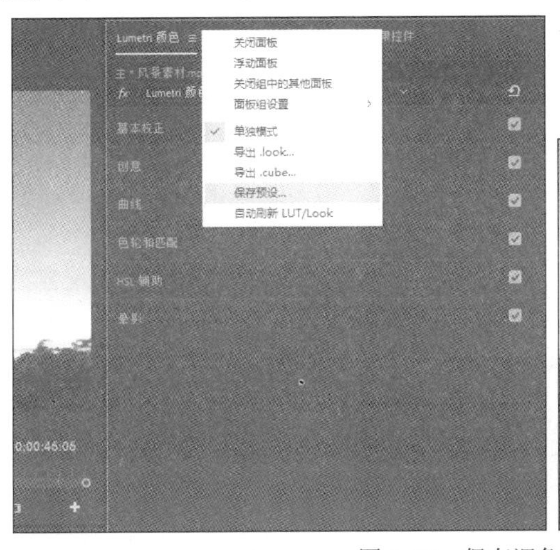


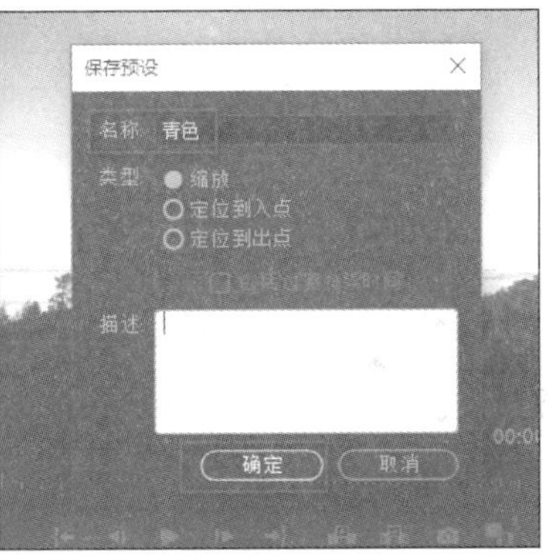


图 5-38　保存调色预设

（4）查看调色预设

打开“效果”面板，在“预设”选项下即可查看保存的调色预设，如图 5-39 所示。

（5）应用调色预设

在“时间轴”面板中导入新的视频素材。按住“Alt”键的同时向上拖动视频素材进行复制，然后修剪视频素材。在“效果”面板中将“预设”里保存的调色（即刚才设置的“青色”）拖至上方的视频素材上，如图 5-40 所示，即应用了调色预设。

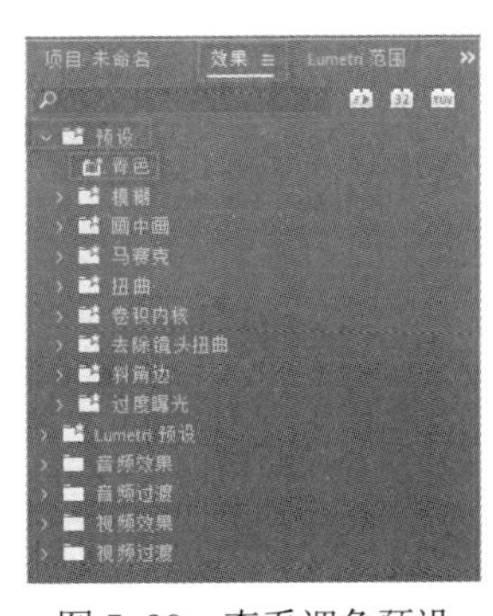


图 5-39　查看调色预设

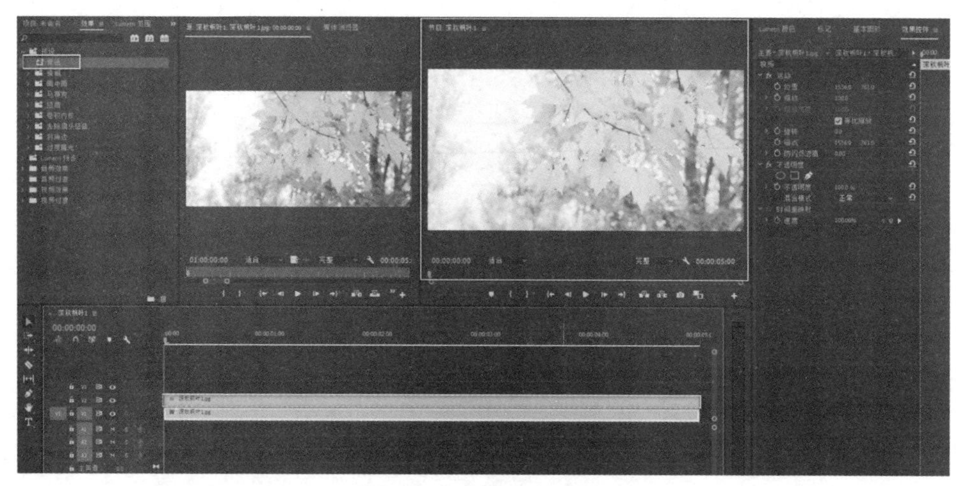

图 5-40　应用调色预设

### 4. 使用 LUT 颜色插件

除了手动调整视频素材中画面的颜色，还可以安装 LUT 颜色插件来实现快速调色。

使用 LUT 颜色插件，需要先下载 LUT 文件，并将其放到相应的文件夹中。LUT 文件位于 Premiere 安装根目录下的 Lumetri\LUTs 文件夹下，其中包括 Technical 和 Creative 文件夹，分别用于存放输入 LUTs 和创意 LUTs。

安装后，重新启动 Pr，在“Lumetri 颜色”面板中“基本校正”选项下的“输入 LUT”下拉列表（见图 5-41）和“创意”选项下的“Look”下拉列表（见图 5-42），即可以看到新增的 LUT。选择所需的 LUT 后，拖动滑块调整强度，即可完成调色。

图 5-41　“基本校正”选项下的“输入 LUT”下拉列表

图 5-42 “创意”选项下的“Look”下拉列表

在条件允许的情况下，尝试给一个视频素材调色。

### 5.4.3 抠像的编辑与制作

抠像是短视频制作中较为常用的剪辑方法。抠像是指吸取画面中的某一种颜色作为透明色，从而将拍摄主体与背景画面分离出来。这样，在室内拍摄的画面主体就可以与更丰富的景物背景叠加在一起，形成更有趣味的艺术效果。在 Pr 中，短视频创作者可以使用“超级键”效果对绿幕或蓝幕的视频素材进行快速抠像处理。以绿幕素材为例，其具体操作方法如下。

#### 1. 新建序列

抠像需要使用至少两个素材：主体素材和背景素材。实际操作中，绿幕素材和背景素材的尺寸可能会不同。因此，在新建项目后，需要先依据最小素材的尺寸新建序列。

#### 2. 导入素材

在“项目”面板中导入绿幕素材，并将绿幕素材拖至时间轴面板的 V2 轨道上。如果绿幕素材与序列的设置不匹配，会出现“剪辑不匹配警告”对话框，此时需要选择“保持现有设置”，如图 5-43 所示。

图 5-43 “剪辑不匹配警告”对话框

将绿幕素材导入时间轴后，可以预览素材。如果素材太长，可以将素材裁切至合适的长度。裁切素材的方法是，在“节目监视器”面板中播放素材时，选择合适的位置标记入点和出点；再用“工具”面板中的“剃刀工具”对时间轴中的素材沿着入点和出点进行裁切；然后，用鼠标右键单击不需要的部分，在弹出的快捷菜单中选择“波纹删除”命令即可，如图 5-44 所示。

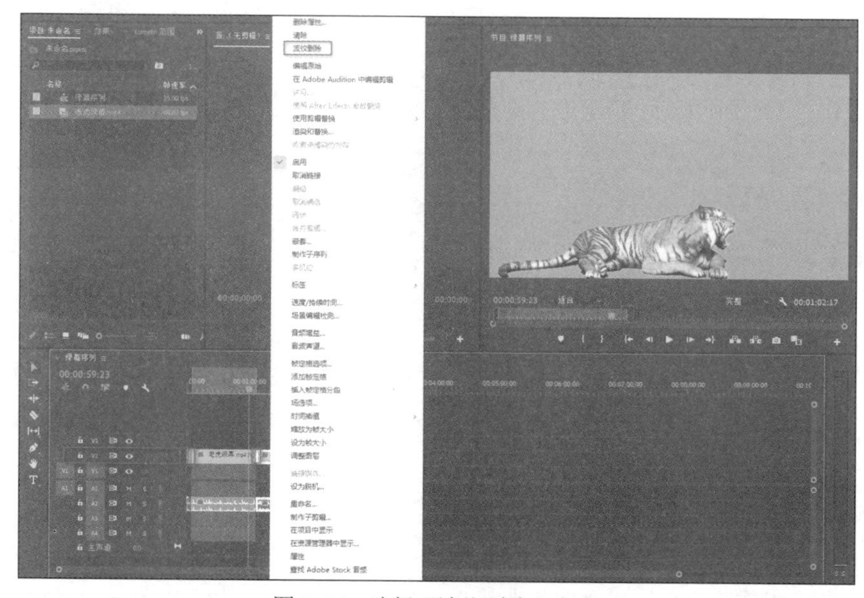

图 5-44　选择“波纹删除”命令

### 3. 使用“超级键”

在“效果”面板中搜索“超级键”，如图 5-45 所示。将“超级键”直接拖曳至绿幕素材上，此时，“效果控件”面板就会显示“超级键”的效果参数，如图 5-46 所示。

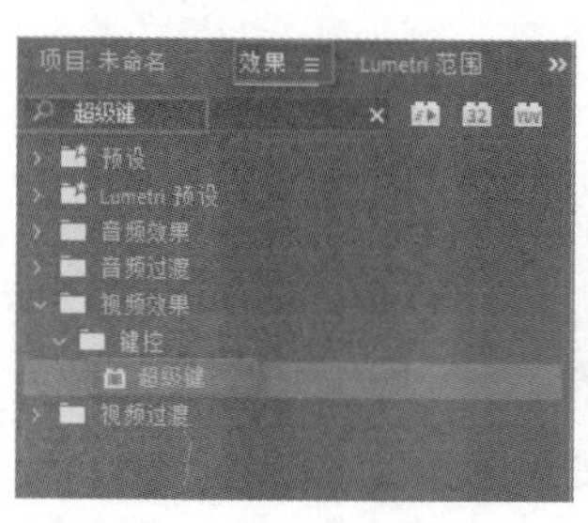


图 5-45　搜索“超级键”

图 5-46　“超级键”效果参数

## 4. 使用吸管工具

在“效果控件”面板中“超级键”的“主要颜色”处选择吸管工具，在“节目监视器”面板中单击画面的绿色背景，画面背景将变成黑色，如图 5-47 所示。

图 5-47　使用吸管工具

## 5. 查看抠像效果和调整“超级键”参数

将“效果控件”面板中“超级键”选项下的“输出”设置为“Alpha 通道”，如图 5-48 所示。在“节目监视器”面板中查看抠像效果，其中白色部分为不透明区域，黑色部分为透明区域。

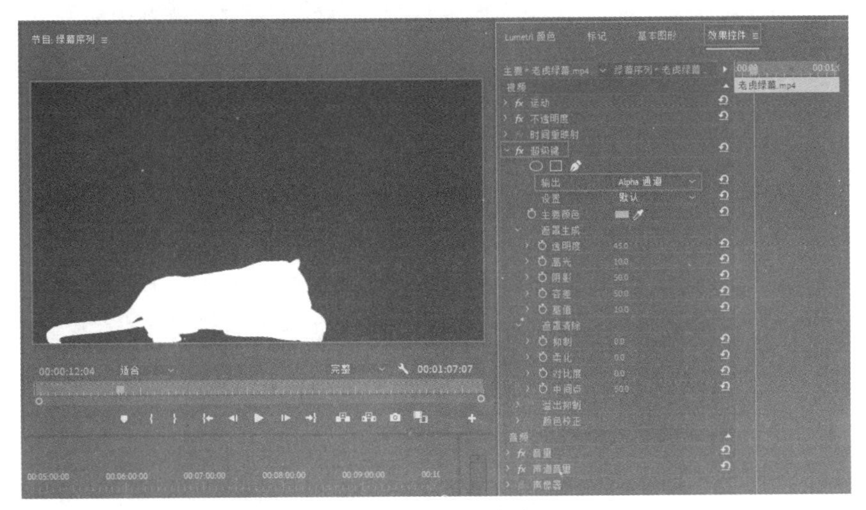


图 5-48　查看抠像效果

如果对抠像效果不满意，可以在“效果控件”面板的“超级键”选项中，设置“遮罩生成”选项下的“透明度”“高光”“阴影”“容差”“基值”5 个参数，以及“遮罩清除”选项下的“抑制”“柔化”“对比度”“中间点”等参数，调整抠像效果，如图 5-49 所示。

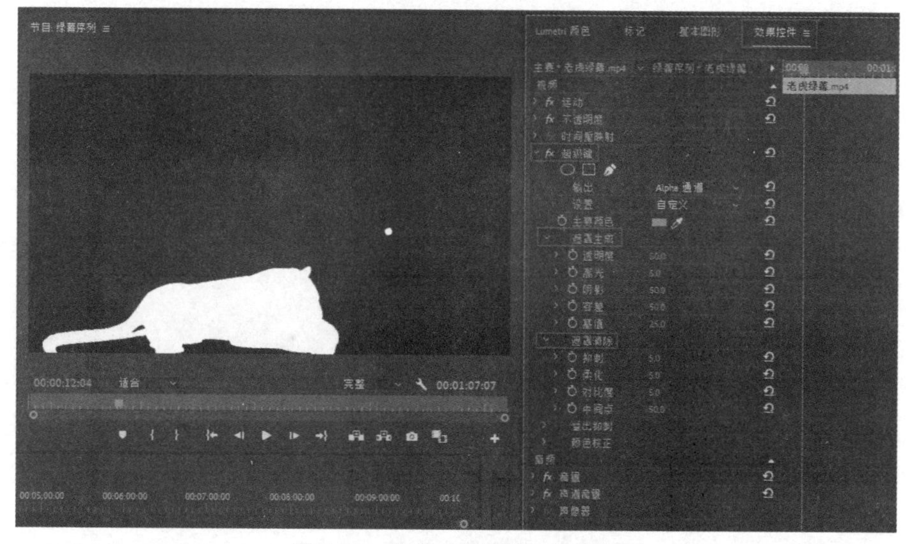


图 5-49　调整“超级键”的参数

### 6. 添加背景素材

在“效果控件”面板中的“超级键”选项中设置“输出”为“合成”，如图 5-50 所示。

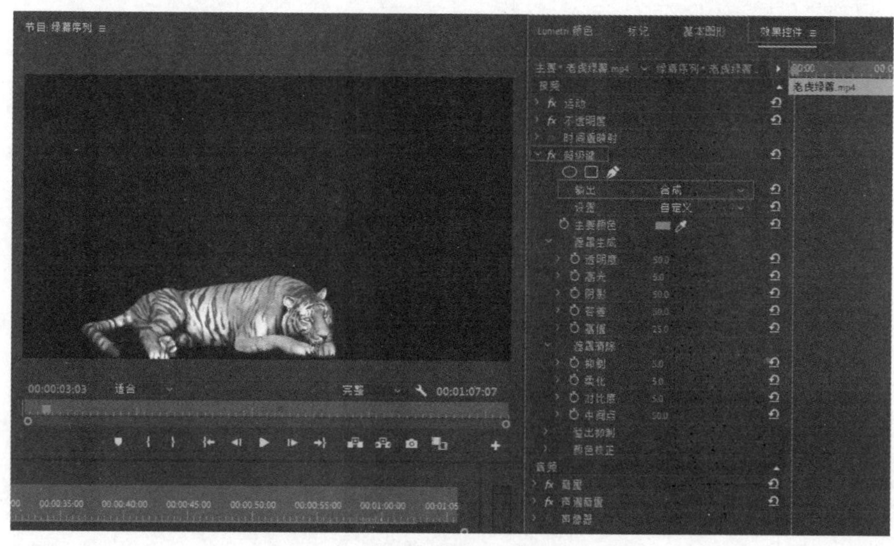


图 5-50　设置“输出”为“合成”

此时，在“项目”面板中导入背景素材。将背景素材拖入“时间轴”面板中的 V1 轨道上，分离出来的画面主体即完成背景替换，如图 5-51 所示。

图 5-51　完成背景替换

思考练习

在条件允许的情况下，完成抠像换背景的操作。

# 5.5　给短视频添加字幕与音频

恰到好处的字幕与配乐能使短视频“更上一层楼”。编辑与设置字幕和字幕特效，添加音频和处理音频特效，可以使短视频的内容更具表现力。

## 5.5.1　添加字幕

用 Pr 添加字幕的方法并不复杂，在此介绍两种方法。

### 1. 新建字幕法

新建字幕的操作步骤如下。

（1）新建“开放式字幕”

用鼠标右键单击“项目”面板空白处，在弹出的快捷菜单中选择“新建项目”—“字幕”，即可弹出“新建字幕”对话框。在此对话框的“标准”选项中选择“开放式字幕”，其他参数保持默认数值不变（Pr 系统会根据序列自动匹配分辨率和帧速率），如图 5-52 所示。单击“确定”按钮，“项目”面板中就会出现“开放式字幕”文件。

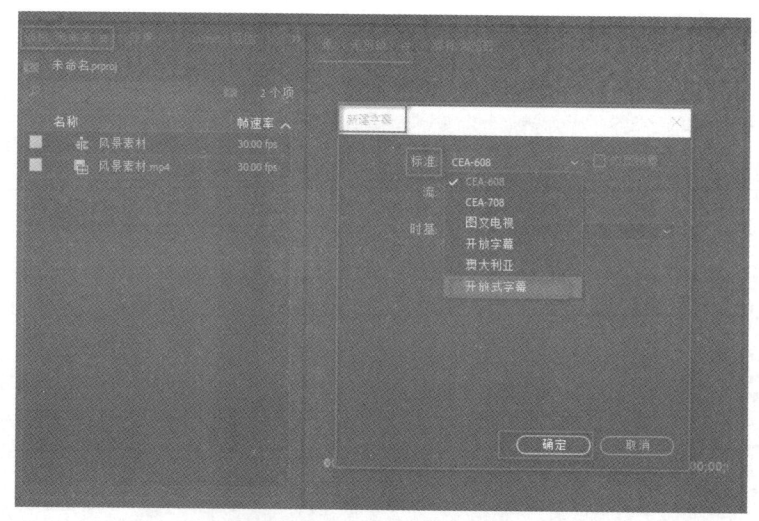


图 5-52　新建“开放式字幕”

（2）导入字幕并调整字幕在时间轴上的长度

将“项目”面板中的“开放式字幕”文件拖至“时间轴”面板中的 V2 轨道上，将时间轴上的字幕文件的长度调整至与视频素材长度一致，如图 5-53 所示。

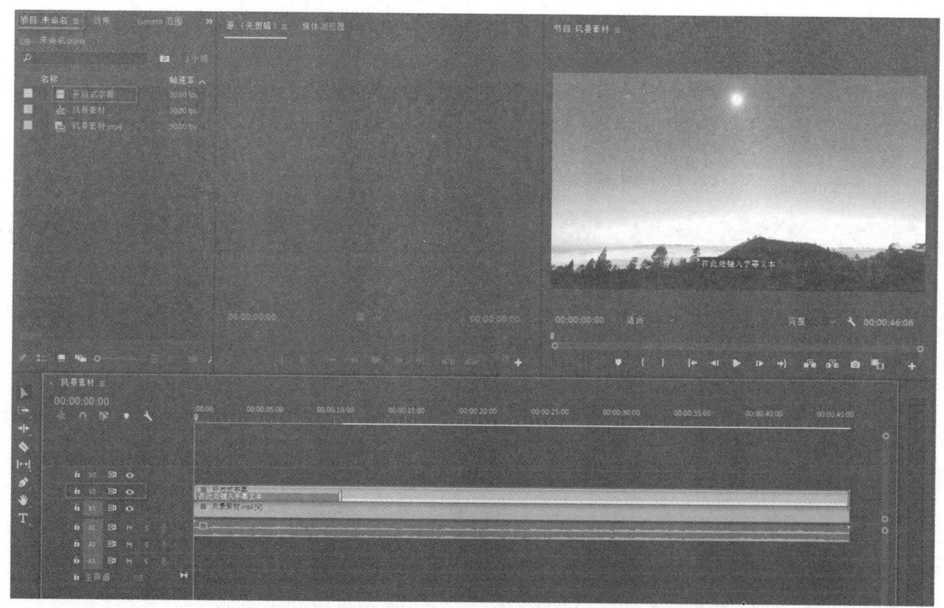

图 5-53　导入字幕并调整字幕在时间轴上的长度

（3）添加字幕文本并调整文本

双击时间轴上的字幕文件，Pr 的工作界面就会出现“字幕”面板。在“字幕”面板中可以添加字幕文本，并对文本的字体、颜色、背景色、位置、对齐方式等字幕样式、字幕的持续时间、文本内容等进行调整；单击“+”框，可以再增加一段字幕；相应单击“-”框，则是删除一段字幕。具体如图 5-54 所示。

图 5-54　添加字幕文本并调整文本

## 2. 新建旧版标题法

新建旧版标题的操作步骤如下。

（1）新建旧版标题

执行“文件”—“新建”—“旧版标题”，弹出“新建字幕”对话框，自定义字幕的“名称”，单击“确定”按钮，如图 5-55 所示，即可创建字幕。

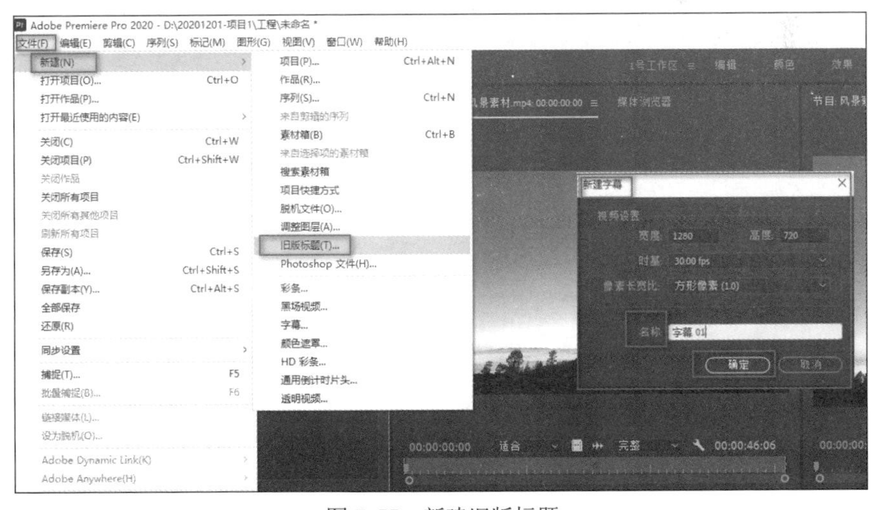


图 5-55　新建旧版标题

使用旧版标题创建字幕的界面如图 5-56 所示。

图 5-56　使用旧版标题创建字幕的界面

（2）添加文字及调整文字样式

在“字幕”编辑窗口中，选择左侧工具栏中的“ ”（文字工具）/“ ”（垂直文字工具），即可在画面中输入需要添加的文字内容，在工作界面四周的面板上，可以调整文字的字体、大小、位置、颜色、对齐方式等样式，如图 5-57 所示。

图 5-57　添加文字及调整文字样式

（3）将字幕文件加入视频轨道

退出“字幕”编辑窗口，将字幕文件拖曳至“时间轴”面板中的V2轨道上，然后按住“Alt”键，选中V2轨道上的字幕文件并将其拖曳至V3轨道上，即可复制该字幕文件，如图5-58所示。

图5-58 将字幕文件加入视频轨道

**思考练习**

在条件允许的情况下，尝试为一段短视频添加字幕。

### 5.5.2 制作文字消失动画

利用蒙版功能可以制作文字消失动画，具体操作方法如下。

#### 1. 使用“工具”面板添加文字

在“工具”面板中选择文字工具，在“节目监视器”面板中单击即可生成文本框，输入所需的文字，如图5-59所示。

#### 2. 设置文字格式

在“时间轴”面板中选中要设置格式的文本文件，在“效果控件”面板的“文本”中设置文字的字体和外观，如图5-60所示。

#### 3. 添加蒙版及设置蒙版参数

在“时间轴”面板上选中要编辑的文本文件，在“效果控件”面板的“视频”—“不透明度”选项下单击钢笔工具按钮，添加蒙版，如图5-61所示。

图 5-59　使用“工具”面板添加文字

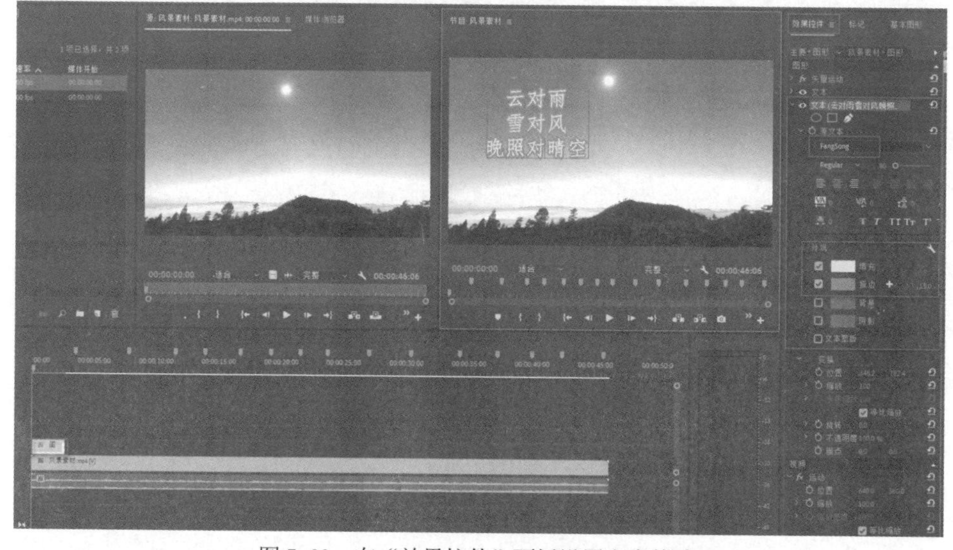

图 5-60　在“效果控件”面板设置文字格式

### 4. 绘制蒙版路径

在“节目监视器”面板中，使用钢笔工具在文字周围绘制蒙版路径，并在“效果控件”面板中的“视频”—“不透明度”—“蒙版（1）”选项下，设置“蒙版羽化”参数（如设为 30.0），启用“蒙版路径”关键帧动画，如图 5-62 所示。

先将“效果控件”面板右侧的蓝色游标移动到合适位置，再单击“蒙版路径”右侧一排按钮中的“添加/移除关键帧”按钮，添加关键帧，如图 5-63 所示。

图 5-61　单击钢笔工具按钮添加蒙版

图 5-62　绘制蒙版路径

单击“蒙版（1）”选项，调整蒙版路径，即可制作出文字消失的动画效果，如图 5-64 所示。

### 5. 设置第二段文字动画

按照上述方法，为下一段视频素材添加文字，如图 5-65 所示。

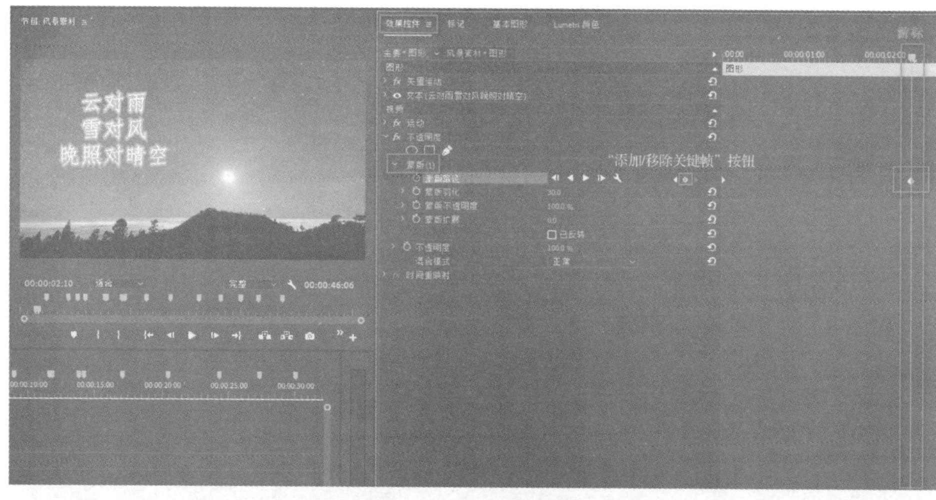


图 5-63 添加关键帧

图 5-64 调整蒙版路径

图 5-65 为下一段视频素材添加文字

在“效果”面板中搜索“基本 3D”效果，将这一效果拖至“时间轴”面板中的第二段文字素材上。然后，在“效果控件”面板中设置“基本 3D”效果参数，如图 5-66 所示。

图 5-66　为第二段文字设置“基本 3D”效果参数

按照前面所介绍的方法，为第二段文字制作消失动画，如图 5-67 所示。

图 5-67　为第二段文字制作消失动画

思考练习

在条件允许的情况下，尝试为一段短视频制作文字消失的动画特效。

## 5.5.3 添加音频

音频包括多种形式，如人们的说话声和歌声、环境中的噪声、乐器发出的声音等，这一切声音都属于音频。在 Pr 中，短视频创作者可以灵活运用各种音频，使短视频更加出彩。添加音频的基本操作如下。

### 1. 添加音频素材

在“项目”面板中双击空白处，即可打开音频素材所在的文件夹，导入音频素材。

### 2. 将音频素材拖到时间轴上

将“项目”面板的音频素材拖到“时间轴”面板上，音频素材就会显示在“时间轴”面板的 A1 轨道上，如图 5-68 所示。

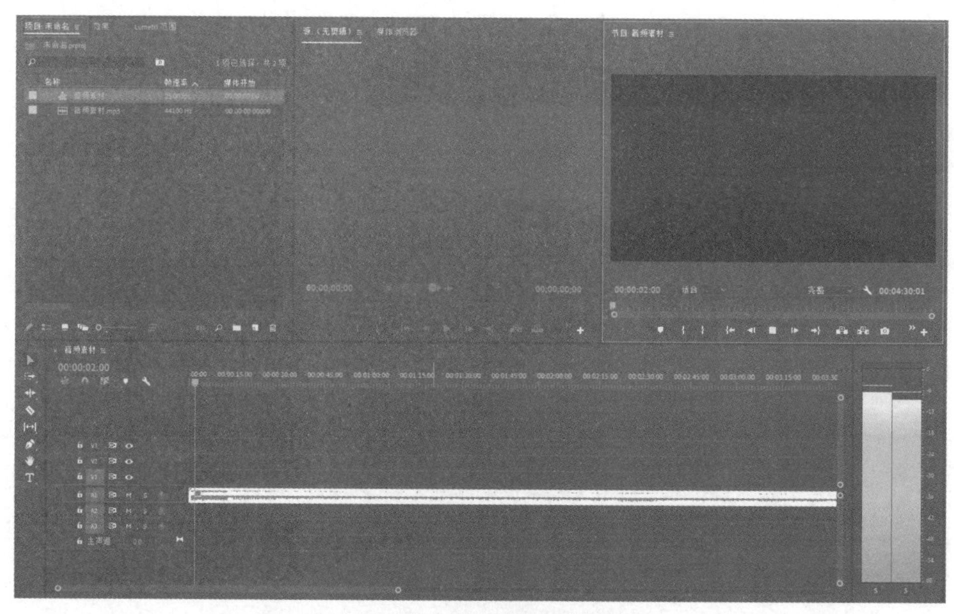

图 5-68　将音频素材拖到时间轴上

### 3. 拉高音频轨道

在“时间轴”面板中，将鼠标指针放置在“A1”和“A2”之间的分割线上，即可拉高 A1 轨道，对音频素材进行加工和编辑，如图 5-69 所示。

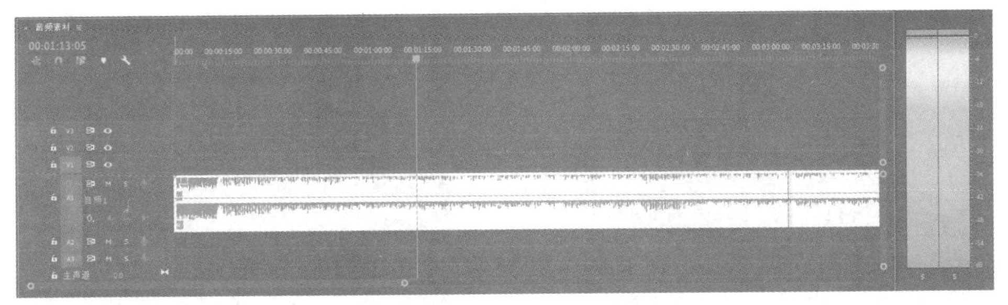

图 5-69　拉高 A1 轨道

### 4. 编辑音频

用鼠标右键单击“时间轴”面板中的音频素材，在弹出的快捷菜单中，按照需要对音频进行基本编辑。例如，选择“速度/持续时间”命令，在弹出的“剪辑速度/持续时间”对话框中，更改音频的播放速度，如图 5-70 所示。

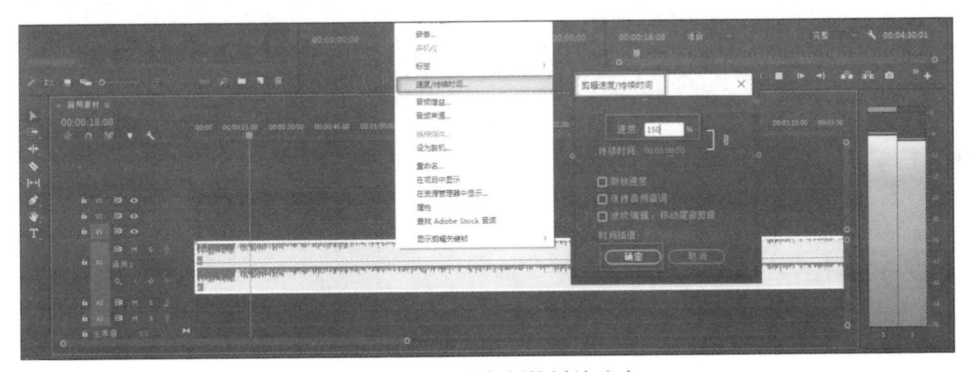

图 5-70　更改音频的播放速度

**思考练习**

在条件允许的情况下，请尝试为一段短视频添加音频。

## 5.5.4　音频剪辑小技巧

在 Pr 中为短视频添加合适的音频，需要使用一些音频剪辑技巧，在此介绍 3 个常用的音频剪辑小技巧。

### 1. 音画分离

有的视频素材自带背景音频。对于这样的素材，短视频创作者往往需要将其中的音频和视频分开，从而单独移动视频时间线或音频时间线。

将音频和视频分开的方法是，用鼠标右键单击“时间轴”面板中的视频素材，在弹出的快捷菜单中选择“取消链接”命令，如图 5-71 所示。

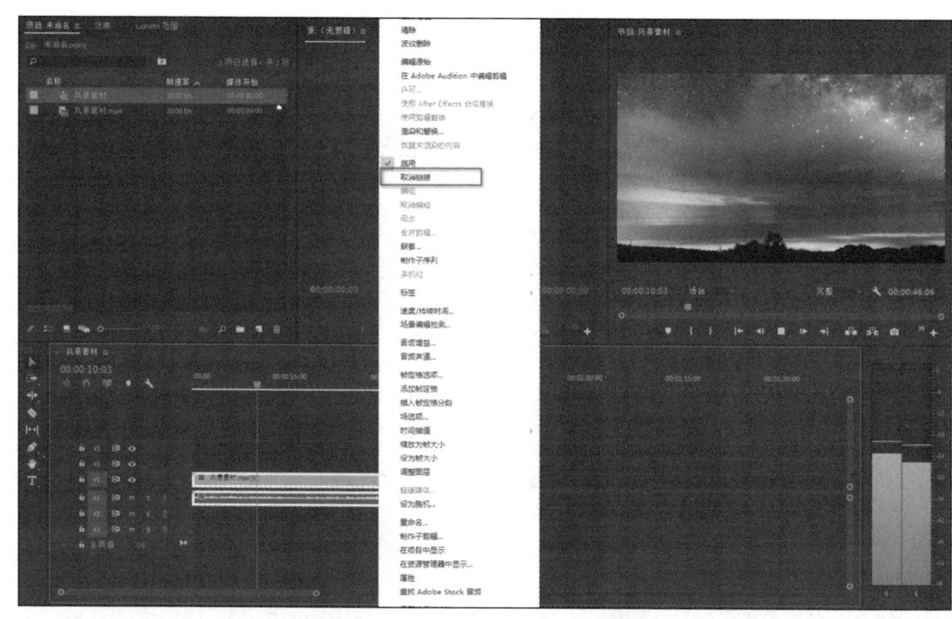

图 5-71　选择“取消链接”命令

### 2. 音频的淡入和淡出

剪辑视频素材时，通常不能直接使用音频素材，而是要配合视频画面对音频的开头和结尾进行淡入和淡出的处理，以避免“开头仓促”和“结尾突兀”。

制作音频的淡入和淡出效果的操作方法如下。

① 在“节目监视器”面板中播放音频，找到淡入开始和淡入结束（一般距离开始 3～7 秒）的位置、淡出开始和淡出结束（一般距离结尾 3～7 秒）的位置，进行标记。这样，“时间轴”面板中即会出现相应的标记显示，如图 5-72 所示。

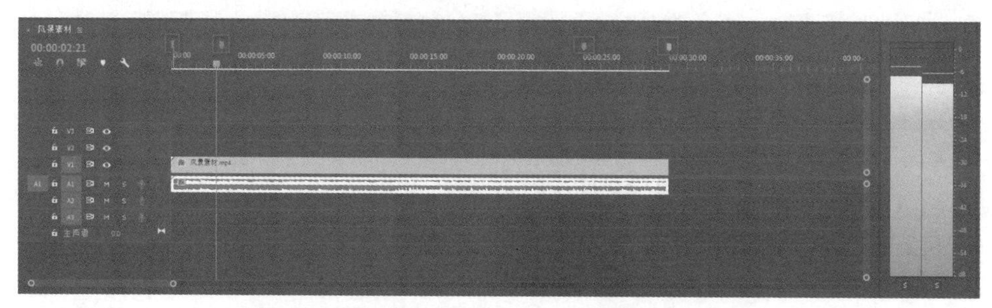

图 5-72　标记淡入、淡出的开始位置和结束位置

② 在“时间轴”面板中拉高音频轨道。将游标移到标记处，在游标与音频时间线的交叉位置，用钢笔工具单击交叉点，即可添加关键帧，如图 5-73 所示。

把开始淡入和淡出结束的两个关键帧（即第一个关键帧和最后一个关键帧）向下拉至低处，如图 5-74 所示，即可实现音频的淡入效果和淡出效果。

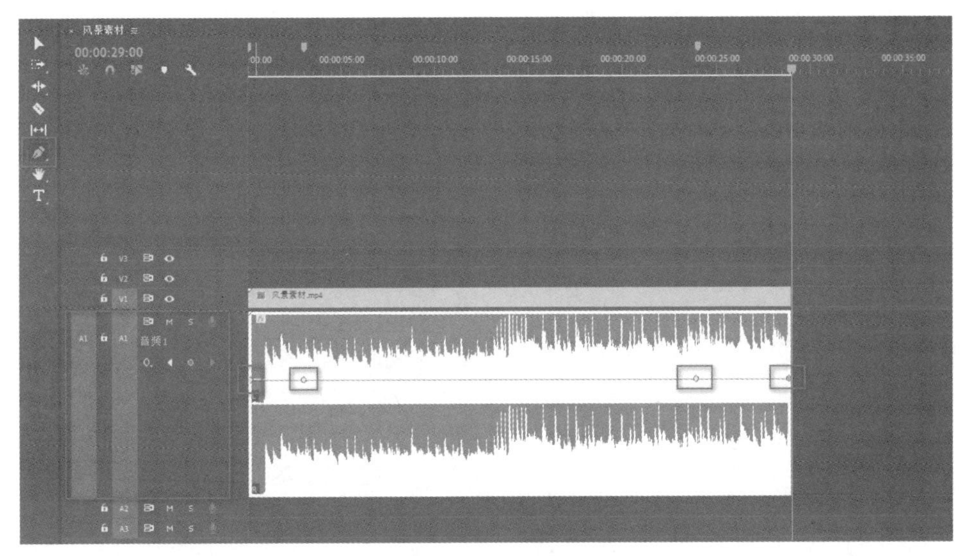

图 5-73　添加关键帧

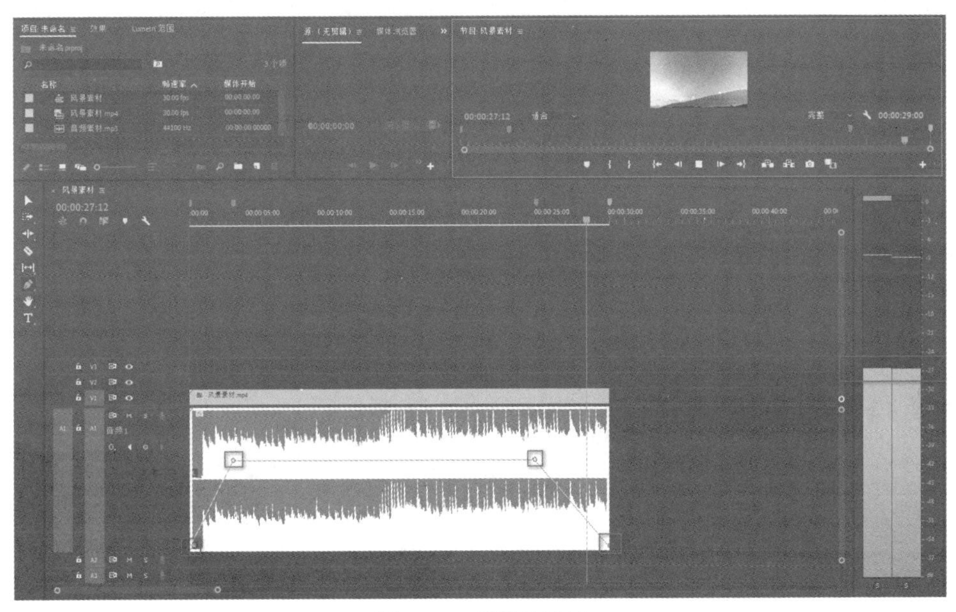

图 5-74　调整关键帧

从以上操作也可以看出，在音频素材的时间线上，两个关键帧之间的连线高度，即表示一个时间段内的声音大小。因此，用钢笔工具添加关键帧并拉高或拉低关键帧之间的连线，即可调整一个时间段内的音量。

### 3. 两段音频的无缝衔接

当视频比较长，而背景音频不够长的时候，就需要让两段或多段音频实现无缝衔接。让两段音频无缝衔接的操作方法有两种。

（1）应用音频过渡效果实现无缝衔接

首先，在同一轨道上导入两段音频，让两段音频连接在一起，如图 5-75 所示。

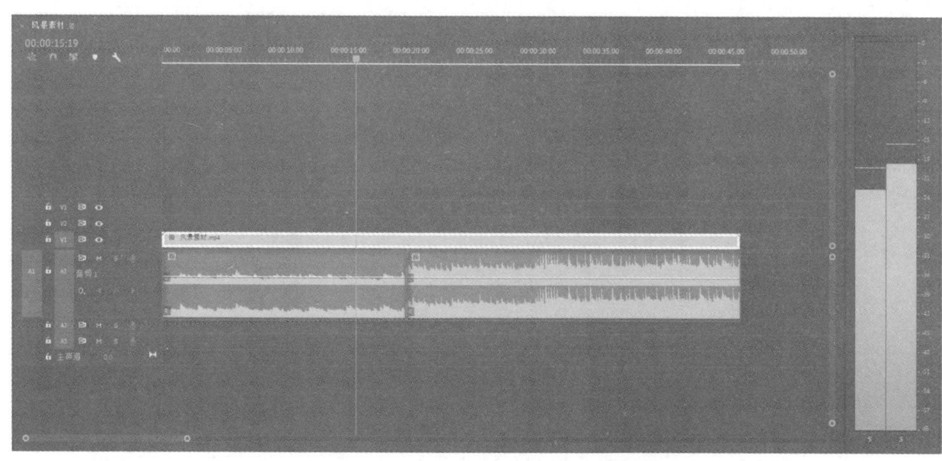

图 5-75　在同一轨道上导入两段音频

然后，选择“效果”面板的“音频过渡”—“交叉淡化”—“恒定功率”，拖曳“恒定增益”效果到两段音频之间的缝隙处，如图 5-76 所示，即可实现两段音频的无缝衔接。

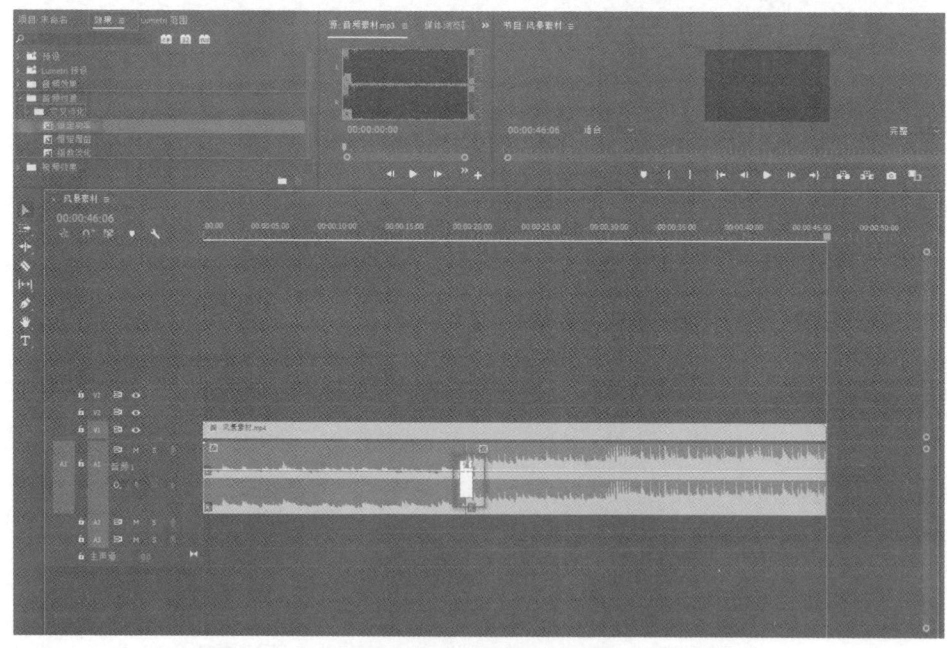

图 5-76　应用“音频过渡”效果中的“恒定功率”效果

在“节目监视器”面板中试听两段音频的过渡效果。如果感觉效果不理想，可以用鼠标右键单击音频轨道上的“恒定功率”，在弹出的快捷菜单中选择“设置过渡持续时间”命令，弹出“设置过渡持续时间”对话框，即可通过调整过渡时间来优化过渡效果，如图 5-77 所示。

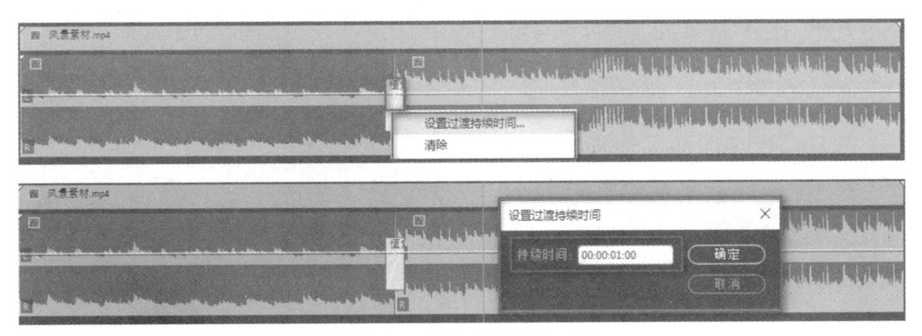


图 5-77　设置过渡持续时间

除了“恒定功率”效果外，“交叉淡化”选项下的“恒定增益”效果和“指数淡化”效果也是比较好用的音频过渡效果，短视频创作者可以按需选择这 3 个效果。

（2）在不同的音频轨道上实现无缝衔接

首先，将两段音频素材导入不同的音频轨道，如 A1 和 A2 轨道，如图 5-78 所示。

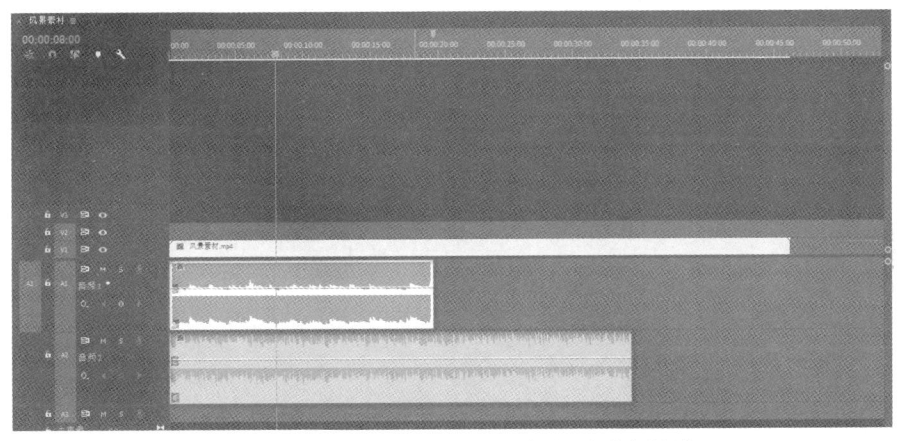


图 5-78　分别导入两段音频素材到两个音频轨道

然后，调整第二段音频素材的位置，将它移动到第一段音频素材的尾部，使两段音频素材的有所交叉，如图 5-79 所示。

在两段音频素材交叉处的起始位置，用钢笔工具分别添加关键帧，如图 5-80 所示。此时，每条音频轨道上都有两个关键帧。

降低第一段音频素材（A1 轨道上）上第二个关键帧的高度，降低第二段音频素材（A2 轨道上）上第一个关键帧的高度，如图 5-81 所示，让两段音频分别实现淡出和淡入效果，即可实现两段音频的无缝衔接。

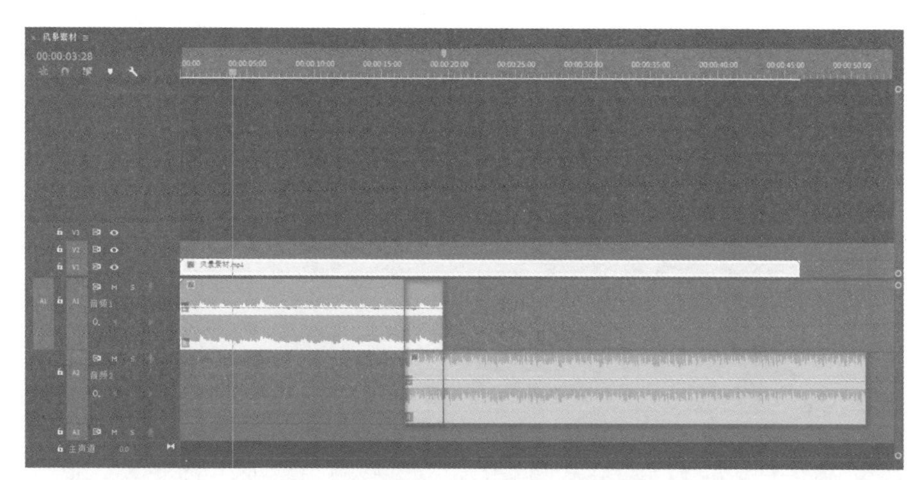

图 5-79　调整第二段音频素材的位置

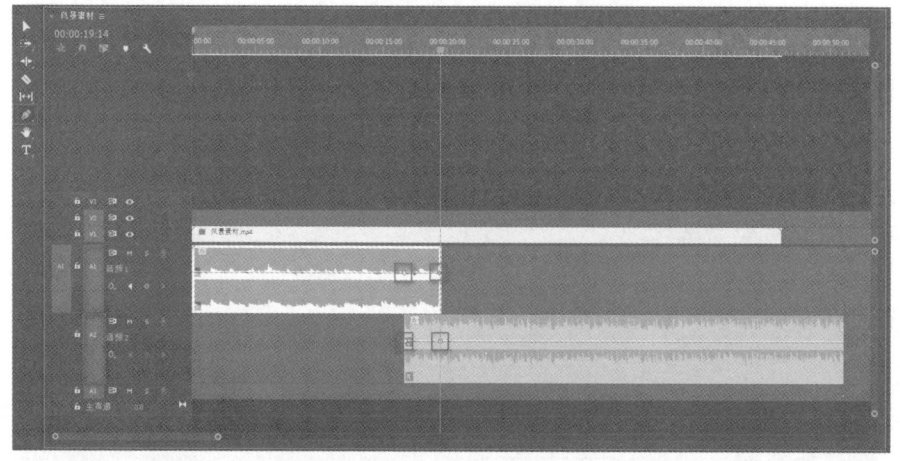

图 5-80　在两段音频素材交叉处的起始位置分别添加关键帧

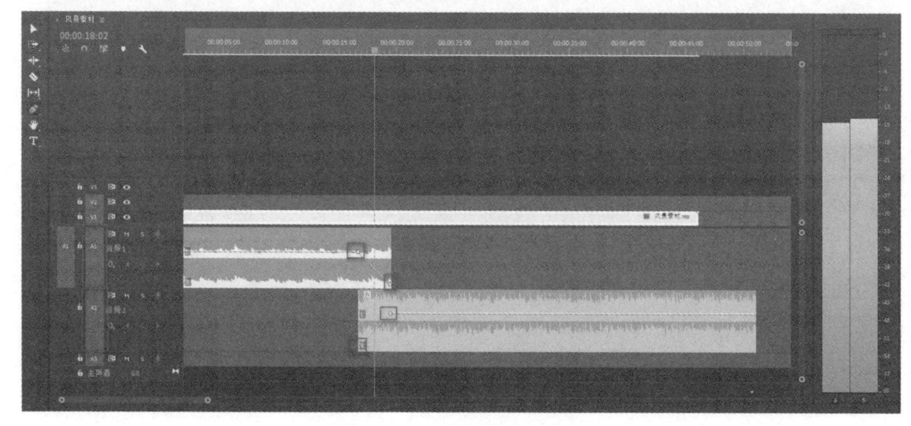

图 5-81　调整关键帧高度

思考练习

在条件允许的情况下，请尝试为一段短视频添加两段不同的音频，并实现两段音频的无缝衔接。

## 5.6 导出短视频文件

在 Pr 中完成短视频编辑后，即可将短视频文件导出。导出短视频时，可以按需设置视频格式、比特率等参数，也可以导出部分短视频或裁剪导出的短视频。具体操作方法如下。

### 1. 导出完整短视频

导出完整短视频的步骤如下。

① 在短视频编辑完成后，在“时间轴”面板中按住“Shift”键的同时，选中所有序列，用鼠标右键单击序列，在弹出的快捷菜单中选择“编组”命令，如图 5-82 所示。编组后，所有序列成为一个整体。

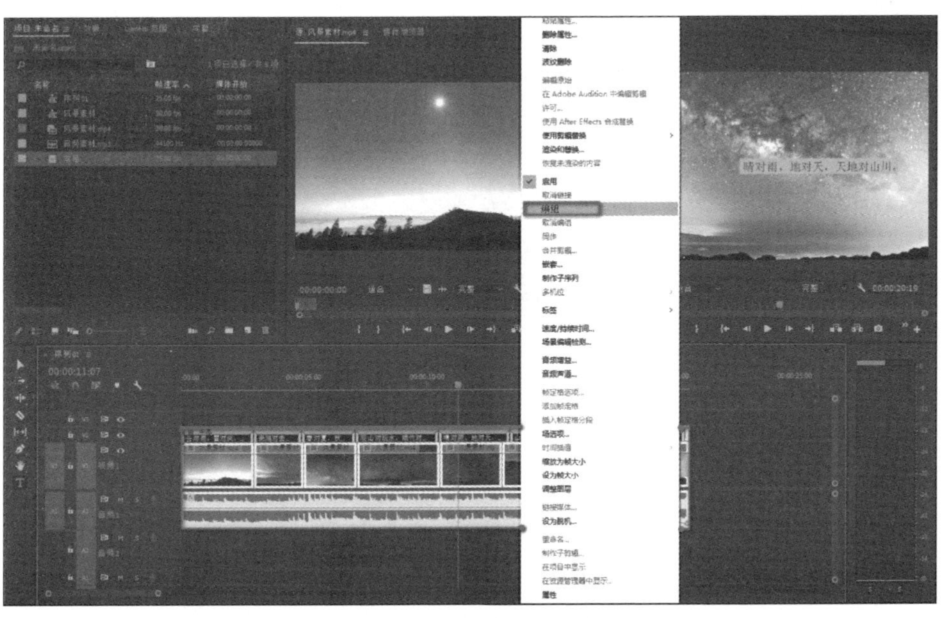

图 5-82 对所有序列进行编组

② 在“时间轴”面板中选中序列，按“Ctrl+M”组合键打开“导出设置”对话框，或者执行“文件”—“导出”—“媒体”，打开“导出设置”对话框，如图 5-83 所示。

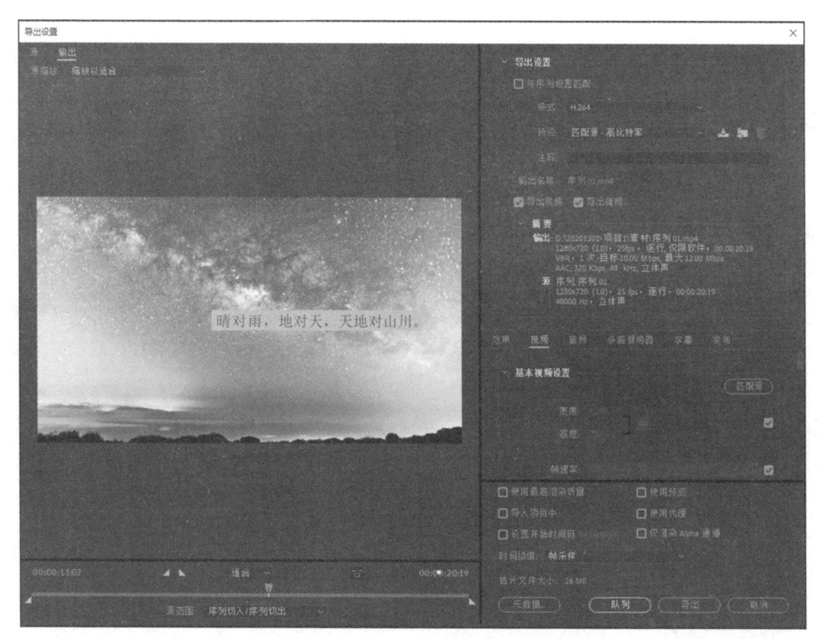


图 5-83 “导出设置”对话框

③ 在“导出设置”对话框中，进行以下几项设置。

首先，设置导出格式。在“导出设置”的“格式”选项中，在下拉列表框中选择“H.264”选项（即 MP4 格式），如图 5-84 所示。



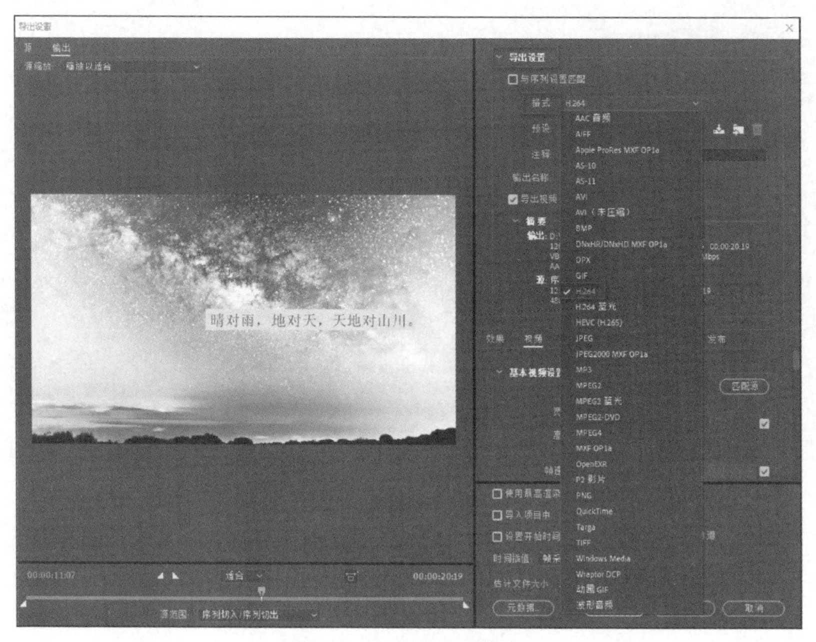


图 5-84 设置导出格式

其次，设置存储位置和文件名。单击“输出名称”选择右侧的文件名超链接，在弹出的“另存为”对话框中选择短视频的保存位置，并输入文件名，然后单击“保存”按钮，如图 5-85 所示。

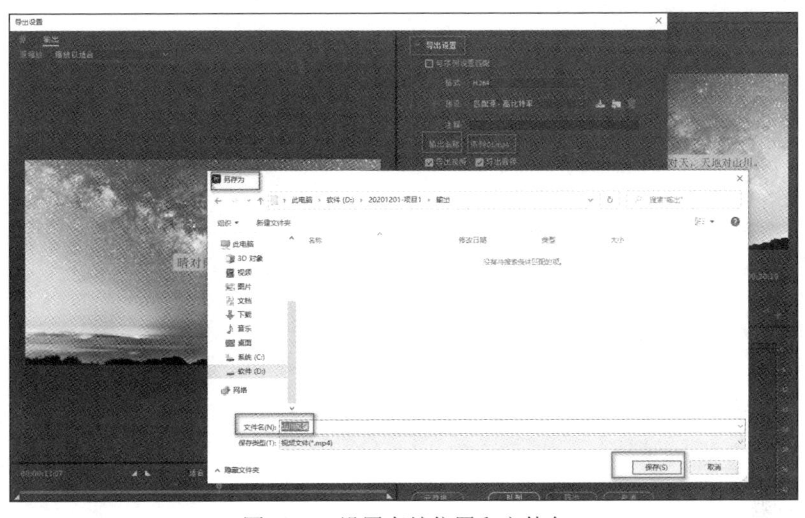


图 5-85　设置存储位置和文件名

最后，设置比特率和确定导出。返回“导出设置”对话框，选择“视频”选项卡，在“比特率设置”中滑动滑块，调小“目标比特率”数值，对短视频进行压缩，以减小短视频的体积；单击“导出”按钮，即可导出短视频，如图 5-86 所示。

图 5-86　导出短视频

### 2. 导出短视频片段

导出短视频片段，即先选取短视频片段，在“节目监视器”面板中为短视频片段标记入点和出点，如图 5-87 所示，然后再进行导出设置。

图 5-87　为短视频片段标记入点和出点

### 3. 导出裁剪短视频

导出裁剪短视频，即在“导出”设置对话框中对短视频进行画面裁剪，从而导出画面范围更小的短视频。操作方法如下。

① 在“时间轴”面板中选中序列，按“Ctrl+M”组合键打开“导出设置”对话框。

② 在对话框左上角切换到“源”界面，单击“裁剪输出视频”按钮，对短视频画面进行裁剪选择。裁剪范围选定后，在视频画面下方的“源范围”下拉列表框中选择“序列切入/序列切出”选项。

③ 裁剪设置完成后，在“导出设置”对话框中设置导出“格式”“输出名称”“视频”选项卡下的“目标比特率”，如图 5-88 所示。

④ 设置完成后，单击“导出”按钮，即可导出裁剪的短视频。

**思考练习**

在条件允许的情况下，用 Pr 剪辑一个短视频，并将其导出。

图 5-88　在“导出设置”对话框中设置相关内容

# 第 6 章

# 发布技巧：如何发布短视频，获取更多流量

【学习目标】

- □ 知道短视频标题创作技巧。
- □ 学会制作优质的短视频封面。
- □ 学会选择合适的短视频发布时间。
- □ 了解短视频发布的小技巧。

## 6.1 短视频标题创作技巧

有“广告教父”之称的大卫·奥格威在其著作《一个广告人的自白》中写道：“标题在大部分广告中，都是最重要的元素，能够决定读者会不会看这则广告。”这句话放在短视频中同样适用。高质量的短视频标题能够迅速吸引用户注意力，激发用户观看短视频的兴趣。

### 6.1.1 创作短视频标题的三大准则

短视频的标题创作，可以遵循以下 3 个基本准则。

**1. 戳中痛点：提出让用户困扰的问题**

短视频的标题要想吸引用户，就需要戳中用户的痛点[24]，所涉及的痛点越“痛”，就越能引发用户的关注。并且，这类痛点不能只针对某一个人，而是要能引发大众共鸣，是大多数人普遍存在的痛点。

想要搜集到好的痛点，可以多关注网络热点或日常生活中人们常交谈的话题，然后提炼出与之相关的最贴切、最通俗的词语。具有代表性的痛点类标题不少，如“秋招季：写简历请注意这几点”，如图 6-1 所示。

---

24 痛点：通常指尚未被满足的，而又迫切渴望的需求。

### 2. 指明利益：给出解决问题的方法

指明利益，即在标题中明示或暗示短视频内容中有解决问题的方法。在这样的标题中，选用简单通俗的语言描述问题和利益，更有助于吸引用户点开短视频。

例如，"合并 Excel 中的 500 个表格你要用 7 天？现在教你 10 秒搞定！"这一标题，提出了"合并 500 个表格"这样的工作量大的问题，而"教你 10 秒搞定"则暗示短视频中有轻松解决问题的方法，因而容易吸引用户观看。

### 3. 引发好奇：提出问题，将答案放在短视频中

创作标题时，需要告知用户观看短视频的好处，但这并不意味着要在标题中直接告知答案。如果在标题中抛出一个令人好奇的话题，而将具体答案或内容放在短视频中，就更能吸引用户观看。例如，"当球球看见和它长得一模一样的猫咪会怎样……"就是典型的好奇类标题，如图 6-2 所示。

图 6-1 痛点类标题

图 6-2 好奇类标题

这类标题吸引用户的逻辑是，首先抛出一个让人好奇的点，然后描述自己的情感体验，用有趣的情感体验吸引用户观看短视频。

**思考练习**

请列举出 3 个你认为十分经典的短视频标题，并说一说它好在哪里。

## 6.1.2 创作短视频标题的八大秘诀

以下列举的 8 种创作标题的方法，能够在很大程度上提高短视频的点击率。

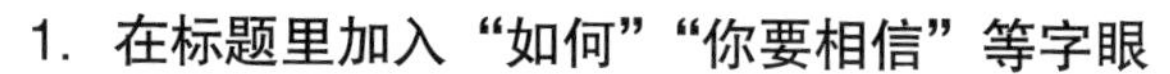

### 1. 在标题里加入“如何”“你要相信”等字眼

在创作短视频标题时，需要学会套用关键词。

（1）在标题中加入“如何”

在标题中加入“如何”是常用的创作标题的方法之一，能够彰显内容的功能性，也能够突出痛点和解决痛点的方法，具体案例如下。

“如何撰写简历，能够获得更高的回复率？”

“如何与同学对话，勾起对方聊天兴趣的概率更大？”

这种简单的句式，在加入了“如何”之后，就能让用户快速识别内容的主题，判断自己是否对这则短视频感兴趣。

（2）在标题中加入“你要相信”

“你要相信”是励志类、治愈类短视频标题中常用的字眼，能够起到鼓舞人心的作用，具体案例如下。

“你要相信，你的努力终有一天会被人们看到和认可。”

“你要相信，这个世界上一定有一个默默爱着你的人。”

这类标题通常带有一定的情绪暗示，能够起到加油打气、抚慰心灵的作用，通常更能得到用户的喜爱。

### 2. 善用修饰词

修饰词能够强调内容的独特性，并增强感情色彩。对于短视频标题创作而言，短视频创作者同样可以利用这种方法，具体案例如下。

“如何快速写出高级作文，5 年老记者免费教你学写作！”

标题中的“快速”“高级”“5 年”“免费”都属于修饰词，能暗示内容的价值。

### 3. 加强紧迫感

紧迫感标题能够击中用户的好奇心，用户往往对于还没有普遍传播的信息有着强烈的探索欲望，想要快速体验和感受。用标题制造一种紧迫感，能够促使用户将好奇心理转化成行动，从而观看短视频内容。具体案例如下。

“无人知晓的英语单词速记法，还无人尝试！”

标题中的“无人知晓”“无人尝试”突出了内容的唯一性，让看到短视频标题的用户萌生了紧迫感，并自然地产生了一种“做第一个吃螃蟹的人”的想法，然后主动观看内容。

### 4. 赋予用户抢占了珍贵资源的感觉

许多好的标题会给用户制造这样一种感觉：自己抢占了珍贵的资源。这类标题同样能够让用户产生“不看就亏了”的感觉，毕竟珍贵的资源并不是谁都能获得的，具体案例如下。

“阿里巴巴内部员工工作指南！”

“揭秘腾讯高管薪资待遇！”

这类标题给用户一种“绝对珍贵”的感觉，认为不是所有人都能获得这些信息，因此，用户会迫不及待地想要打开短视频一看究竟。

#### 5. 传递简单易学、好处多多的感觉

在现代社会，碎片化学习成为一种趋势。因此，创作学习类短视频的标题时可以凸显“简单易学”的特征，并告知用户获取这一技能后会得到很大的好处，具体案例如下。

“皮皮虾比小龙虾更难剥？用它5秒就能搞定！”

这类标题给人一种简单、好操作且信心满满的感觉，通常可以套用一个万能公式，即“动词+所得利益”。使用这个模板，往往能轻松地拟出一个好的标题。

#### 6. 强调针对某类固定人群

短视频的内容创作讲究深入垂直领域，当标题明确指出短视频内容专门针对某类固定人群时，虽然有一定的局限性，但却能很大程度上引起这类人群的注意，具体案例如下。

“短视频运营新手必看！10个你必须知道的‘涨粉’技巧！”

这类标题属于“对症下药”，可以直接吸引对内容感兴趣的用户观看。

#### 7. 贴上“福利”的标签

给短视频标题贴上“福利”的标签，能够使用户认为观看这则短视频对自己有利，可以获得意想不到的福利。具体案例如下。

“儿童节福利放送：谁还不是个孩子了？今天人人都过节！点开视频，人人都有礼！”

短视频创作者创作这类短视频标题时，通常需要利用一个契机。例如，“节日”能给用户带来一种“福利不是天天有”的感觉，让用户认为这个福利过时不候，从而快速点开短视频。

#### 8. 结合热点，套用网络热词

网络热词是天然的流量“东风”，短视频创作者作为互联网文化的传播者，自然要深谙最前沿的潮流文化。将网络热词作为标题关键词，有助于提升短视频的搜索量和曝光量，具体案例如下。

2020年9月，央视官方微博账号“春晚”宣布《上线吧！华彩少年》正式开启，“华彩少年”成为热词。那么，短视频创作者可以这样取标题：“你眼中的华彩少年和家长眼中的华彩少年。”

这样的标题既迎合了网络流行文化，也将两代人心中对于少年榜样的定义进行对比，可以引发不同年龄段用户的共鸣。

**思考练习**

你常常会被哪一类短视频标题吸引？为什么？

## 6.2 短视频封面图制作技巧

短视频封面图又叫“头图”，相当于一个文件的“缩略图”，能够让用户在没有打

开短视频之前，就了解短视频的基本信息。在快手、哔哩哔哩、西瓜视频等平台，封面图与标题同等重要，都能给用户留下“第一印象”。在抖音平台，账号页面仅会显示短视频封面，并不显示标题文案。因此，当用户浏览账号主页面时，封面图直接决定了用户是否会观看该短视频。由此可见，短视频封面图在任何短视频平台都有着无法取代的地位。

### 6.2.1　4 类常用的短视频封面图

目前常见的优质短视频封面图主要包括以下 4 类。

**1. 资讯类：概括内容，输出信息**

资讯类短视频封面图通常以短视频中的画面为背景，并添加可以概括内容的文字。利用图片场景与文字搭配的效果，让用户快速了解短视频的主要内容，以此判断自己是否对该内容感兴趣，如图 6-3 所示。

图 6-3 中，封面图中的文字均简单概括了短视频的内容。例如，“未来的手机会怎样”“会自动弯的显示器”。这类封面图中的文字信息如果输出到位，会使用户一眼领悟短视频的主旨。

**2. 生活类：疑问语句，引发好奇**

生活类短视频封面图同样可以将短视频中的画面作为背景，并添加恰当的文字。其重点在于文字的设定，可以利用疑问语句来引发用户的好奇，如图 6-4 所示。

图 6-3　资讯类短视频封面图

图 6-4　生活类短视频封面图

图 6-4 中，封面图背景均使用了生活化的场景，且画面与文字中提到的关键词高度相符。其文字为“泡面+一整块黄油　吃出法餐的味道？”，与此搭配的图片正是其中提到的画面。这类短视频封面图使用户能够在图片与文字的双重“刺激”下观看详细内容。另外，剧情类短视频也可以使用此类方法制作短视频封面图，在设计文字时还可以突出剧情重点。

### 3. 技巧类：简明扼要，注明需要解决的问题

技巧类短视频封面图的关键在于文字，需要突出该条短视频主要介绍哪一个技巧、解决什么问题，并用简单、直接的语句表达出来，切忌字数过多，让人无法快速找到重点，如图 6-5 所示。

图 6-5 中，封面图中的文字直接点明了该条短视频讲解的技巧。例如，“批量制作工资条”这一文案仅 7 个字，但戳中了许多职场财务人员的痛点，简明扼要地表明了该条短视频的主要内容。

### 4. 文艺类：画面唯美，营造意境

文艺类短视频封面图可以不添加文字说明，仅用唯美的画面营造意境。因此，这类封面图对图片的要求比较严格，短视频创作者需要注重场景选取、画面构图、颜色搭配等，如图 6-6 所示。

图 6-5　技巧类短视频封面图

图 6-6　文艺类短视频封面图

图 6-6 中，短视频创作者均使用了画质清晰、文艺气息浓厚的图片作为封面图。这类封面图既符合了短视频内容的风格，也体现了短视频创作者的格调，能够吸引热爱此类风格的短视频用户。

需要说明的是，以上 4 类常用的短视频封面图类型并不是一成不变的，短视频创作者可以根据短视频的具体内容进行相应调整。例如，生活类短视频的内容趋于文艺风时，短视频创作者也可以尝试制作文艺类短视频的封面图。

**思考练习**

让你印象最深刻的短视频封面图是什么？说一说它最吸引你的地方。

## 6.2.2 短视频封面图的制作要求

在制作短视频封面图时，需要注意 3 个方面：文字位置、文字设计、颜色搭配。

### 1. 文字位置

在资讯类和生活类的短视频中，封面图的背景画面承担着营造氛围的重要作用。因此，在添加文字时要避开背景画面的主体区域，尽量在主体边缘的非重要区域内添加文字。单行文字建议不超过 10 个字，信息过多容易造成画面杂乱，影响用户观感。

### 2. 文字设计

对于不同类型的短视频，短视频创作者在添加文字时需要设计不同的文字造型，以贴合短视频风格。例如，技巧类短视频封面图中的文字应该选择较为常规的字体，不宜添加过多修饰，且摆放位置最好固定，如图 6-7 所示。

由于技巧类短视频封面图的关键在于文字，短视频创作者可以将文字位置设定在封面图中的主要区域。

对于非技巧类的短视频，短视频创作者也可以根据短视频的风格设置不同的文字样式。例如，对于可爱风、萌宠系列的短视频封面图，短视频创作者可以设计较为俏皮的字体，并适当添加装饰物，如图 6-8 所示。

图 6-7 技巧类短视频封面图的文字设计

图 6-8 可爱风、萌宠系列的短视频封面图

### 3. 颜色搭配

不同的颜色可以表达不同的情绪，在制作短视频封面图时，短视频创作者可以根据短视频内容选择适合的颜色进行创作，使背景图片与文字造型更加贴合短视频主旨。

（1）单色的使用

① 红色：红色十分亮眼，通常表示激情、高亢，常用于热情的场景中。

② 绿色：绿色是“春天的颜色”，通常代表生命、安全、环保、和平，常用于医疗和农业领域。

③ 黄色：黄色比较明亮，通常代表了欢快、活力，常用于欢快的氛围中。

④ 蓝色：蓝色具有商务感、科技感，既可以表达开阔的心境，也可以表达孤寂的情绪，适用范围较广。

⑤ 紫色：紫色具有神秘感，通常给人以优雅、华丽的感觉，常用于比较梦幻的场景中。

（2）配色的使用

除了使用单色，在短视频封面图中，还可以分别以黑色或白色为基础，将其与其他颜色进行搭配，这样能够制造出不一样的效果，如表 6-1 所示。

**表 6-1　以黑或白色为基础的搭配方法**

| 以黑或白色为基础 | 搭配效果 |
|---|---|
| 黑+灰 | 简约、商务、尖锐 |
| 黑+红/橙 | 华丽、时尚、亮眼 |
| 黑+白 | 正式、简洁、历史感、回忆感 |
| 白+粉 | 可爱、甜蜜、浪漫 |
| 白+粉+浅绿 | 清爽、浪漫、纯粹 |
| 白+蓝 | 年轻、干净、正式 |
| 白+蓝+绿 | 清爽、动感、健康 |

在制作短视频封面图时，短视频创作者可以根据以上颜色的特征，对图片和文字进行适当地搭配，从而获得良好的效果。

**思考练习**

如果要为你的同学制作一条生日短视频，你该如何设计短视频封面图？

## 6.3 短视频发布时间的选择

选择合适的短视频发布时间，能为短视频带来更多流量。中国产业信息网在 2020 年发布了《2019 中国短视频行业市场规模及用户画像分析》，通过该报告，短视频创作者可以分析得出 2019 年中国短视频用户产品使用场景，如图 6-9 所示。

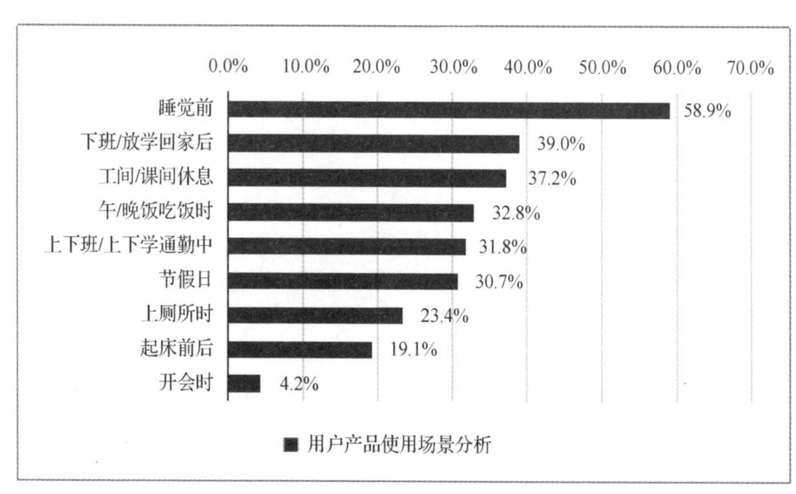


图 6-9 2019 年中国短视频用户产品使用场景

通过图 6-9 可知，2019 年中国短视频用户的主要观看时间集中在睡觉前、下班或放学回家后、工间或课间休息等。

## 6.3.1 4 个适合发布短视频的时间段

按照以下 4 个“黄金时间段”的特征发布不同类型的短视频，能够收获更多的流量。

### 1. 第一个时间段：6:00—8:00

用户在这个时间段基本处于起床前后、上班或上学途中。在早晨精神焕发的时间段里，短视频创作者适合发布早餐美食类、健身类、励志类短视频，这比较符合该时间段用户的心态。

### 2. 第二个时间段：12:00—14:00

这个时间段中，无论是学生还是上班族，大多处于休息的状态。在相对无聊的午休时间里，用户会选择浏览自己感兴趣的内容。短视频创作者在这个时间段适合发布剧情类、幽默类短视频，使用户能够在工作和学习之余得到放松。

### 3. 第三个时间段：18:00—20:00

这个时间段是大多数用户放学或下班后的休息时间，大部分人在忙碌一天之后都会利用手机打发时间，这一时间段也是短视频用户数非常集中的时候。因此，几乎所有类型的短视频都可以在这个时间段里发布，尤其是创意剪辑类、生活类、旅游类短视频。

### 4. 第四个时间段：21:00—23:00

这个时间段为大多数人睡觉前的时间，根据图 6-9 可以得知，这个时间段观看短视频的用户数量最多。因此，这个时间段同样适合发布任何类型的短视频，尤其是情感类、美食类短视频的观看量更为突出，且评论数、转发量较高。

说一说你最想要创作哪类短视频，并分析该类短视频适合在哪个时间段发布，为什么？

### 6.3.2 短视频发布时间的注意事项

在选择短视频的发布时间时，还需要注意以下 6 个方面。

#### 1. 固定时间发布

短视频的发布时间可以形成固定规律，短视频创作者不仅可以固定时间段，还可以固定选择每周的哪几天发布。例如，固定在每周三、周五、周日晚上的 9:00 发布。采用这种发布方式能够培养用户的观看习惯，同时也能使短视频工作团队形成有序的工作模式，以免出现打乱仗、工作计划时长突变的问题。

#### 2. 无固定时间发布

短视频的发布时间也可以无规律，短视频创作者按照短视频的具体内容确定发布时间。例如，某美食类短视频账号的本期短视频内容是美味早餐的搭配方式，则可以选择在早餐时间发布；下一期短视频内容是健康晚餐的做法，则可以选择在晚餐时间发布。

#### 3. 错开高峰时间发布

前文介绍了 4 个发布短视频的黄金时段，但在选择发布时间时也可以另辟蹊径，避开黄金时间。因为这些时间段虽然用户流量大，但发布的短视频数量也多，竞争压力较大。所以，尝试错开高峰时间发布短视频也是一个不错的选择。

#### 4. 需要适当提前发布

短视频的发布通常需要由系统或人工进行审核，因此，发布短视频的时间要比计划发出的时间早半个小时或 1 个小时。例如，计划在晚上 8:00 正式发出短视频，则需提前至晚上 7:30 左右发布。当短视频审核完毕时，正式的发出时间基本能符合计划发出的时间。

#### 5. 针对目标用户群调整发布时间

不同的用户群观看短视频的时间段不同，在发布针对某一特定用户群的短视频时，需要考虑这类用户的观看习惯。例如，母婴类短视频的目标用户群是“宝妈”人群，这类人群通常需要在早、中、晚的进餐时间前后照顾孩子，在孩子入睡后才有空浏览短视频，那么短视频创作者在发布这类短视频时就需要充分考虑相关因素，调整发布时间。

#### 6. 节假日的发布时间需顺延

大多数用户在节假日期间可能会晚睡、晚起，短视频创作者发布短视频时就需要适当顺延发布时间。以早餐类短视频为例，用户在工作日的早餐时间可能是在早上 8:00 左右，而大部分用户在节假日时期的早餐时间可能会调整至上午 10:00 左右。那么，在节假日发布早餐类短视频时，则需要根据实际情况顺延发布时间。

想一想，你一般在什么时间观看短视频，以及观看什么类型的短视频。

# 6.4 短视频发布小技巧汇总

短视频发布看似是一个简单的操作，实则涉及许多细节问题。除了需要选择合适的发布时间，短视频创作者还要考虑其他多方面的因素，以帮助短视频获得更多的流量和关注。

## 6.4.1 根据热点话题发布

发布短视频时可以紧跟时事热点，因为热点内容通常具有天然的高流量，借助热点话题创作的短视频受到的关注度也相对较高。常见的热点话题主要有以下 3 类。

### 1. 常规类热点

常规类热点是指比较常见的热点话题，如大型节假日（春节、中秋节、端午节等）、大型赛事活动（篮球赛事、足球赛事等）、每年的高考和研究生考试等。这类常规热点的时间固定，短视频创作者可以提前策划和制作相关短视频，在热点到来之际及时发布短视频，该短视频通常能够获得较多关注。

例如，抖音账号“韩长江 JACKY”在 2020 年 2 月 13 日，即情人节前一天发布了与“情人节”话题相关的短视频。截至 2020 年 9 月，该短视频的点赞量已经超过 46 万次，如图 6-10 所示，而“韩长江 JACKY”的其他短视频的点赞量大多在数万次左右。由此可见，紧跟热点发布短视频是吸引流量的重要方式。

图 6-10　以情人节为话题发布的短视频

图 6-10 中提到的抖音账号“韩长江 JACKY”的主要观看人群是年轻用户，该账号发布与情人节相关的内容，自然会获得年轻用户的普遍喜爱。因此，短视频创作者在选择热点时，可以紧跟用户群体关心的热点发布短视频。

### 2. 突发类热点

突发类热点是指不可预测的突发事件，这类热点会突然出现，如生活事件、行业事件、娱乐新闻等。发布这类短视频时要注意时效性，简单来说，遇到这类热点话题时，在制作和发布短视频时都要做到“快”。在该类热点话题出现后的第一时间迅速发布与之相关的内容，往往会获得非常大的浏览量。与常规类热点相比，突发类热点更能引发用户的好奇和关注。

### 3. 预判类热点

预判类热点是指短视频创作者预先判断某个事件可能会成为热点。例如，某电影将在一周后上映，许多用户对该电影十分期待，那么在电影上映之前，短视频创作者就可以发布与之相关的短视频。用户在期待电影之余，通常会选择通过观看该类短视频，提前交流对电影剧情或主角的看法。

**思考练习**

你看过哪些让你印象深刻的热点类短视频？它们吸引你的原因是什么？

## 6.4.2 添加恰当的标签

标签是短视频内容中最具代表性、最有价值的信息，也是系统用以识别和分发短视频的依据。好的标签能让短视频在推荐算法的计算下，将短视频分发给目标用户，得到更多有效的曝光。高质量的标签一般具有以下 4 个特征。

### 1. 合适的标签个数

不同类型的短视频平台，要求添加不同个数的标签。

（1）移动端短视频平台（抖音、快手等）：1～3 个标签为宜

在以抖音、快手、微信视频号、小红书为代表的移动端短视频平台上，短视频创作者可以为短视频添加 1～3 个标签，且每个标签的字数不宜过多，在 5 个字以内为宜，如图 6-11 所示。因为移动端短视频平台会将标签与标题文案一同显示，标签字数过多会使版面看起来比较混乱。所以，在这类短视频平台上为短视频添加标签时，需要提炼关键词，选择最能代表短视频内容的词语作为标签。

（2）综合类短视频平台（哔哩哔哩、西瓜视频等）：6～10 个标签为宜

在以哔哩哔哩、西瓜视频为代表的综合类短视频平台上，短视频创作者可以为短视频添加 6～10 个标签。因为综合类短视频平台不会将短视频标签与标题一同显示，标签数量的多少不会影响到短视频画面。所以，在这类短视频平台上为短视频添加标签时，可以适当增加标签数量，选择与短视频内容相关的词语作为标签，如图 6-12 所示。

图 6-11 移动端短视频平台（以抖音、快手、微信视频号、小红书为例）上的标签

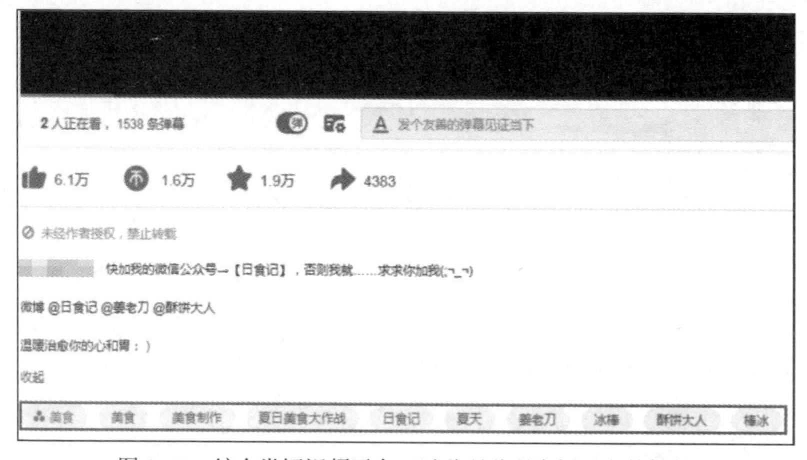


图 6-12 综合类短视频平台（以哔哩哔哩为例）上的标签

需要注意的是，虽然综合类短视频平台对于标签的字数与数量没有过多限制，但在添加标签时也要选择符合短视频内容的标签，切忌添加过多与内容无关的标签，使系统无法识别推荐领域，或将短视频分发给不相关的用户。

### 2. 标签要准确化、细节化

设置标签时要做到准确化、细节化。以服装穿搭类短视频为例，如果将标签设置为“女装”，则涵盖范围太广。更好的做法是，将标签设置为“秋冬穿搭”“时尚穿搭”“温柔风穿搭”等限定性词，这类精确性更高的标签，能使短视频在分发时深入垂直领域，找到真正的目标用户群体。

### 3. 将目标用户群体作为标签

设置标签时不仅可以根据短视频内容选择标签，还可以根据短视频的目标用户群体选择标签。例如，对于运动、健身类短视频，短视频创作者可以添加“运动达人”

"球迷"等标签。

#### 4. 将热点话题作为标签

紧跟热点话题始终是短视频运营不可缺少的环节，在设置标签时可以适当将热点话题作为标签，以此增加短视频的曝光量。例如，春节期间的短视频多与"春节"这一热点相关，短视频创作者可以适当添加"春节""新年""团圆饭"等与热点相关的标签。需要注意的是，设置标签时可以适当结合热点，但不能为了追求流量毫无底线，去结合一些负面的热点新闻。

另外，值得一提的是，在抖音平台发布短视频时，可以@"抖音小助手"。"抖音小助手"是抖音官方的短视频账号，主要用以评选抖音的精品内容和发布官方信息。因为抖音采用机器人和人工审核的方式推荐内容，在人工审核之前，大部分短视频都会由"抖音小助手"（机器人）先进行归类。所以，@"抖音小助手"相当于毛遂自荐，提醒系统快速审查该条短视频；如果该条短视频质量佳、创意好，则会有更大的概率"上热门"。

同样的道理，在哔哩哔哩发布短视频时，设置标签时可以将官方活动名称作为标签添加。哔哩哔哩的官方活动有许多，如"萌新UP主夏令营""bilibili新星计划"等。

**思考练习**

请以你喜欢的内容为主题，并与同学讨论可以为该主题设置哪些标签。

### 6.4.3 同城发布与定位发布

在抖音和快手等移动端短视频平台，发布短视频时可以选择"同城发布"和"定位发布"。这两种发布方法都能为短视频带来意想不到的流量。

#### 1. 同城发布

同城发布是指将短视频发布到该短视频账号所在的城市，简单来说，是将该城市的短视频用户作为目标用户群体。虽然同城用户数量无法与全国用户数量相比，但短视频创作者能在某一区域打开市场也是一个明智的选择。尤其是有线下实体店的短视频创作者采取同城发布短视频能够为实体店宣传和引流。

#### 2. 定位发布

定位发布是指在发布短视频时定位某一地点（定位任意选择），使短视频被该地点周围的用户看到。定位发布的方法有两种：一种是根据短视频内容定位相关位置，如短视频内容为丽江古城的工艺品，则可以在发布短视频时定位"丽江古城"，使定位地点的用户看到这则短视频；另一种是定位人流量大的商圈、景点等，因为该类地点的人数众多，短视频用户的数量也相对较大，如图6-13所示，发布短视频时定位在该类区域，能够提高短视频的浏览量。

图 6-13 短视频定位发布

总而言之，同城发布与定位发布都是在短视频发布地点上做文章。想要获得更多的短视频流量，可以灵活运用以上 3 种发布技巧，并加以创新，寻找更适合自身短视频的发布方式。

## 思考练习

在哪些情况下可以利用同城发布和定位发布的方式发布短视频？请举例说明。

# 第 7 章

# 运营攻略：快速学会短视频标准化运营

【学习目标】

☐ 知道短视频运营的重要性和基本思维逻辑。

☐ 理解短视频推广运营、用户运营、流量运营的方法。

## 7.1 短视频运营概述

"运营"是一个比较新的概念，在传统行业里并不常见。随着互联网行业的蓬勃发展，运营迅速成为内容推广中不可或缺的重要环节，短视频运营尤其如此。

### 7.1.1 为什么要做短视频运营

各种各样的优质短视频层出不穷。想要在诸多的短视频中脱颖而出，除了要做好内容外，还需要做好运营。归纳起来，短视频运营主要有以下 4 方面的作用。

**1. 运营让流量转化为真实粉丝**

短视频运营的首要目的是引流。所有短视频账号都有一个从 0 到 1 的积累过程，一个全新的账号，在初期需要通过运营为账号宣传、拉新。

通常来说，一条内容较好的短视频能获得平台的天然流量，吸引部分用户的关注，但也有其局限性和阶段性。很多不注重运营的短视频账号几乎都是昙花一现，在一条短视频成为"爆款"之后，很难再出佳作，之前获得的巨大流量也逐渐消失。而懂得运营的短视频创作者，则会根据短视频账号的实际情况制订长期的运营策略，用内容吸引用户，将流量转化为真实粉丝，并不断地沉淀粉丝群体，深入打造垂直领域。

简单来说，短视频运营相当于产品营销和售后服务等一系列综合宣传推广手段。

如果短视频没有运营这一环节，就像一件产品缺少了广告宣传这个重要步骤，仅凭产品本身和用户的口碑宣传难以在选择多样的市场上存活。

### 2. 运营使互动更有意义

互联网营销与传统营销最大的区别在于互动。很多互联网产品能够在市场中快速占据一席之地，主要原因在于运营人员重视与用户的互动。例如，直播行业的火爆，在一定程度上是因为主播与用户的即时交流与互动大大提升了用户的参与感和观看体验。

在短视频领域，与用户形成良好互动的方法有很多。例如，有选择性地回复部分用户的评论、私信、弹幕等，以此维持用户的活跃性。同时，用户的观点和建议也能为短视频的创作起到积极作用，短视频创作者应该在用户的反馈中筛选有效信息，如有价值的内容主题、真实的用户感受和喜好、市场的最新需求和走向等。这些信息对于传统企业而言，可能需要花费重金进行市场调研，或通过咨询公司才能获取；而短视频创作者只需要做好用户运营工作，就能使短视频的创作尽可能地与目标市场相契合。

### 3. 运营让内容更加人格化

每个短视频账号或出镜人员都应该有自己的“人设”，这是短视频运营工作初期需要设定好的要素。在后期的运营过程中，创作的内容和互动方式都应该符合既定的“人设”，这是短视频运营的基本要求。

大众熟知的短视频创作者都有其特有的人物设定。例如，“樊登读书会”的主讲人樊登，通常给人一种亲切、博学的感觉，在创作内容时也都会围绕这一“人设”展开；在与用户互动、提出建议时，也始终保持着平易近人、值得信赖的形象。因此，围绕“人设”的互动方式，是短视频运营工作中需要认真筹划的部分。

### 4. 运营为内容创作提供数据基础

绝大多数短视频平台都有后台数据系统，能够清晰地展示各项数据，如用户的地域分布、性别比例、年龄层、观看时长等。短视频创作者需要重视数据的时效性，每天坚持查看最新数据，在第一时间掌握“一手资料”。

站在内容生产的角度来说，数据是短视频创作的重要参考要素。如果短视频创作者只根据自己的喜好创作内容，不关注市场走向，则很容易陷入闭门造车的困境，创作的短视频难以引起广大用户的共鸣。

总而言之，短视频内容能够吸引一部分天然的免费流量，这些流量就像水一样，短视频创作者需要好好维护，以免流失。而短视频运营工作则是将这些水聚在一起，让它们能够不断再生，形成良性循环，让短视频账号和内容能够真正地“活”起来。

请以你最喜欢的短视频创作者为例，分析他是如何开展短视频运营工作的。

## 7.1.2 短视频运营的基本思维逻辑

短视频运营需要遵循一定的思维逻辑才能更好地进行，市场营销行业有一句非常流行的话，“以消费者为中心实现精细化营销”。要想实现精细化营销，可以套用“AIPL”模型。

### 1. “AIPL”模型的概念

在了解“AIPL”模型之前，需要提到一个名词：品牌人群资产。品牌人群资产的概念可以通过一个简单的案例来解释。

被誉为“可口可乐之父”的罗伯特·伍德鲁夫曾说过：“即使可口可乐的全部工厂都被大火烧掉，给我 3 个月时间，我就能重建完整的可口可乐。”因为可口可乐在全球拥有数量庞大的消费人群，几乎没有人不知道可口可乐，仅是“可口可乐”这一品牌就拥有极高的知名度和广阔的消费市场。据此可以说，可口可乐拥有强大的品牌人群资产。

根据“品牌人群资产”这一概念，阿里巴巴推出了可以量化运营人群资产的模型，使复杂的营销概念变得更加简单和清晰，这个模型即“AIPL”模型，如表 7-1 所示。

表 7-1 “AIPL”模型

| “AIPL”模型 | 对应含义 | 具体人群 |
|---|---|---|
| A（Awareness）人群 | 品牌认知人群 | 包括被品牌广告触达的人和搜索品类词的人 |
| I（Interest）人群 | 品牌兴趣人群 | 包括点击广告、浏览品牌/店铺主页、参与品牌互动、浏览产品详情页、搜索品牌词、领取试用、订阅/关注/入会、加购收藏的人 |
| P（Purchase）人群 | 品牌购买人群 | 指购买过品牌产品的人 |
| L（Loyalty）人群 | 品牌忠诚人群 | 包括复购、评论、分享的人 |

通过表 7-1 可以看出，营销链中主要有 4 类人群，品牌应该对不同人群采取相应的营销方式和措施，让该模型中的人群实现高效流转：在基数最大的“A 人群”中挖掘“I 人群”，将“I 人群”转化为“P 人群”，再引导“P 人群”成为“L 人群”。当一个品牌拥有大量的“L 人群”即“品牌忠诚人群”时，它就掌握了大量的品牌人群资产，这对于品牌的长期发展而言至关重要。

### 2. “AIPL”模型在短视频运营中的具体含义

“AIPL”模型也适用于短视频领域。

“AIPL”模型为短视频运营提供了基本的思维逻辑，其具体含义也稍有改变。“AIPL”模型在短视频运营中的具体含义如表 7-2 所示。

表 7-2 “AIPL”模型在短视频运营中的具体含义

| “AIPL”模型 | 对应含义 | 在短视频运营中的具体含义 |
| --- | --- | --- |
| A（Awareness）人群 | 内容认知用户 | 以海量普通用户为基础，寻找对短视频内容有基本认知的用户，分发内容信息 |
| I（Interest）人群 | 内容兴趣用户 | 通过多种展现形式传递有价值的内容，吸引更多用户产生兴趣，深入垂直领域 |
| P（Purchase）人群 | 潜在用户 | 找准用户需求，实现快速转化，实现用户对短视频内容感兴趣到自愿消费的思维转化和流量转化 |
| L（Loyalty）人群 | 忠实用户 | 积累忠实用户，使流量和用户形成良性循环和再生产 |

### 3. “AIPL”模型在短视频运营中的实际应用

短视频运营包括推广运营、内容运营、用户运营、流量运营 4 个部分。这 4 个部分可以与“AIPL”模型一一对应，具体分析如下。

（1）推广运营——寻找内容认知用户

推广运营是短视频运营工作的第一个步骤，也是短视频运营初期的关键环节，短视频创作者需要在海量普通用户中寻找对短视频内容有基本认知的用户。其中，“有基本认知的用户”的概念是，对短视频内容有基本了解，有可能成为内容兴趣用户的人群。例如，某短视频内容为“二次元”动漫，对该内容有基本认知的用户可能是“90后”“00 后”等年轻人群；而“60 后”普遍对“二次元”文化了解不多，短视频创作者则可以将其划分为不属于有基本认知的用户群体。

因此，推广运营工作就是从整个短视频市场中筛选出内容认知用户，然后根据这类用户的特征制订详细的推广策略，将宣传信息传递给他们。

（2）内容运营——引导内容兴趣用户

内容运营是一项涉及范围较广的运营工作，它对应“AIPL”模型中的“（引导）内容兴趣用户”这一环节，又包含了账号运营、制作创意、宣传推广 3 个环节，如表 7-3 所示。

表 7-3 “AIPL”模型中内容运营的 3 个环节

| 内容运营的 3 个环节 | 具体内容 |
| --- | --- |
| 账号运营 | 为短视频账号定位，确立“人设”、发展方向、长期规划等 |
| 制作创意 | 根据用户反馈对内容策划和制作方式提出建议等 |
| 宣传推广 | 制订短视频内容的宣传方式、推广策略等 |

表 7-3 中的“账号运营”和“宣传推广”这两个环节是短视频运营的常见工作，不再过多赘述，而“制作创意”环节则需要再补充说明。由于内容运营的核心是“内容”，想要做好内容运营就要将内容作为重中之重，而只有在了解市场详情和用户反馈后，制作出的短视频内容才可能更加符合用户审美、贴合市场需求。

（3）用户运营——转化潜在用户

用户运营的核心是转化潜在用户，使其完成更具价值的消费行为。用户运营需要思考 4 个环节：第一个是用户获取，找到能够触发关键行为的用户，即对短视频内容感兴趣的用户；第二个是用户活跃，定义日活跃用户数，即对短视频用户数的增长和流失分析进行总结；第三个是用户留存，即能为用户提供哪些额外福利；第四个是用户价值，定义真正高价值的用户，即短视频用户完成消费行为不是运营的终点，发现用户的待挖掘价值才是用户运营的本质。

（4）流量运营——吸纳忠实用户，形成流量再生

流量运营是短视频运营的“高端玩法”，当短视频账号已经拥有固定的用户群体之后，需要将已有的流量和资源进行再生，让原始流量进入与之相关的各个领域，使流量成为拓宽更多变现渠道的资本。例如，许多品牌在短视频平台获得较多流量之后，会将该流量引流至自身的会员系统、公众号等相关平台；个人短视频账号也会通过流量实现 IP 变现、商业融资等。

总而言之，短视频真正吸引人的地方还在于它拥有聚集流量的能力，而运用各种运营方式发挥流量的最大价值，是短视频运营的商业价值所在。

**思考练习**

说一说你对“AIPL”模型的理解。

## 7.2 短视频推广运营

在短视频运营初期，大部分账号都没有粉丝基础，处于冷启动（无内容、无粉丝）阶段。按照短视频运营的基本思维逻辑，首先需要进行推广运营，增加短视频的曝光度，而开展短视频推广运营的前提是熟知主流短视频平台的推荐机制。

### 7.2.1 主流短视频平台的推荐机制

目前，主流短视频平台的推荐机制既有相似点，也存在不同。其中，哔哩哔哩较为特殊，除了设有点赞、评论、收藏、转发等功能，还设有投币和弹幕功能，与这些功能相关的数据也是哔哩哔哩考量短视频质量的重要标准。

目前，抖音（西瓜视频与抖音类似，因此共同介绍）、快手、小红书、微信视频号、哔哩哔哩的推荐机制如表 7-4 所示。

表 7-4 主流短视频平台的推荐机制

| 短视频平台 | 推荐方式 | 具体说明 |
| --- | --- | --- |
| 抖音、西瓜视频 | 冷启动+叠加推荐 | 以内容导向为基准。在冷启动阶段，根据播放量、评论量、点赞量、完播率等判断内容质量；优质内容将会被再次推荐，进入更高级的流量池，层层递进 |

续表

| 短视频平台 | 推荐方式 | 具体说明 |
| --- | --- | --- |
| 快手 | 社交+兴趣 | 优先基于用户社交与兴趣分发内容。将内容优先推荐给“关注你的人”“有 $N$ 位好友共同关注”“你有可能认识的人”“他在关注你”等用户，并根据播放量等各项数据再次分发内容 |
| 小红书 | 兴趣+板块 | 以兴趣为主，板块为辅。根据用户标签（兴趣、观看习惯等）分发内容；为用户提供发现、附近、地点等板块，以供用户选择观看相关内容 |
| 微信视频号 | 社交+兴趣 | 优先基于用户社交与兴趣分发内容。将用户微信好友产生点赞及互动行为的内容优先分发给用户，并根据热点话题、用户兴趣标签、地理位置等分发内容 |
| 哔哩哔哩 | 内容标签+用户标签 | 利用内容与用户双重标签推荐。明确内容标签、用户标签（观看习惯、历史浏览、关注和订阅、消费行为、身份信息），以此进行推荐 |

各大主流短视频平台都根据自身的推荐方式对短视频进行流量分配，在此基础上会根据播放量、点赞量、评论量、完播率等评判短视频质量。

以上是主流短视频平台的推荐机制，在进行推广运营之前，短视频创作者需要熟知不同平台的流量算法，有的放矢地进行短视频推广。

**思考练习**

*各短视频平台的推荐机制有所不同，你在不同平台浏览短视频时，是否感受到了差异？差异主要表现在哪些方面？*

## 7.2.2 企业短视频账号的推广运营方法

企业短视频账号在短视频运营方面具有两大优势：一是具有一定的品牌影响力和用户群体，二是拥有比较充足的推广资金。在这两大优势的支持下，企业短视频账号可以利用以下两种方法进行运营推广。

### 1. 企业账号矩阵推广

矩阵推广是指同一企业或品牌在拥有多个短视频账号时，每个账号涉及的领域或宣传的产品不同，或者在多个平台拥有账号时，形成横向的多方联动，通过运营工作的统筹策划，达到提高知名度、提升商业价值的效果。

现在，建立短视频账号矩阵已是大势所趋，许多企业利用矩阵推广实现了不错的宣传效果。企业在推出全新的短视频账号或进行日常宣传活动时，可以利用其他多个拥有粉丝基础的账号进行推广。注意，每个账号的定位和侧重点不同，在利用其他账号做宣传推广时需要结合每个账号的特色进行推广。

例如，小米公司在抖音平台拥有6个“蓝V”账号，分别是“小米公司”“小米手机”“小米直播间”“小米智能生活”“小米有品”“小米电视”。同一企业的短视频账号可以互相推广，其方式主要有添加推广话题、@需要推广的账号、在标题文案中提及推广账号等。

小米公司董事长雷军也在抖音平台注册了个人账号“雷军”。在抖音账号“小米直播间”的多个短视频中，均出现了“@雷军”的字样，用户可以直接点击“@雷军”进入其首页。由此可见，企业账号矩阵能使企业账号互相推广引流。

除此之外，小米公司及雷军均在其他短视频平台拥有账号，形成多方联动进而推广引流。

### 2. 参与官方活动

各大短视频平台会不定期地推出各类官方活动帮助短视频账号“涨粉”，短视频创作者可以抓住这类机会扩大账号的知名度。以下列举了抖音、快手、小红书、西瓜视频、哔哩哔哩平台推出的较为热门的官方活动，企业账号可以根据自身的具体情况选择参与。

（1）抖音："抖音挑战赛"

抖音挑战赛是抖音独家开发的商业化产品，结合了抖音开屏、信息流、红人、热搜、站内私信、定制化贴纸等几乎所有的商业化流量入口资源，可以满足企业的诸多营销诉求。

根据预算的不同，抖音挑战赛分为品牌挑战赛、超级挑战赛、区域挑战赛 3 种不同的类型，官方报价分别为 50 万元以上、240 万元以上、400 万元以上。3 种类型在互动技术玩法、配套资源和影响范围等方面有一定的差别，企业可以根据不同的需求和预算进行选择。抖音挑战赛自推出以来已经帮助多个企业实现了超预期的推广效果，是如今非常热门的短视频推广方式之一。

例如，2020 年 7 月 25 日，致力于咖啡、西点、西餐教育培训及产品研发的王森教育集团，在抖音平台发起了“你的才华是甜的”抖音挑战赛。挑战赛采用“达人+奖金+流量”的任务激励方式，多角度提升用户的参与热情，并设置专门的任务视频审核管理，保证短视频内容符合品牌价值，最终有效完成了品牌传播和推广。

此次抖音挑战赛上线 14 天以来，相关短视频总播放量超 12 亿，参与活动的短视频数超 19 万个。吸引数十位抖音“达人”相继发布与主题相关的短视频，引发了大范围的讨论与模仿，一时间，抖音话题内优质、有创意的短视频层出不穷。

（2）快手："快手挑战赛"

快手挑战赛的本质与抖音挑战赛类似，但在流量分发上存在不同。基于快手的内容分发机制，用户更看重挑战赛的同款 UGC。根据“羊群效应”（从众心理）可以看出，当一个用户重复看到身边的朋友或关注的“达人”拍摄的同款内容时，就会引发跟风或模仿。因此，快手挑战赛能够帮助品牌从单向传播转变为双向传播，以用户带动用户，激励参与共创，许多企业通过活动获得了大量曝光和流量转化。

例如，2020 年 4 月，伊利发起了“臻浓海鸥牛奶胡 C 位站”魔法表情挑战赛。快手官方数据显示，为期两周的挑战赛激发了 55 万多个 UGC，互动人数超过 500 万，活动期间，品牌总曝光量超过 7.8 亿次。通过挑战赛，用户对伊利品牌在奶制品品牌类别里的第一提及率上升了 51.3%，品牌美誉度提高了 3.4%。

（3）小红书："品牌话题活动"

企业可以参与小红书的"品牌话题活动"，发布与品牌相关的话题，吸引 KOL 与用户的参与。例如，2020 年，圣罗兰品牌发起了"YSL 小金条口红"话题活动。截至 2020 年 10 月，该话题活动获得了超过 3700 万次浏览，1.6 万用户参与，企业获得了不错的曝光量和宣传效果。

（4）西瓜视频："星×计划"

2020 年 6 月，西瓜视频与淘宝联盟达成了内容电商的合作升级，启动"星×计划"。欢迎内容运营能力强、直播"带货"能力强，且"达人"管理经验丰富的机构入驻，带领旗下"达人"在西瓜视频快速成长。"星×计划"也将充分整合西瓜视频和淘宝联盟的优势，为企业带来更多流量和变现机会。

（5）哔哩哔哩："B Brand 新品牌成长计划"

2020 年 8 月，哔哩哔哩正式发布"B Brand 新品牌成长计划"，并公开招募品牌商。该计划将为商家提供包括营销定位分析、品牌数据沉淀、投放策略指导在内的三大核心服务，并将提供三大扶持资源，包括站内外品牌曝光资源、UP 主招募资源、内容电商合作优先权。

满足以下条件之一的品牌即可加入"B Brand 新品牌成长计划"：第一，国内新生代品牌；第二，集团孵化的新品牌；第三，海外引入的新品牌。

"B Brand 新品牌成长计划"是哔哩哔哩基于 UP 主营销体系推出的品牌成长项目，将通过数据和营销扶持新品牌在哔哩哔哩快速成长。符合以上条件的品牌可以参与该活动，以获得更多内容电商资源。

**思考练习**

你观看过哪些企业短视频账号发布的内容？其中哪些内容让你印象深刻？

### 7.2.3 个人短视频账号的推广运营方法

个人短视频账号虽然在人力和资金方面有限，但也可以通过多种途径实现性价比较高的推广。

**1. 付费推广**

目前，短视频创作者可以在抖音、快手、哔哩哔哩进行付费推广，花费少额资金为短视频购买流量。

（1）抖音："DOU+"

"DOU+"是抖音官方推出的付费营销工具，它可以将短视频精准地推荐给目标人群，提高短视频的播放量。

短视频创作者在发布短视频之前，可以选择购买"DOU+"，使该条短视频能够在系统的智能算法下，被推荐给对该类型短视频感兴趣的用户。因此，“DOU+”是抖音平台提升短视频曝光度的最佳利器。图 7-1 所示为“DOU+”的投放页面。

图 7-1 “DOU+”的投放页面

通过图 7-1 可以看出，在投放“DOU+”时，短视频创作者可以选择短视频推荐人数、自定义推荐用户群的特征等。5000 次推荐播放量通常需要花费 100 元左右的推广费用。短视频创作者可以根据实际情况购买“DOU+”。

（2）快手：“帮他推广”

“帮他推广”是快手官方推出的付费营销工具，它可以将短视频推荐到用户的展示页面。由于快手展示短视频的方式与抖音不同，展示页面会同时出现多条短视频供用户自由选择观看，所以短视频的推广量不等于播放量，而是以展示量为准。

在快手平台，短视频推广的方式有所不同，短视频创作者需要在完成短视频发布之后点开短视频，在短视频页面的上方选择“箭头”符号的选项，在弹出的页面中选择“作品推广（见图 7-2）”，然后选择合适的推广方式，即“快速推广”或“定向推广”。

通过图 7-2 可以看出，在“快速推广”中，40 元可以购买 4000 多次的展示量；在“定向推广”中，40 元可以购买 3000～4200 次展示量。这两种推广方式的侧重点不同，短视频创作者可以根据自身情况进行选择。

图 7-2 “作品推广”的投放页面

（3）哔哩哔哩：“创作推广”

“创作推广”是哔哩哔哩官方推出的付费营销工具，可以根据短视频标签将内容推荐给用户。当短视频发布成功后，UP 主可以在“创作中心”—“收益管理”—“创作激励”中选择“创作推广”，如图 7-3 所示。UP 主可以自主选择 90 天内发布且符合规范的自制稿件进行付费推广，精准触达潜在用户，高效提升内容的曝光效果和短视频的数据表现。

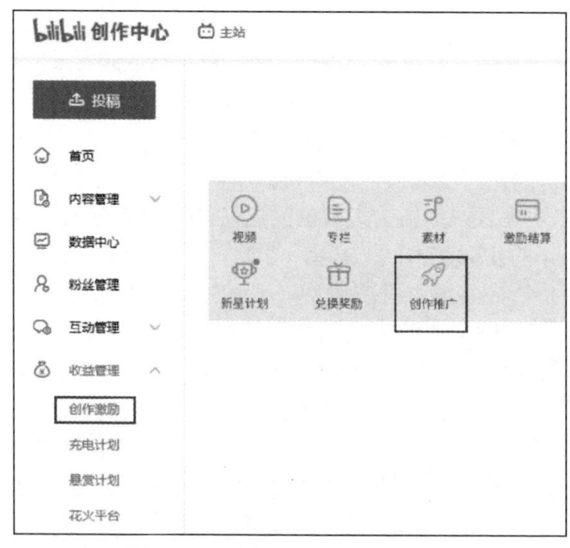


图 7-3 “创作推广”的投放页面

以上 3 种付费推广方式，不仅适用于个人短视频账号，同样适用于企业短视频账号。

**2. 参与官方活动**

各大短视频平台都会不定期推出宣传活动，帮助用户提高短视频的曝光量，在此主要介绍抖音/快手、小红书、西瓜视频和哔哩哔哩几个平台。

（1）抖音/快手：参与挑战赛

个人账号在抖音/快手平台参与热门活动的方式类似，现以抖音为例进行具体介绍。

2020 年 7 月，抖音热门话题活动“不心动挑战”引发了大量用户积极参与创作短视频，截至 2020 年 10 月，该活动短视频的播放量已经突破 48 亿次。

这类短视频富有趣味性和创新性，主要的拍摄模式为：短视频出镜人员观看各类高颜值人物的图片，然后对其外表的“心动指数”进行评分。许多短视频出镜人员因为看到令自己十分心动的人物图片，而表现出兴奋、激动的状态，引发广大用户关注。许多该类话题的短视频在短期内迅速获得流量，并收获了不少用户的关注。

另外，上文中提到许多企业为了达到宣传自身品牌和短视频的目的，会在抖音或快手发起相关挑战赛。因此，个人短视频账号也可以积极参与该类活动，参与方式与热门话题活动类似，需要拍摄与之相关的短视频内容，其推广效果也相当可观。

（2）小红书：参与热门活动

当小红书官方或企业发起热门话题活动时，个人短视频账号可以积极参与该活动，发布与活动话题相关的内容。例如，小红书官方发起的“每日穿搭”话题活动，截至 2020 年 10 月，累计获得 11.8 亿次浏览互动量，143 万人参与。

（3）西瓜视频：参与“活字计划”

2020 年 6 月，西瓜视频联合 11 家机构发起“活字计划”，助力图文创作者转型为短视频创作者。首批招募的 30 位图文创作者已经入驻西瓜视频。除了流量扶持、奖金激励，西瓜视频还提供定制课程培训、专属运营对接、金牌制作团队和平台签约机会。

（4）哔哩哔哩：参与“bilibili 新星计划”等

哔哩哔哩有许多类型的活动和官方账号，尤其对于新人 UP 主的扶持力度较大。在发布短视频时，UP 主可以选择参与与该短视频内容相关的活动，在设置短视频标签时，可以添加“bilibili 新星计划”等各类官方活动名称或官方账号。短视频发布后，系统会将短视频归为参与活动的作品，该短视频能够获得一定的流量推荐。并且，这类活动通常设置了几百元到几千元不等的奖金，以鼓励新人 UP 主积极创作高质量的短视频。

以上是个人短视频账号常见的推广运营方式，短视频创作者可以根据实际需求适当购买推广流量，并积极关注和参与官方发起的各类活动，长期坚持则能获得不错的推广效果。

**思考练习**

在抖音、快手等平台的官方任务中心（或活动中心）查看最新的官方活动，分享给大家或尝试参与。

# 7.3 短视频用户运营

在短视频行业不断演进的过程中，短视频用户从“受众”逐渐演化成传播信息的“连接者”和内容的“消费者”。因此，短视频内容运营与用户运营相辅相成。内容运营要以用户群体的喜好为基础，用户运营则需要以短视频内容为根本。简单来说，短视频用户运营就是围绕内容和用户展开的一系列运营工作。

## 7.3.1 短视频用户运营目标

用户是短视频用户运营的核心，因此，短视频用户的运营工作需要围绕用户来展开，主要包括拉新、留存、促活、转化 4 个主要目标。

### 1. 拉新

“拉新”即为短视频“拉来”新用户。短视频通过不断吸引新用户的观看，才能获取新的流量支持。新用户往往是因为对短视频内容产生兴趣才会停留观看、点赞、关注，因此，短视频创作者就需要做到内容有趣且持续更新，以吸引更多的新用户观看和关注。而不断拓展的新用户也能为内容创作带来新的灵感，让短视频内容更具吸引力。如此，一个短视频账号才能持续不断地拥有优质的内容和优质的流量，形成良性循环。

### 2. 留存

留存即让新用户“留下来”，留得住用户才能展开后续的运营活动。新用户可能会因为一条有趣的短视频关注短视频账号，也可能短视频因为连续多次的不合心意的内容而取消关注。因此，围绕“留住用户”进行的一系列工作是拉新之后的运营重点。如果后续的短视频不能持续为用户提供他们感兴趣的内容，则有可能导致用户大量流失。

### 3. 促活

“促活”是指短视频创作者通过具有互动性的短视频内容，提升用户活跃度，增强用户黏性和忠实度。当用户留存率稳定之后，做好用户促活工作，提升用户黏性、互动性、忠诚度是短视频创作的基本原则和工作重点。短视频创作者可以根据短视频内容设计与用户的互动环节，不断加强用户的参与感，提升用户的积极性。例如，美食类抖音账号“邹小和”拥有上千万粉丝，但短视频运营者仍然坚持在每期短视频发布后回复粉丝留言，以简单的方式保持用户活跃度，这种方式值得借鉴。

### 4. 转化

转化是指利用高质量的短视频内容，将用户转变为真正的消费者。短视频变现的方式有许多，无论是广告植入、直播“带货”，还是电商引流、知识付费，将流量成功变现才是运营工作的最终目的。

同样以抖音账号“邹小和”为例，其发布的短视频制作精良、内容优质，在用户达到一定数量后，便开设了淘宝店铺“小匠邹小和”。在其短视频中出现过的酱料、腌菜等食品都通过淘宝店铺进行售卖，多款热门商品的月销量多次突破 1000 件，成功将用户转化为消费者。

这 4 个目标在不同的阶段可能有不同的偏重，但都是互相关联的。短视频内容质量是保证用户规模的基础，而用户规模是实现商业化的要素，保持用户规模最大化，提升用户活跃度，增强用户黏性和忠实度，才可以实现流量转化。

**思考练习**

你还知道哪些在用户运营方面做得非常好的短视频账号？说一说它好在哪里。

### 7.3.2 短视频用户运营的 3 个阶段

短视频用户运营可以分为萌芽期、成长期、成熟期 3 个阶段。

#### 1. 萌芽期：高效获取种子用户

在短视频运营的萌芽阶段，用户运营的首要目标是吸引用户，培养最早一批的种子用户。而想要高效展开用户运营工作，成功获取新用户，主要有以下 3 种方法。

（1）“以老带新”

“以老带新”是短视频账号在萌芽期有效的拉新方式之一。如果短视频创作者本身拥有具备粉丝基础且粉丝活动度较高的其他账号，则可以利用该账号对新账号进行引流。采用这种“以老带新”的方式，通常能产生不错的引流效果。

（2）结合热点

热点话题本身拥有超高的关注度和讨论度，短视频创作者通过创作与热点话题相关的短视频内容进行引流，不仅可以节约运营成本，还可以快速增加短视频流量。通常，短视频创作者可以利用短视频平台官方推出的热点话题，帮助账号提高曝光率，通过优质的短视频内容完成流量的原始积累。

（3）合作推广

如果短视频创作者拥有比较充足的运营资金，可以寻求相关 KOL 的帮助，或利用已有资源进行合作推广，将短视频内容投放给相关的兴趣用户，为新账号引流拉新。这类推广模式所需成本通常比较高，短视频创作者需要谨慎挑选合适的合作对象和方式。

#### 2. 成长期：提升用户的活跃度

在短视频运营的成长阶段，用户运营工作的关键是拓展内容创作形式，提升用户活跃度和黏性。成长阶段的用户运营工作具体可以细分为 3 个步骤：拓展用户增长渠道，提高短视频内容创作质量，提升用户活跃度。

（1）拓展用户增长渠道

拓展用户增长渠道，通常是指增加内容的分发渠道，以达到将内容送达给更多潜在用户的目的，从而拓宽传播范围。例如，短视频创作者可以在抖音、快手、哔哩哔哩等平台同时发布同样的短视频内容，让不同渠道的用户都可以接收到短视频；也可

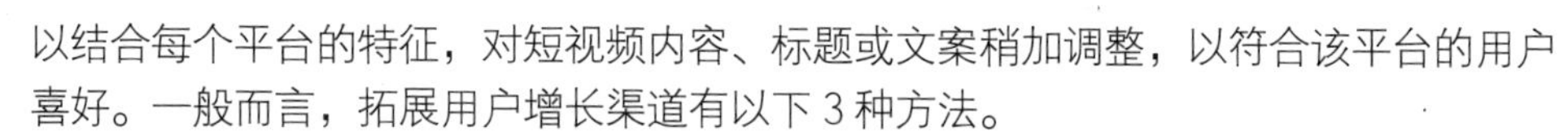

以结合每个平台的特征，对短视频内容、标题或文案稍加调整，以符合该平台的用户喜好。一般而言，拓展用户增长渠道有以下 3 种方法。

① 多渠道发布。

多渠道发布，是指在多个平台同时发布短视频，使短视频内容覆盖更多潜在用户，提高短视频内容在潜在用户中的曝光率，从而提升影响力。例如，短视频“达人”“李子柒”“美食作家王刚”等，在运营初期以单一平台发布为主，而后拓展为多平台同时分发，从而获得了更大的宣传力度。

② 拓展内容创作形式。

拓展内容创作形式，是指将短视频内容延伸为文字、图片，甚至是音频等形式，并将其发布在相关渠道。例如，美食类短视频可以通过文字的形式介绍短视频内容，并搭配好看的美食图片，发布在社交平台、资讯平台等。

③ 打造内容矩阵。

打造内容矩阵，是指同时运营多个主题相关的短视频账号，实现互相引流。2018 年 3 月，短视频账号“什么值得买”入驻抖音，将测评导购作为主题进行创作。截至 2020 年 9 月，其粉丝数量高达 287.7 万，同时打造了“城市不麋鹿”和“吃喝冒险王”多个短视频账号，每个账号的侧重点不同，分别对应了不同类型的用户群体，打造了多个短视频账号矩阵。

（2）提高短视频内容创作质量

内容是短视频的核心竞争力。当短视频账号处于成长期时，需要持续输出高质量的内容留住原有用户并拓展新用户。在快速“涨粉”时期，每期短视频发布后，短视频创作者都要不断针对数据或用户建议，对短视频进行定向优化。

（3）提升用户活跃度

在运营过程中，需要重视优质用户，也就是活跃度较高的用户，因为这类用户在后期更容易转化为消费者。提高用户活跃度，有以下两种常用方法。

① 添加话题互动，鼓励用户创作内容。

在短视频中添加话题互动环节可以提升用户活跃度，例如，许多美妆类博主经常在妆容教程短视频的最后倡导用户将自己的作品发布在评论区，博主和其他用户可以对评论点赞、再次评论、转发。这个过程相当于在原有内容的基础上进行二次创作，不仅可以加强博主与用户的交流，也使话题互动本身成为内容的延伸部分。

② 利用社群促活，针对用户反馈进行改进。

许多短视频账号在成长期都会利用社群提升用户活跃度，将活跃用户引流到社交平台建立粉丝群，因为通过粉丝群能够更直观地了解用户的真实需求与喜好，也能快速搜集反馈信息。同时，在社群中可以设置打卡机制，定期开展福利活动等，增强和提高用户的参与感和活跃度。

### 3. 成熟期：实现内容的商业化

短视频账号在运营到成熟阶段时，已经拥有大量稳定的用户，此时内容运营与用户运营的工作需要以流量变现为主，将用户转化为消费者。实现短视频内容商业化的方式有很多，主要有以下 4 种。

（1）内容付费

高质量的短视频内容在发展成熟后可以开启付费专栏，解决部分用户的专业问题。例如，涉及专业学科知识的短视频课程内容在免费体验过后需要付费观看后续内容。

（2）广告植入

广告植入是将产品或品牌融入短视频内容中，一般有以下 4 种表现形式。

① 台词植入。通过出镜人员的台词将产品名称、特征等直白地传达给用户，这种形式也很容易得到用户对品牌的认同。

② 道具植入。将需要植入的产品以道具的方式呈现在用户面前，如宠物短视频中出现的宠物玩具和宠物粮。

③ 场景植入。将品牌融合进场景背景，通过故事的逻辑线条使品牌自然露出。

④ 奖品植入。在短视频中通过发放一些奖品来引导用户关注、转发、评论，或通过发放产品优惠券引导用户消费。

（3）直播“带货”

当短视频内容能够维持较高的创作水平，且能吸引稳定的垂直用户时，可以根据受众需求策划直播“带货”活动，从而获得不错的变现效果。例如，快手短视频“达人”“芈姐在广州开服装厂”拥有超过 700 万粉丝，每期短视频内容都以女装穿搭为主题，向用户展示各类服装的穿搭方式，拥有稳定的垂直领域用户群体。

以 2020 年 9 月 27 日直播“带货”活动为例，“芈姐在广州开服装厂”当晚 8:00 左右在快手开播，直播时长达 4 小时 10 分钟，直播的“当日礼物收入”为 1166.9 元，直播“带货”而产生的“当日商品销售”额高达 476.2 万元（数据来源于“壁虎看看”[25]），如图 7-4 所示。

图 7-4 “芈姐在广州开服装厂”2020 年 9 月 27 日的直播“带货”数据

由此可见，在用户运营的成熟期，账号可以利用直播“带货”的方式实现流量变现。

（4）开发 IP 衍生品

在短视频内容和用户群体进入成熟期后，可以将短视频账号名称，或者在短视频中高频出现的代表性话语、形象等商标化。例如，许多短视频创作者利用其“网红”

25 壁虎看看：杭州壁虎畅游信息技术有限公司旗下的快手短视频直播电商数据服务网站。

宠物，衍生开发了宠物 IP 衍生品和形象。其中，宠物短视频“达人”“花花与三猫 CatLive”衍生制作的微信表情包，获得了高下载量和高打赏量，如图 7-5 所示。

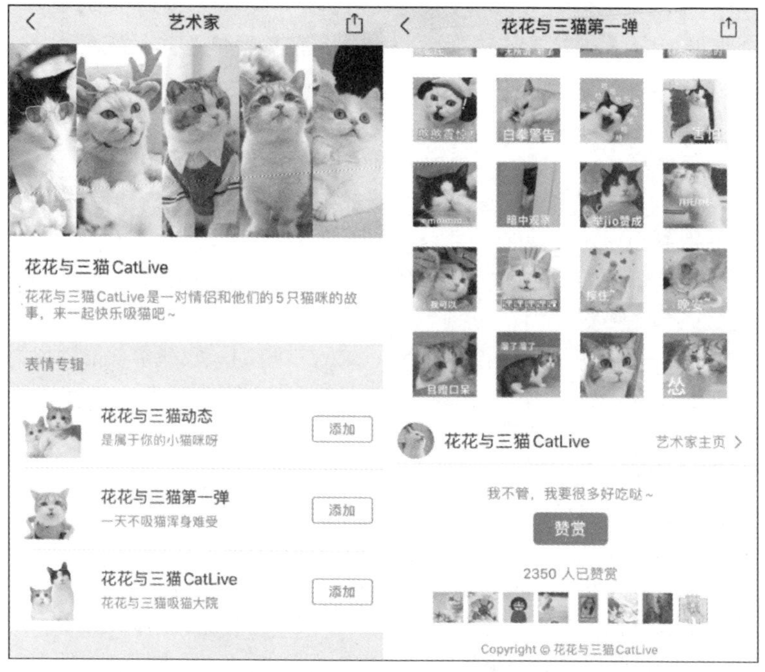


图 7-5 “花花与三猫 CatLive”衍生制作的微信表情包

值得注意的是，在短视频内容商业化过程中，短视频创作者要时刻关注用户对内容商业化行为的接受程度，注意维护用户信任感。同时，还需要通过成熟的短视频内容，选择符合用户群体特征的优质广告，使短视频内容与用户运营实现正向发展。

**思考练习**

观察你关注的短视频账号，看看它们是怎么与用户互动的。

## 7.4 短视频流量运营

艾媒咨询发布的《2019 年中国短视频创新趋势专题研究报告》显示，2020 年，我国短视频行业用户规模已超过 7 亿，未来用户规模仍将保持稳定增长态势。由此可见，每个短视频平台都是聚集了巨大流量的流量池。无论是个人短视频，还是企业短视频，高效获得流量并将流量充分利用，是短视频流量运营的终极目的。

那么，短视频流量运营的确切含义是什么？简单来说，短视频流量运营，主要是指将公域流量转化为私域流量的一系列运营工作。

## 7.4.1 公域流量和私域流量

公域流量和私域流量，在流量所属权上有着本质区别，两者的概念和区别如下。

### 1. 公域流量

公域流量也被称为“平台流量”，它不属于单一个体，而是由集体共有的公共流量。提供公域流量的平台有很多，如抖音（短视频平台）、淘宝（电商平台）、微博（社交平台）、百度（搜索引擎）等。公域流量的运营核心是按照该平台的既定规则，以满足用户需求的方式来获得流量，如果想要快速获得更多流量则需要支付一定费用。前文中提到的短视频推广运营、短视频内容运营与用户运营都属于公域流量运营。

随着短视频行业的不断发展，参与争夺公域流量的人越来越多，使公域流量的获客成本大幅度攀升。用户迅速聚集短视频平台所带来的庞大流量使得越来越多的个人和企业意识到，想要进一步抢占流量红利，需要拓展私域流量。

### 2. 私域流量

私域流量是指个人或品牌能够相对自主地掌控其沉淀的用户，并能够直接触达、无须付费、可以反复利用、自由运营的流量，如个人社交账号的联系人（好友）、粉丝群等。短视频私域流量运营，即在短视频平台积累用户，将其引入自身的私域流量池中，实现短视频用户价值的最大化。

### 3. “鱼塘理论”——公域流量和私域流量的区别

“鱼塘理论”可以很好地解释公域流量与私域流量的不同之处。公域流量相当于大海里的鱼，初期捕鱼的人较少，捕鱼很简单，成本也非常低。但是当越来越多的人都在大海里捕鱼时，每个人能够捕到的鱼越来越少，成本也就逐渐变高。于是，有人意识到可以在自家建造一个鱼塘，把在大海里捕到的鱼放入鱼塘中，让自家鱼塘中的鱼不断生产新的鱼。当自己需要鱼时，就可以直接在鱼塘中免费或低成本获取，而这里的自家的鱼塘里的鱼，就是私域流量。

总而言之，私域流量与公域流量相比，前者的获客成本更低，用户忠诚度更高，有助于短视频账号长期发展。

**思考练习**

了解你关注的热门的短视频账号，看看短视频创作者是如何开展私域流量运营的。

## 7.4.2 如何将公域流量转化为私域流量

在短视频行业，将公域流量转化为私域流量的核心，是提高短视频的内容质量，做好用户运营工作，培养用户对短视频内容的价值认同感。目前，将公域流量转化为私域流量的方式主要有以下 3 种。

### 1. 线上“种草”转化：将用户引入粉丝群等

“种草”是网络流行语，表示“分享和推荐某一款商品，以激发他人购买欲望”的行

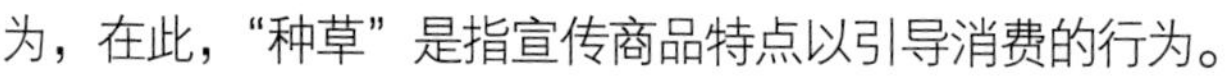

为，在此，“种草”是指宣传商品特点以引导消费的行为。

短视频创作者可以在短视频中向用户展示、分享、推荐某款商品，激发用户想要体验或购买同款商品的欲望，并将用户引入私域流量平台进行消费。例如，邀请用户添加运营人员的个人微信，关注运营人员的自营电商店铺或加入粉丝群等。适合利用“种草”转化的方式实现流量运营的商品需要具备贴近大众生活、用户规模大、价格低廉、回购率高等特征，如食品、美妆、服饰、书籍等。

一些用户在观看商品使用技巧的短视频时，往往会“种草”出镜人员使用的同款商品，主动进入该短视频账号自营的店铺中，关注店铺，甚至购买相关商品并成为店铺会员。那么，进入自营店铺中关注该店铺的用户和成为会员的用户，就是成功转化的私域流量。

### 2. 线下场景转化：将用户转化为门店会员等

线下场景转化是指拥有线下实体店的短视频创作者，以拍摄线下实体店相关内容为短视频主题，并在发布短视频时定位实体店地址，将短视频平台的流量转化至线下门店。通俗地说，线下场景转化即打造“网红打卡地”，将短视频内容作为宣传手段，吸引用户来到实体店消费，将其逐渐转化为门店会员，积累私域流量。适合进行线下场景转化的行业有餐饮、宠物、娱乐、文艺等。

总而言之，线下场景转化是以实体店为中心，通过具有创意、话题性或差异性的内容来全面立体展示服务场景和门店特色，激发用户的观看兴趣和体验欲望。

### 3. 小众聚集转化：形成公众号矩阵，邀请用户加入



小众聚集转化主要是针对目标用户较少、客单价格较高的行业进行的流量转化方式，适合这类转化方式的行业应具有一定的圈层性，如房地产、汽车、教育、珠宝等。

由于这些行业具有较强的专业性，涉及许多用户无法回避的痛点，即使整体用户不多，但垂直领域内的用户对该内容的需求较大，也能够实现很好的流量转化效果。因此，此类型行业在流量转化方面需要更加重视短视频的内容建设，针对用户普遍关心的痛点问题及行业环境变化引发讨论的热点问题，创作专业性较强的短视频，结合用户切身利益给予用户建议和帮助，以此获取用户信任，吸引用户自愿进入私域流量池。

由于这些行业普遍拥有完善的线下经销和代理体系，因此，短视频创作者可在微信公众号等平台积极搭建账号矩阵，由品牌与经销商共同搭建矩阵运营。一方面，经销商可以在线上与用户保持稳定长期的互动关系，打破时空的限制，与用户分享品牌动态。另一方面，品牌为经销商背书，进一步增强用户对经销商的信任。同时，在品牌举办大型活动的时候，可以多个公众号联动，充分释放矩阵势能，实现线上线下共同进行流量转化。

**思考练习**

找一找现实生活中你成为某个短视频账号的私域流量的案例，分享给大家。

# 第 8 章 商业变现：揭秘短视频五大变现方式

【学习目标】

- ☐ 熟知广告变现的方式、来源、注意事项。
- ☐ 熟知电商变现的方式。
- ☐ 熟知直播变现的方式。
- ☐ 熟知知识付费变现的方式。
- ☐ 了解短视频 IP 变现的方式。

## 8.1 广告变现

短视频行业异军突起，使传统的广告模式发生了改变，许多广告主越来越偏爱短视频广告。现在，利用短视频 KOL 在某个专业领域做广告“宣推”（宣传推广）成为品牌营销的首选，这为短视频创作者提供了大量广告变现的机会。目前，短视频广告变现的方式主要有以下两种。

### 8.1.1 广告变现的方式

短视频广告变现的方式主要分为软性广告和硬性广告。软性广告，是指广告与内容完美结合，让广告看起来不像广告；硬性广告，是指用户一眼就能识别广告内容的广告，其宣传方式直接明了。

**1. 软广：不像广告的广告**

软性广告简称软广，因为软广需要与短视频内容相结合，所以软广植入的形式多种多样，短视频创作者通常会采用内容植入和结尾宣传的方式进行宣传。

（1）内容植入：产品与短视频内容融为一体

内容植入，是指将广告悄无声息地与剧情结合起来，故事的逻辑线条和情节发展使品牌信息自然地呈现在用户眼前。

例如，“papi 酱”曾与“天猫精灵”（人工智能品牌）合作推出了一条剧情植入式广告。这一期短视频的主题是“如果面试官和各种职业混搭会是什么样的呢？”这个标题并不能让人察觉出广告的“味道”，甚至让人觉得与“天猫精灵”并没有太大联系，但在最后，该短视频衔接了天猫精灵带着人工智能产品去面试的情景，从而实现了产品与剧情的完美融合。

当短视频账号的主要用户群体与产品的主要用户群体一致时，植入广告会得到比较好的市场反应。

（2）结尾宣传：在短视频结尾植入广告

结尾宣传类软广的使用率也比较高，短视频创作者可以根据广告产品选择一个与之有联系的话题，然后在短视频内容的结尾处突然话锋一转，对产品进行宣传。

例如，哔哩哔哩影视类 UP 主“刘老师说电影”，在 2020 年 10 月发布的一期短视频中，带大家重温了国产动画电影《哪吒之魔童降世》。短视频在结尾处提到了影片中的经典台词“我命由我不由天”，提出这句台词也向观众传达了一种“打破成见，不接受被定义，勇敢做自己的精神”。然而，短视频在此处突然“神转折”，表示哪吒的精神正是“特步第 23 代风火鞋”所传达的理念。



这个广告出现得猝不及防，但也恰到好处。这类软广的植入方式比较简单，许多短视频创作者都会使用这类广告植入方式，值得大家借鉴。

**2. 硬广：最简单直接的广告**

硬性广告简称硬广，在众多硬广中，短视频创作者常用的硬广是贴片广告，它是一种较为明显、较为外在的广告形式。尽管许多用户会认为硬广的呈现形式比较“生硬”，但它有成本低、不影响内容本身两大优势。通常，短视频创作者会将贴片广告放在短视频画面的下方，不影响内容的呈现。同时，贴片广告也可以在短视频内容播放完毕后，直接呈现在整个画面中，但时间不宜过长，以 5～10 秒为宜。

以上两种广告类型是目前短视频行业中常用的广告变现方式，需要注意的是，对于广告中出现的产品，短视频创作者需要把控产品质量，严格筛选、亲身试用，对用户负责。

**思考练习**

你看过哪些植入非常巧妙的短视频软广？它最吸引你的地方是什么？

## 8.1.2 广告的四大来源

短视频创作者想要与商家达成广告合作意向，可以通过以下 4 种方式。

### 1. 等待商家主动联系

当短视频账号的粉丝数量突破数万之后，将会有不少商家向短视频账号发送私信寻求合作，但寻求合作的信息可能会淹没在粉丝发送的私信中。所以，短视频创作者最好是在账号页面的个性签名中添加专门用于商业合作的联系方式，方便与商家联系。

不过，市场上商家的可信度不一，产品质量参差不齐，商家是否可靠、产品是否有保证等，短视频创作者需要慎重甄选和考虑。一般企业会有自己的官网、官方旗舰店、微博账号或微信公众号等，短视频创作者可以通过这些渠道了解合作商家的可信度，判断该商家是否值得合作。

### 2. 加入官方广告接单平台

许多平台为了促成商家与短视频创作者达成合作，推出了官方接单平台或活动。例如，抖音推出的“星图”，快手推出的“快接单”，哔哩哔哩推出的“花火平台”，微博推出的“微任务”等。

以抖音推出的“星图”为例，“星图”为短视频创作者和商家提供了订单接收、签约“达人”管理、项目汇总、数据查看等功能，实现了多个角色在商业合作中的沟通与连接。当短视频创作者拥有一定的优质短视频内容和粉丝数量时，可以入驻“星图”，成为“达人”，选择商家进行合作。

官方广告接单平台对短视频创作者而言，可以拓宽其商业变现方式；对商家而言，可以帮助其实现广告的精准投放。双方互惠互利，通常能够达成大量的商务合作。

### 3. 通过信息平台寻求合作

目前，市场上有许多承接广告发布的信息平台，如猪八戒网[26]等。短视频创作者可以利用自己的短视频账号注册成为流量主，填写自己的粉丝数量、短视频内容时长、宣传方式、报价信息等，寻找合适的商家进行合作。这样，商家就可以在平台上寻找符合自己合作意向的流量主进行合作。

这类信息平台汇聚了大量的广告信息，为短视频创作者和商家提供了一种自主匹配、互相选择的商业合作方式。虽然平台会对商家进行考核和筛选，但短视频创作者仍要谨慎，以免陷入骗局。

### 4. 短视频圈互相推荐

广告的来源其实不限于短视频创作者与商家之间，也可以来自同行推荐。

例如，A 是宠物类短视频工作团队，B 是美食类短视频工作团队，当 B 接到了宠物食品的广告时，发现这单广告的目标用户与 A 的短视频用户群体更匹配，则可以将这单广告推荐给 A，从中收取一定中介费或进行资源互换等。

因此，短视频创作者在运营短视频时，也要学会与同行搞好关系，实现互利共赢。

总而言之，短视频广告的来源多种多样，谨慎筛选合作商家，与同行达成良好共识，能帮助短视频创作者在广告选择上少走弯路。

---

26 猪八戒网：人才共享平台，服务交易品类涵盖创意设计、网站建设、网络营销、文案策划、生活服务等多种行业。

**思考练习**

想一想，你关注的短视频账号里是否有广告，这些短视频账号又是如何推出广告的？

### 8.1.3 广告变现的注意事项

广告变现对希望用内容来吸引用户的短视频账号而言是有风险的。在进行广告合作时，短视频创作者要遵循以下原则，才能尽可能地把控合作风险。

**1. 不与禁止宣传、禁止出售的产品品类合作**

短视频创作者在接拍广告时，一定要避开官方明文规定不允许通过网络平台进行宣传或销售的特殊产品，如烟草、医疗器械、金融产品、高仿产品等。这类特殊产品触及法律法规，短视频创作者切勿为了追求一时利益在短视频内容中宣传该类产品。平台一旦发现这些产品广告，往往会立即采取封号措施。严重时，短视频创作者还将受到法律的制裁。

**2. 不与虚假宣传的品牌合作**

短视频创作者如果发现商家提出的宣传要求不符合产品的实际情况，存在夸大事实、虚假营销的成分时，要立刻拒绝或马上停止合作。因为这种虚假宣传的行为不仅是欺骗用户，也违反了《中华人民共和国广告法》的规定。这类虚假广告一经举报，就会被官方平台查处，导致账号直接被封禁。

**3. 慎选消费者体验感差的产品**

在选择广告合作时，短视频创作者要严格把控产品的质量，慎选无法保证质量的产品。例如，有些产品的保质期较短，或者在运输途中极易受损，很有可能导致用户在收货后的体验感较差。对于这类产品，短视频创作者也需要谨慎挑选，以免影响短视频账号的口碑。

**4. 切勿频繁发广告**

短视频的核心始终是"内容"，短视频创作者不能因小失大，频繁推出广告很有可能导致短视频内容的质量直线下滑，造成用户群体流失。正确的做法是，短视频创作者以恰当的时机和方式推出优质广告，将用户体验作为追求目标，使广告变现成为短视频盈利的稳定方式。

总之，广告合作不能来者不拒，而应有所选择，与质量有保证、拥有品牌美誉度且与短视频用户群体匹配度高的产品品牌合作，最为适宜。

**思考练习**

讨论一下，你和你的朋友愿意在观看短视频时看什么广告？你们不愿意看到什么广告？

## 8.2 电商变现

电商变现即通过短视频内容实现产品的推荐介绍及销售转化的商业模式。电商变现是很多短视频平台都积极推荐的主要变现方式。

目前，短视频电商变现的方式主要有 3 种：第三方自营店铺变现、短视频平台自营变现、佣金变现。

### 8.2.1 第三方自营店铺变现

第三方自营店铺变现，主要是指将在短视频平台中获取的流量转化至第三方电商平台（淘宝、天猫等）的自营线上店铺，通过售卖短视频内容中的同款产品实现流量变现。因此，许多与此类行业相关的短视频账号在积累到一定粉丝量之后，会选择开设第三方自营店铺进行变现。

例如，“日食记”作为美食类短视频头部账号，自 2013 年 12 月上线以来，已经持续发布系列美食类短视频长达 7 年之久，在爱奇艺、芒果 TV、哔哩哔哩、抖音等多家平台同步更新，积累了大量忠实的粉丝。在短视频平台获得超高流量之后，“日食记”将流量引入第三方自营店铺中完成变现。截至 2020 年 10 月，其自营的天猫“日食记旗舰店”拥有超过 82 万粉丝，多款热门产品月销量高达 2 万件，许多在售产品价格均高于同类产品的市场价格，但销量仍旧不俗。

短视频创作者如果要实现第三方自营店铺变现，需要做好以下 3 个方面的准备。

#### 1. 找准利基市场

利基市场是指被市场中的统治者或占有绝对优势的企业忽略的某些细分市场或小众市场。找到利基市场是为了尽可能地避免陷入某一竞争激烈的领域，开辟更为广阔的新市场。“日食记”自创立以来一直坚持“用食物反映人们内心世界的窗口”的理念，深耕情感美食市场，与商业化的餐饮行业存在明显不同。

#### 2. 内容迎合用户心理

迎合用户心理，即迎合用户的情感需求。“日食记”创始人曾表示“日食记”的用户群体主要为“90 后”女性群体。这个群体或即将踏入社会，或者已经工作数年，独自工作和生活已是她们的常态。这个群体在为梦想奋斗的道路上，渴望理解和关爱，希望被美好的食物治愈，而“日食记”的存在正好为她们描绘出了梦想中的美好生活。

#### 3. 直击人心的引导

直击人心的引导，即利用短视频中的文字、声音、画面、音乐等元素，展示一种需求得到满足后的状态，从而引导用户追求心理满足。

例如，“日食记”发布的系列短视频，不是在罗列“痛点”，而是用让人心情安逸的画面、文字及背景音乐来描述食物的细节，为忙于工作的用户展示一种“痛点”被解决后的舒适生活状态，而解决的方法就是短视频中的食物，从而引导他们相信食物的“治愈”能力。为了拥有这种被“治愈”后的状态，用户就会希望得到短视频内展示的商品，主动进入“日食记”的第三方自营店铺进行消费。

可见，通过短视频进行第三方自营店铺变现，其核心在于了解用户需求，用合适的短视频内容引导用户相信其需求可以借助短视频内的商品来得到满足。

你还知道哪些成功通过第三方自营店铺变现的短视频创作者？

## 8.2.2 短视频平台自营变现

短视频平台自营变现，主要是指短视频创作者在短视频平台开设线上店铺，进行流量变现。许多短视频平台为了实现自身平台的商业闭环，为用户提供了平台内的销售和购买渠道。下面以抖音平台推出的抖音小店为例，介绍短视频平台的自营变现方式。

### 1. 抖音小店优势

抖音小店作为抖音平台内的线上平台，主要具有两大优势特征：一是用户在购买商品时无须跳转至第三方平台，可以直接在抖音小店中完成消费，提高用户购买率；二是短视频创作者可以在短视频中添加商品链接，该链接将直接显示在短视频画面的左下方，用户可以边看边买。

短视频创作者开通抖音小店以后，用户进入账号页面将会看到“商品橱窗”字样，点击该字样即可进入“商品橱窗”页面，其中“我的”即为抖音小店的展示窗口位，如图 8-1 所示。

图 8-1　抖音小店

## 2. 抖音小店的开通步骤

抖音小店的开通步骤如下。

① 打开抖音，点击页面右下角“我”，然后点击页面右上角“≡”按钮，在弹出的页面中选择“创作者服务中心”。

② 在新出现的页面中选择“商品橱窗”。

③ 在新出现的页面中选择“开通小店”。

④ 在新出现的页面中点击“去认证”，按照步骤认证完毕后，点击页面下方“立即开通”，提交申请。

短视频创作者在开通实名认证的过程中，只需按照系统提示操作即可，其他相关内容可在抖音客服中具体查询和询问。图 8-2 所示为抖音小店的开通步骤。

图 8-2　抖音小店的开通步骤

## 3. 开通抖音小店所需的材料

开通抖音小店所需的材料要视入驻主体来准备，具体信息如表 8-1 所示。

**表 8-1　开通抖音小店所需的材料及具体说明**

| 入驻主体 | 基础材料 | 具体说明 |
|---|---|---|
| 企业/个体工商户 | 营业执照 | 1. 须提供“三证合一”的营业执照原件扫描件或加盖公司公章的营业执照复印件<br>2. 确保未在企业经营异常名录中且所售商品在营业执照经营范围内<br>3. 距离有效期截止时间应大于 3 个月<br>4. 证件须保证清晰且完整有效 |

续表

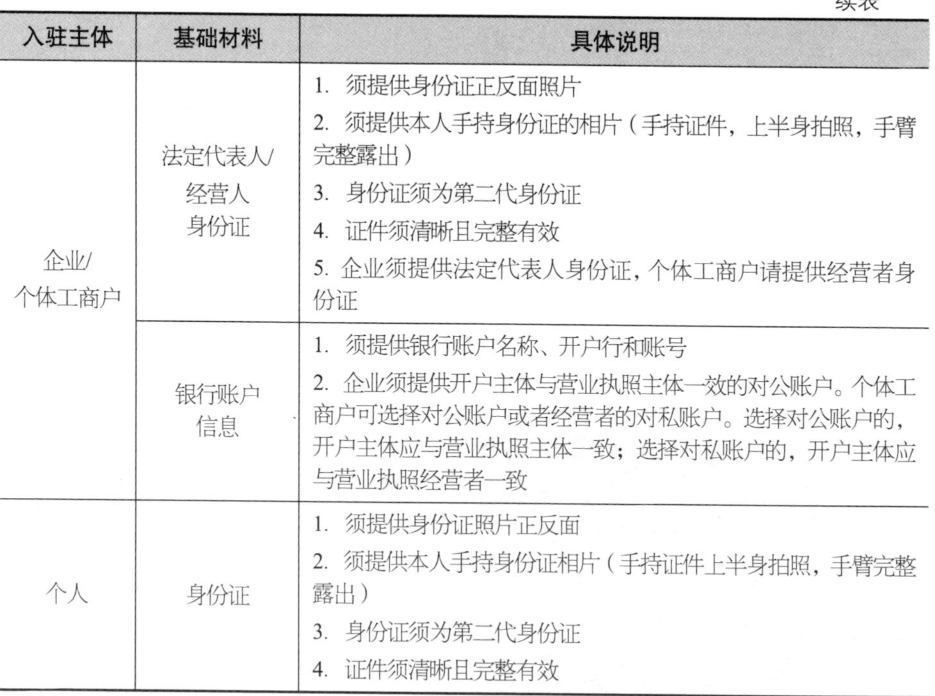

| 入驻主体 | 基础材料 | 具体说明 |
| --- | --- | --- |
| 企业/个体工商户 | 法定代表人/经营人身份证 | 1. 须提供身份证正反面照片<br>2. 须提供本人手持身份证的相片（手持证件，上半身拍照，手臂完整露出）<br>3. 身份证须为第二代身份证<br>4. 证件须清晰且完整有效<br>5. 企业须提供法定代表人身份证，个体工商户请提供经营者身份证 |
| | 银行账户信息 | 1. 须提供银行账户名称、开户行和账号<br>2. 企业须提供开户主体与营业执照主体一致的对公账户。个体工商户可选择对公账户或者经营者的对私账户。选择对公账户的，开户主体应与营业执照主体一致；选择对私账户的，开户主体应与营业执照经营者一致 |
| 个人 | 身份证 | 1. 须提供身份证照片正反面<br>2. 须提供本人手持身份证相片（手持证件上半身拍照，手臂完整露出）<br>3. 身份证须为第二代身份证<br>4. 证件须清晰且完整有效 |

以上是抖音官方在 2020 年 2 月 1 日发布的开通抖音小店所需的材料及具体说明，后续可能还会进行调整和更新。例如，2020 年 6 月，抖音官方更新了“直播购物车”权限，0 粉丝用户可以申请开通“直播购物车”（此前，绑定抖音小店的账号粉丝数量必须达到 30 万）。因此，想要在短视频平台开设店铺、实现流量变现的短视频创作者，需要多关注平台的信息。

### 4. 抖音小店主要类目商品保证金

2020 年 6 月，抖音官方为适应个人店铺在平台开展经营，对《保证金标准》进行更新，个体工商户、企业、个人在保证金标准上有所不同，具体内容如表 8-2 所示。

**表 8-2　开通抖音小店的《保证金标准》具体说明**

| 保证金标准 | | | | |
| --- | --- | --- | --- | --- |
| 一级类目 | 普通订单（单位：元） | | | 广告流量订单（单位：元） |
| | 个体工商户 | 企业 | 个人 | |
| 服饰内衣 | 2000 | 4000 | 500 | 20000 |
| 运动户外 | 2000 | 4000 | 500 | 20000 |
| 礼品箱包 | 2000 | 4000 | 500 | 20000 |
| 鞋靴 | 2000 | 4000 | 500 | 20000 |
| 厨具 | 5000 | 10000 | 暂不招商 | 20000 |

续表

| 保证金标准 | | | | |
| --- | --- | --- | --- | --- |
| 一级类目 | 普通订单（单位：元） | | | 广告流量订单（单位：元） |
| | 个体工商户 | 企业 | 个人 | |
| 食品饮料 | 2000 | 4000 | 暂不招商 | 200000 |
| 酒类 | 10000 | 20000 | 暂不招商 | 100000 |
| 生鲜 | 2000 | 4000 | 暂不招商 | 200000 |
| 钟表类 | 5000 | 10000 | 暂不招商 | 50000 |
| 珠宝文玩 | 10000 | 20000 | 暂不招商 | — |
| 母婴 | 5000 | 10000 | 暂不招商 | 200000 |
| 玩具乐器 | 2000 | 4000 | 暂不招商 | 50000 |
| 宠物生活 | 2000 | 4000 | 暂不招商 | 20000 |
| 家居日用 | 5000 | 10000 | 暂不招商 | 20000 |
| 家具 | 5000 | 10000 | 暂不招商 | 20000 |
| 家装建材 | 2000 | 4000 | 暂不招商 | 20000 |
| 农资绿植 | 2000 | 4000 | 暂不招商 | 200000 |
| 家用电器 | 10000 | 20000 | 暂不招商 | 200000 |
| 计算机、办公 | 10000 | 20000 | 暂不招商 | 50000 |
| 手机类 | 10000 | 20000 | 暂不招商 | 50000 |
| 数码 | 2000 | 4000 | 暂不招商 | 200000 |
| 个人护理 | 5000 | 10000 | 暂不招商 | 200000 |
| 美妆 | 5000 | 10000 | 暂不招商 | 200000 |
| 教育培训 | 5000 | 10000 | 暂不招商 | 个体 5000，企业 10000 |
| 教育音像 | 5000 | 10000 | 暂不招商 | 50000 |
| 图书 | 2000 | 4000 | 暂不招商 | 20000 |
| 本地生活/旅游出行 | 5000 | 10000 | 暂不招商 | 200000 |
| 汽车用品 | 2000 | 4000 | 暂不招商 | 50000 |

**思考练习**

了解一下其他短视频平台的开店条件，并分享给大家。

### 8.2.3 佣金变现

佣金变现主要是指短视频创作者不开设任何自营店铺，而是通过推荐他人商品赚取佣金变现。这种变现方式的优势在于，短视频创作者无须存货，无须进行店铺运营、店铺管理。简单来说，赚取佣金是一种低成本（或许只需要缴纳一定的平台保证金）的电商变现方式，在目前的短视频市场中十分常见。

### 1. 抖音："商品橱窗"—"推荐"

抖音账号"商品橱窗"中的"推荐"页面，是为短视频创作者提供的推荐非自家商品（包括但不限于小店、淘宝、京东、唯品会、苏宁易购等电商平台）以赚取佣金的平台。通常情况下，该页面推荐的商品多是与短视频内容相关的商品，如图 8-3 所示。

图 8-3 "商品橱窗"—"推荐"页面

当前，开通抖音"商品橱窗"中"商品分享权限"需要满足一些条件，具体条件如图 8-4 所示。

### 2. 哔哩哔哩："悬赏计划"

"悬赏计划"是哔哩哔哩官方推出的一种电商变现形式。UP 主可以在"悬赏计划"中选择商品任务赚取佣金，这些商品均来自哔哩哔哩合作电商平台（如海宝客）。UP 主可以选择适合用户群体的商品，并关联在相关短视频下方，如图 8-5 所示。用户购买该商品并确认收货后，UP 主可以获取相应收益。

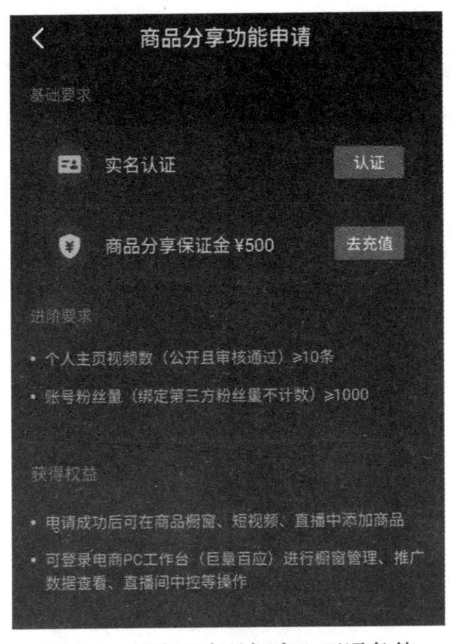


图 8-4　抖音“商品橱窗”开通条件

图 8-5　悬赏计划

以上是推荐他人商品赚取佣金的方式，也是目前投资成本较小、风险较低的电商变现形式。

思考练习

你看到过哪些利用佣金变现的短视频账号？它们推荐和销售的是哪些商品？

# 8.3 直播变现

如今，许多短视频平台都有直播功能。因此，当短视频账号拥有一定量的粉丝群体后，短视频创作者可以尝试利用直播变现。

目前，直播变现的方式主要有两种：打赏和带货。

## 8.3.1 打赏

打赏是直播变现中最直接的变现方式。用户之所以愿意为自己喜欢的主播打赏，主要是主播在直播中展现了令他们开心、惊奇或感动的内容。那么如何使直播内容更有趣，吸引更多用户主动打赏呢？

### 1. 做好直播前的准备工作

主播和短视频创作者在开播前都需要做好一系列准备工作。

（1）保持良好的心态

主播在开播前首先需要调整好心态。主播需要在镜头前勇于展现自己，以良好的精神面貌与用户交流互动。

（2）准备好直播话题

短视频创作者需要在开播前，与主播共同确定本次直播的探讨话题，避免主播在与用户一问一答的交流结束后冷场。具备才艺的主播也可以事先准备好表演环节，为用户提供一场内容丰富的直播。

（3）开播前做好宣传工作

如今，用户可以选择观看的短视频和直播数不胜数。当直播得不到有效宣传时，直播内容再精彩也无济于事。因此，在开播前需要做好宣传工作。

一种有效的方法是，在开播前 1～3 小时发布短视频，借助该条短视频获取平台分发的自然流量；而当自然流量不太可观时，可以在开播前 1～2 小时投放流量推广，提高直播的曝光率。例如，在抖音进行直播前，可以对短视频适度投放“DOU+”，以快速增加短视频的播放量。当用户对该条短视频非常感兴趣时，则有可能进入直播间观看直播，这是一种帮助短视频与直播同时收获人气的较好方式。

另外，短视频创作者还可以在短视频账号的个性签名中标明直播时间，形成固定的直播模式，培养用户的观看习惯。

### 2. 直播中引导用户打赏

与其他变现方式相比，直播的优势在于实时互动性强。想要引导用户主动打赏，可以借鉴以下方法。

（1）活跃气氛，避免冷场

主播在直播过程中，要时刻记得活跃直播间的气氛，以免冷场，导致用户丧失观看兴趣。

（2）主动交流，拉近距离

主播要在直播时占据主导权，可以抛出提前准备好的话题与用户交流互动，也可以寻找与用户的共同话题，如生活中的烦恼与趣事、热门影视剧、综艺节目等，采用这样的交流方式能够丰富直播内容，并且拉近与用户的距离。

（3）情感化互动，满足精神需求

主播要学会打“感情牌”，像家人、朋友一样给予用户情感上的慰藉，如生日祝福、关心健康等，尤其在用户打赏后，需要念出对方的昵称表示感谢，以满足用户被重视、被尊重、被信任的精神需求。

（4）巧设“捧哏”，引导直播走向

主播与用户的互动主要依靠用户发送弹幕，一条具有话题性的弹幕通常能引发“蝴蝶效应”，在很大程度上影响直播内容的走向。弹幕也是需要设计的，当有些话题不适合由主播本人提出而更适合以弹幕的形式引出时，就需要一位专业的“捧哏”掌控直播的流程走向，适时抛出一些弹幕问题，引导接下来的直播内容，与主播互相应和。

（5）营造打赏氛围，刺激用户打赏

短视频创作者可以采用一些方式刺激用户对主播进行打赏。

此外，要注意的是，用户打赏是你情我愿的事情，主播和短视频创作者需要在合理范围内刺激用户打赏，不能以强迫和引诱的方式要求用户打赏。

**思考练习**

说一说你知道的直播打赏的正面和负面案例，以及你对于直播打赏的看法。

### 8.3.2 带货

直播“带货”是目前非常火爆的“带货”方式，以“薇娅”“李佳琦”为代表的一线主播，一场直播“带货”千万元的成绩屡见不鲜。商务部大数据监测显示，2020 年第一季度的电商直播超过 400 万场。参与直播“带货”的人群也越来越广，包括艺人、商业人士等。

2020 年 3 月，许多地区的政府部门人员走进抖音直播间，向用户推荐当地的特色农产品。

2020 年 4 月 1 日，罗永浩带来抖音直播首秀，支付交易总额超 1.1 亿元。

打造一场高效的“带货”直播，需要做好以下几个方面的准备。

### 1. 选品：选择合适的“带货”产品

某电子商务公司有这样一句名言：七分靠产品，三分靠运营。这句话同样适用于直播“带货”领域。想要选择合适的“带货”产品，可以参考以下5个基本要素。

（1）重量轻、体积小，便于发货

重量轻、体积小的产品更适合在直播间进行全面展示，并且这类产品的发货成本较低，运输途中也不易损坏。

（2）生活刚需

生活刚需类产品是指用户在生活中肯定会使用的产品。用户对这类产品的功能需求大于对款式、外观、颜色等外在因素的追求，如衣物、米、面、油、盐等生活必需品。

（3）“新奇特”

“新奇特”产品，可以直接理解为新颖、特别的产品。“新奇特”产品的价格并不高，因为很多产品并不需要很高的技术支持，仅仅是改变了原产品的外观造型，使之适应时尚潮流，如可以吃的最新款“手机”（巧克力）、毛绒玩具纸巾盒等。这类产品能在一定程度上满足用户追求创意的需求，且因消费门槛低，更容易引领年轻用户群体的消费潮流。

（4）较大的价格优惠

直播“带货”的主要逻辑在于主播对产品进行展示和使用，让用户亲眼见证效果，再通过语言的引导，刺激用户“冲动消费”。在这个过程中，产品的优惠幅度越大，越容易引发用户的冲动消费。因此，在直播开播前，短视频创作者需要与商家在产品的价格方面达成共识，给予用户更有吸引力的折扣，并且设置一定量的优惠名额。这样，主播在直播中反复强调产品的优惠力度和名额限制时，更可能产生“饥饿营销”的效果，引发抢购热潮。

（5）符合用户群体的需求

短视频创作者在选择“带货”产品时，需要根据用户群体确定产品，否则效果将大打折扣。例如，一场直播能够“带货”千万元的李佳琦，其主要用户群体为年轻女性。

在2019年10月的一场直播里，李佳琦向用户推荐了一款男士化妆品牌，希望所有女孩买给自己的男朋友或弟弟，然而“带货”成绩却不太理想，2000组产品最后只卖出了1200组。由此可见，选择符合用户群体需求的产品非常重要。

### 2. 话术：直播“带货”的常用话术

主播要想让进入直播间的用户购买产品，需要掌握一套常用的交流话术，如表8-3所示。

表8-3 主播“带货”的常用话术

| 用户提问（示例） | 提问分析 | 主播回答（示例） |
|---|---|---|
| “身高不高能穿吗？”<br>“体重太重能穿吗？” | 这类没有具体数据的提问，主播不能盲目给出答复 | “需要您提供具体的体重和身高哦，这样主播才可以给你合理的建议呀！” |

续表

| 用户提问（示例） | 提问分析 | 主播回答（示例） |
| --- | --- | --- |
| “××产品有优惠吗？” | 用户有意向购买，但对产品的优惠力度比较在意，主播需要强调优惠价格和时间，增强用户的紧迫感 | “在今天的直播间里这款产品是 6 折优惠，还有 10 分钟优惠活动结束，千万不要错过！” |
| “1 号羽绒服和 2 号棉衣，哪件更好？” | 用户产生了纠结情绪，主播需要明确指出每款产品的特征，以及更适合哪类人群 | “1 号羽绒服是长款，保暖效果非常好；2 号棉衣款式新颖，非常适合年轻人” |
| “主播多大了？” | 用户出于好奇心理提问，主播可以幽默回答 | “主播 18 岁哦！”或者“您可以猜猜看” |

### 3. 应急：如何应对直播突发状况

直播“带货”的“翻车情况”（即由于出现失误而导致现场失控）时有发生，若碰巧遇到，可以按照以下方式处理。

（1）技术故障

直播时的技术故障主要有以下 4 种情况。

① 直播断线。直播断线通常是网络问题，主播需要在网络稳定的区域进行直播。

② 直播卡顿。直播卡顿的原因除了网络不流畅，还有可能是直播设备的配置不够，解决方法是需要提高直播设备的配置。

③ 直播闪退。直播闪退可能是由于直播设备内存被其他程序占用，解决方法是退出直播程序后重启并再次登录；也可能是直播设备内存已满，解决方法是扩大直播设备内存。

④ 产品链接失效或错误。产品链接失效或错误，会导致用户的消费行为中断。解决方法是主播在第一时间安抚用户情绪，告知用户停止购买，并对已经下单的用户道歉、退款，同时与商家进行交涉更正；若无法妥善解决则直接下架该产品，并完成后续内容的直播。

（2）产品问题

产品问题主要涉及以下两个方面。

① 质量问题。产品质量问题主要是指产品本身的质量或性能在直播展示时出现问题。例如，某主播在一次直播中向用户推荐某款不粘锅，在使用这款不粘锅煎鸡蛋时，却出现了鸡蛋严重粘锅的情况。对于这类事件，主播需要及时向用户道歉。如果是已经售出的产品出现了严重的质量问题，则需要联系用户及时进行退换货。

② 价格问题。直播“带货”的产品以“物美价廉”著称，许多主播会告知用户产品原价和优惠价格，但有可能因为商家操作不当，导致购买页面的产品原价低于主播告知的原价价格。例如，主播在推荐某款产品时，告知用户该产品原价为 999 元，优惠价格为 499 元，但用户进入购买页面时发现产品原价为 599 元，则会认为主播虚假宣传。对于类似的价格问题，主播需要以真诚的态度向用户表示歉意，与商家协商并推出更好的解决办法，若无法与商家达成共识，则要迅速停止合作。

**思考练习**

你在直播中通常会购买哪些产品？说一说你的购买原因。

# 8.4 知识付费变现

知识付费变现，即用户为有用的知识付费。短视频本身并不容易实现知识付费变现，但可以成为知识付费变现的引流渠道。归纳起来，利用短视频实现知识付费变现的逻辑是，短视频创作者预先设计合适的知识付费形式，借助有吸引力的知识型短视频吸引用户关注，积累足量的用户后，再引导有需求的用户通过其他方式为更有价值的知识付费。

目前，短视频创作者可以借鉴的知识付费变现形式主要有以下 3 种。

## 8.4.1 课程变现：将系统化知识设计为网络课程

现在，越来越多的人借助网络课程学习更多的生活和工作技能，而网络课程也以性价比高、自由度高的核心优势，成为移动互联网时代的新型学习方式。短视频创作者可以通过定期更新的短视频，向用户展示网络课程中的部分内容，吸引用户购买。

例如，抖音的“秋叶 PS”账号，定期发布以 PS 使用技巧为核心的职场小故事短视频，同时将系统化的 PS 教程做成了“给新手的 PS 神器速成课”，并展示在橱窗中。这样，“秋叶 PS”就能用短视频吸引想要学习 PS 技巧的用户关注。这些用户若是想要系统化地学习 PS 技术，就可以通过“秋叶 PS”橱窗购买网络课程，学习课程知识。

课程变现的关键在于课程内容设计。有付费价值的网络课程往往具有较强的专业性，对于用户来说，知识的专业性越强，其价值就越大，越值得付费观看。

但并非所有与专业有关的知识都可以卖给用户，只有专业知识与用户的生活和工作紧密相关，可以帮助其获得知识或技能等方面的提升的网络课程才能吸引用户，如企业管理、沟通逻辑、办公技巧、法律、金融等。同时，课程内容还需要有一定的稀缺性。现在的网络资源十分丰富，随处可见的碎片化专业知识并没有太高的付费价值，只有稀缺的、系统化的专业知识，才能激起用户付费学习的兴趣。

短视频创作者在完成课程设计和录制之后，需要通过有吸引力的短视频找到目标用户人群，引起用户关注，然后再用符合其特质的课程内容和交流社区氛围增强用户黏性，从而实现知识付费变现。

思考练习

你购买过网络课程吗？什么样的课程最能吸引你？

## 8.4.2 咨询变现：提供一对一咨询服务

咨询变现，是指咨询师运用专业知识、技能、经验等，为个人或组织提供方案或帮其解决问题。通常情况下，一次咨询费用可以达到数百元甚至更多。可以说，咨询变现是一种比较高效的变现方式。

目前比较热门的咨询类型有职业生涯咨询、律师行业业务咨询、心理咨询、健康咨询、情感咨询等。其中，心理咨询由于更贴合用户心理，内容也很容易吸引用户关注，因此许多短视频账号会通过抓住用户的“心理痛点”，为用户提供心理咨询服务。

例如，抖音账号“心理咨询师——空老师”的所有者为杭州明空心理咨询创始人。她发布的短视频均以“心理”为主题介绍和分析各类心理问题，并提供免费测评和免费公开课，同时也会提供一个心理咨询微信号，让用户可以通过微信号预约咨询师进行更详细的付费咨询。

可见，利用短视频实现咨询变现，并不是在短视频平台为用户提供咨询服务，而是先用免费的短视频内容吸引用户关注，获得用户的认可，再引导用户通过其他方式进行在线一对一的付费咨询。

基于这一逻辑，短视频的内容对于实现咨询变现就比较重要。短视频创作者需要在某一领域创作有专业知识的短视频内容，可以就某一群体的共有痛点发表专业而独特的见解，向用户证明自己的专业能力，吸引有更多痛点需求的用户通过付费咨询来获得更加深入的剖析和解决方案。

思考练习

你认为咨询服务最吸引你的是什么？它能给予你哪些帮助？

## 8.4.3 出版变现：出版系统化知识的图书

出版变现，主要是指通过出版图书获得相关收入的变现方式。图书出版与短视频看似是两个完全不同的行业，但两者却有一定的共性——都以内容为核心。图书承载的是系统化的内容，短视频承载的是碎片化的知识。在“内容为王”的时代，优质的内容可以做成简短的、轻松的短视频内容，也可以做成系统的、严谨的图书内容。短视频可以为图书出版积累用户基础，图书出版可以扩大短视频的影响力。

短视频创作者若想要实现出版变现，需要从一开始就策划和创作知识型短视频内容，靠“涨知识”的需求来吸引用户；在积累大量用户之后，再用出版图书的方式输出更系统化的知识，实现出版变现。

例如，“樊登读书会”的发起人樊登，在抖音和多个平台运营个人账号“樊登读书”，最初以“文字特效+音频”的形式讲解内容，随后逐渐演变为由樊登以脱口秀的方式与用户分享和探讨热点话题，其账号积累了数百万粉丝，而后，他出版了多部社科类图书作品。这些图书均以“樊登推荐”的方式在粉丝群体中进行宣传，获得了不错的销量。

相对来说，出版变现的门槛更高。短视频创作者除了需要在某一领域具备专业知识、被认可的身份及较大的用户群体外，还需要具备渊博的知识、较强的图书策划和写作能力。

你认为哪些短视频内容/创作者/出镜人员适合进行出版变现？为什么？

## 8.5 IP 变现

除了上文中介绍的 4 种常见的变现方式，拥有超高人气的短视频创作者还可以尝试进行 IP 变现。这种变现途径的门槛较高，但收益也更为丰厚。

IP 变现是通过打造与 IP 相关的商品或服务，吸引用户为这份“情感共鸣”买单，实现 IP 变现。



当短视频运营进入成熟期，短视频账号拥有了数量庞大的忠实用户群体时，就可以进行 IP 变现。下面通过 3 个案例解析 IP 变现。

### 8.5.1 “papi 酱”：回归即“顶流”的超级 IP

2020 年 9 月 7 日，升级为“宝妈”的“papi 酱”发布短视频“休完产假的我回来了”，在沉寂 7 个月之后正式宣布回归。这一消息很快引起网友的热烈讨论，“papi 酱回归”的话题也迅速登上微博热搜，两小时内评论数量突破 10 万，由此可见“papi 酱”这一超级 IP 的巨大影响力。

“papi 酱”可以说是短视频行业的先锋代表。早在 2015 年 8 月，“papi 酱”在微博上传了原创短视频“超强的男性生存法则”。这一段深谙女性心理的趣味短视频，搭配她生动形象的表演，迅速赢得大批年轻用户的喜爱。随后，“papi 酱”尝试一人分饰多角，以生活和娱乐话题为主，通过夸张的神态和变声器发出的独特声音，向用户传递正向价值观。其标语“我是 papi 酱，一个集美貌与才华于一身的女子”让人印象深刻，成功打造了一个形象鲜明的 IP。

2016 年 3 月，“papi 酱”获得真格基金、罗辑思维等多家公司总计 1200 万元的联合注资，被誉为“‘网红’第一人”。而那时，整个短视频市场仍处于探索期，直至两年后抖音的“海草舞”火遍全网，才标志着整个短视频市场走向蓬勃发展的阶段。随后，“papi 酱”乘胜追击，不局限于在短视频领域的发展，成立 MCN（Multi-Channel Network，一种多频道网络的产品形态）机构，参加综艺节目录制，拍摄电影作品等，完成了从初代“网红”到超级 IP 的进阶转变。

**思考练习**

说一说“papi 酱”为什么能始终保持高热度？她有哪些值得学习的地方？

### 8.5.2 “李子柒”：古风田园文化输出

2020 年 5 月，“李子柒”与杂交水稻之父袁隆平、作家冯骥才等人，一同受聘担任首批“中国农民丰收节推广大使”。“李子柒”作为推广大使中唯一一位短视频工作者，代表了新兴互联网产业在国家发展中担任的重要角色。

早在 2017 年，“李子柒”在美拍平台拍摄短视频，通过微博的流量发力，成为知名美食短视频博主。随后，“李子柒”在各大短视频平台同步发表作品，很快积累了大批粉丝。作为田园系短视频的成功典型和“古风美食”短视频的开创者，其短视频工作团队将“李子柒”的个人形象品牌化，成功打造了“李子柒”个人 IP，如今“李子柒”早已成为田园生活的形象代表。

2018 年 8 月，“李子柒”旗舰店在天猫上线，主打美食产品销售。截至 2020 年 10 月，“李子柒”的抖音账号粉丝达 4015 万人，微博粉丝达 2689 万人，天猫旗舰店粉丝达 525 万人，热销商品月销量近 70 万件。

“李子柒”的变现之路比较清晰，大概有 4 步：第一步，以专业的短视频内容获得短视频平台的流量支持；第二步，在优质内容形成一定的规模后，登录其他视频或新媒体平台，在各种平台增加广告投放，扩大流量；第三步，吸引专业的 IP 投资方加入进行专业推广，弥补其在推广营销方面的短板；第四步，在专业团队的包装和推广中，运营电商品牌产品，继续扩大流量变现的通道。

**思考练习**

你认为“李子柒”的短视频内容中最吸引人的地方是什么？

### 8.5.3 “一条”：精品内容+生活良品

“一条”被誉为中国新媒体界的“头部大号”，旗下拥有“一条”和“美食台”两个短视频平台，以及天猫旗舰店和 17 家线下实体店。2020 年 6 月 17 日，胡润研究院发布了《2020 胡润中国瞪羚企业[27]》榜单，“一条”成功入榜。这标志着“一条”在短视频和自媒体领域的 IP 打造之路十分成功，且变现效果理想。

“一条”自媒体于 2014 年 9 月正式上线，记录和分享顶尖设计师、建筑师、艺术家、作家、匠人的故事，且对每个故事与人物都进行实地探访，每条 3 分钟左右的短视频平均要花费 3 周甚至更长的制作周期。正是这种对于内容质量的严格把控，造就

27 瞪羚企业：指创业后跨过死亡谷，以科技创新或商业模式创新为支撑进入高成长期的中小企业。

了上线 15 天收获 100 万粉丝、上线一年突破 600 万粉丝的好成绩。而数量庞大的粉丝群体，为“一条”的 IP 变现之路奠定了坚实基础。

2016 年 5 月，“一条”开启内容电商之路，旗下电商平台“一条生活馆”汇聚了 2500 个优质品牌、10 万件生活良品，当月营业额即突破 1000 万元。2018 年 9 月，“一条”在上海实行“三店同开”，3 家线下实体店同时开业。截至 2020 年上半年，“一条”在全国范围内已经拥有 17 家线下实体店。

由此可见，“一条”IP 变现之路的关键在于，先在线上为用户打造精品内容，收获大量用户的好感和口碑，然后才将“一条”IP 延伸至线上电商变现及线下实体店变现。

总之，IP 变现的核心在于 IP 形象深入人心，一旦拥有了可识别的、被信任的 IP 形象，IP 变现的途径就可以按需灵活选择。

### 思考练习

除了上文介绍的“一条”，你还知道哪些通过类似途径实现 IP 变现的短视频账号？